现代软件测试技术之美

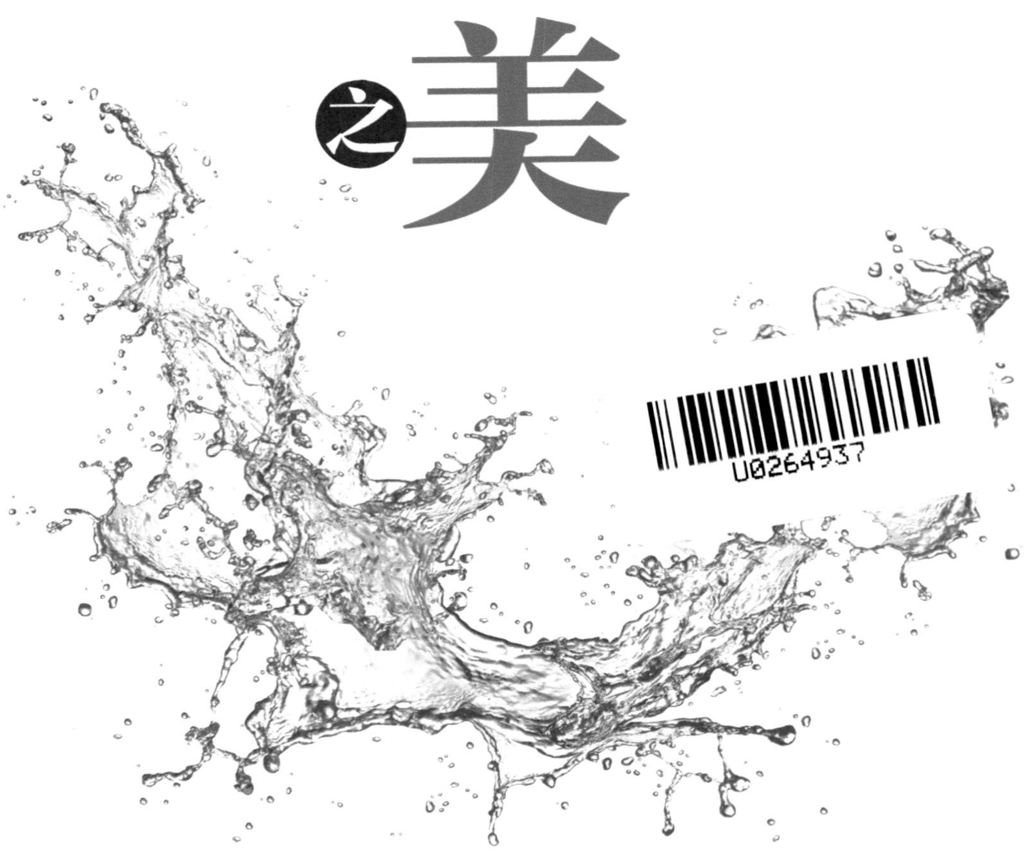

The Beauty of Modern Software Testing Technologies

茹炳晟 吴骏龙 刘冉 ◎ 编著

人民邮电出版社
北京

图书在版编目（ＣＩＰ）数据

现代软件测试技术之美 / 茹炳晟，吴骏龙，刘冉编著. -- 北京 : 人民邮电出版社，2024.5
ISBN 978-7-115-62259-4

Ⅰ. ①现… Ⅱ. ①茹… ②吴… ③刘… Ⅲ. ①软件一测试 Ⅳ. ①TP311.5

中国国家版本馆CIP数据核字(2023)第128376号

内 容 提 要

本书内容聚焦于“现代”软件测试技术，既包括近几年颇受关注的前沿软件测试技术，也包括一些“老技术”在新场景下的应用。作者希望将这些技术剖析清楚，在此基础上给出一些典型的实践案例或应用场景，让读者深入理解这些软件测试技术的来龙去脉，并能够将其快速应用到实践中。本书分为 7 章，主要内容包括软件测试新理念、软件测试新方法、软件测试新技术、软件测试基础设施、软件测试常见困惑、软件测试行业案例等。

本书内容通俗易懂，案例丰富，既适合软件测试从业人员（测试工程师、测试开发工程师、测试架构师、测试经理、测试总监等）阅读，也适合软件开发人员、架构师和企业管理人员阅读，还适合作为高等院校相关专业的教学用书。

◆ 编　　著　茹炳晟　吴骏龙　刘　冉
　责任编辑　张　涛
　责任印制　王　郁　焦志炜

◆ 人民邮电出版社出版发行　　北京市丰台区成寿寺路 11 号
　邮编　100164　　电子邮件　315@ptpress.com.cn
　网址　https://www.ptpress.com.cn
　北京七彩京通数码快印有限公司印刷

◆ 开本：787×1092　1/16
　印张：13.5　　　　2024 年 5 月第 1 版
　字数：338 千字　　2024 年 8 月北京第 2 次印刷

定价：89.80 元

读者服务热线：(010)81055410　印装质量热线：(010)81055316
反盗版热线：(010)81055315
广告经营许可证：京东市监广登字 20170147 号

业界人士推荐

本书全面介绍了现代软件测试技术、工具与实践，例如，契约测试、混沌工程、流量回放、精准测试等。书中介绍的可测试性设计、TDD、实际案例等内容也很实用。全书涵盖了新的测试技术和测试场景，实践性强，有助于快速提高读者的技术水平和实践能力。

——朱少民，《全程软件测试》《敏捷测试：以持续测试促进持续交付》的作者

本书系统地剖析了现代软件测试所面临的诸多挑战，针对性地总结了测试左移、右移的理念和实践，也提炼了在安全和大数据等新兴测试方向上的实战方法，同时还展望了生成式 AI 在智能测试方向的应用。该书内容广泛、案例实用，是测试从业人员很好的参考书。

——肖然，Thoughtworks 中国区总经理、中关村智联软件服务业质量创新联盟秘书长

当我第一次拿到这本书时，就被这本书的内容深深吸引了。这是一本涵盖测试技术、质量保障实践的书，不仅适合有一定经验的从业者参考，而且也适合初入测试行业的读者学习，如果你也和我一样热爱软件测试技术，那么，你一定不要错过这本书。

——陈磊，京东前测试架构师、《接口测试方法论》《持续测试》的作者

本书深入浅出地探讨了现代软件测试的技术与实践，涵盖了新的测试理念和测试场景，如人工智能辅助测试、混沌工程等。本书还包含丰富的案例，帮助读者将理论知识与实际工作相结合。我向每一位追求卓越、渴望在软件测试领域持续成长的专业人士，强烈推荐这本不可多得的佳作。

——阮峰，南京争锋信息科技有限公司董事长兼 CEO

本书不但介绍了测试左移和测试右移的基本理论，而且也阐述了当前主流的软件测试技术和新的应用场景，非常适合希望在软件测试领域持续提升能力的读者学习。本书还特别介绍了最近正在兴起的各种测试新技术，如混沌测试、精准测试、全链路压测、大数据测试、人工智能测试等，助力读者解决传统测试技术效率不高和无法发现更多软件 Bug 的问题，对读者具有很好的实践指导作用。

——徐琨，Testin 云测 CEO

前　言

在当今快速发展的软件行业中，软件测试是确保软件产品质量的关键环节。然而，随着软件开发的不断变化，软件测试也面临着许多挑战和难点。例如，如何在快速迭代的开发周期中保证测试的全面和深入？如何在复杂的软件架构和技术栈中进行有效的测试？如何在保证测试质量的前提下有效控制测试成本？如何在人工智能（Artificial Intelligence，AI）等新技术的加持下提升测试人员的工程能力？

本书就是为了应对这些挑战和解决工程难点而编写的。本书全面、系统地介绍现代软件测试技术的各种理念与实践，同时提供丰富的案例，使读者能够快速将所学的知识应用到实践中。

在本书中，我们深入研究软件测试中的挑战和难点，并结合自身多年的从业经验，总结出一些应对这些挑战和解决工程难点的有效方法。

首先，针对快速迭代的开发周期，我们践行测试左移和测试右移的理念。测试左移是指在开发过程中，测试人员尽早介入，与开发人员一起完成测试用例的编写和执行；测试右移则是指在产品上线后，测试人员通过实时监控和反馈，对产品进行持续的测试和优化。通过测试左移和测试右移的结合，测试人员可以在快速迭代的开发周期中全面和深入地完成测试工作。

其次，针对复杂的软件架构和技术栈，我们重点强调可测试性的理念和实践。可测试性是指软件产品包括的可理解性、可维护性等。提高软件产品的可测试性，可以使测试人员更加高效地进行测试，并且让自动化测试的成本更低，同时提高软件产品的质量。

最后，针对人工智能等新技术的快速发展，我们讲解人工智能辅助的测试方法和技术，并介绍 ChatGPT 在软件测试领域的使用场景。人工智能测试是指利用人工智能等技术，对软件产品进行测试和优化的过程。我们运用人工智能测试可以提高测试的效率和准确性，同时能够发现一些采用传统测试方法难以发现的问题。

除了上述内容，本书还全面、系统地介绍契约测试、探索式测试、低代码测试等新方法，以及流量回放、精准测试等“老技术”在新场景下的应用。这些方法和技术的应用，可以更好地解决软件测试的难点。

本书内容立足于软件测试，但不拘泥于软件测试技术本身，而是跨越了众多技术领域。通过阅读本书，读者将能够更好地理解软件测试的本质和意义，掌握相关的测试技术和方法，从而在实践中取得更好的成果。

最后，我们要感谢师江帆和江菊为本书贡献的实践案例；感谢人民邮电出版社编辑的支持和帮助，没有他们的支持和耐心指导，本书不可能如期出版；感谢我们的家人、朋友和同事们，他们的鼓励和支持一直是我们前进的动力。本书编辑的联系邮箱为 zhangtao@ptpress.com.cn。

书中部分英文缩略词介绍：BA 是 Business Analys 的缩写，中文意思是业务分析；SM 是 Scrum Master 的缩写，中文意思是团队的导师或组织者；PO 是 Product Operation 的缩写，中文意思是产品运营；PM 是 Project Manager 的缩写，中文意思是项目经理；PD 是 Product Design 的缩写，中文意思是产品设计；Dev 是 Development 的缩写，中文意思是开发；QA 是 Quality Assurance 的缩写，中文意思是质量保证；UX 是 User Experience 的缩写，中文意思是用户体验；CI 是 Continuous Integration 的缩写，中文意思是持续集成；CD 是 Continuous Deployment 的缩写，中文意思是持续部署。

茹炳晟　吴骏龙　刘　冉

目　录

第7章 软件测试行业案例 ······183

第 1 章　软件测试新理念

1.1 测试左移

1.1.1 传统瀑布模型下软件测试的挑战

在早期传统的软件开发流程中，很多项目都是参考瀑布模型来进行开发的。瀑布模型的主要实践是将软件研发全生命周期中的各个阶段——需求分析、架构设计、实现设计、代码开发、单元测试、集成测试、系统测试、上线发布、生产运维，依次排列（如图 1-1 所示），按顺序执行，即大规模集中的测试工作在软件功能设计与开发完成后才开始。

图 1-1　瀑布模型下的软件研发全生命周期

这种模型最大的问题在于，很多软件缺陷其实是在研发早期就引入的，但是发现缺陷的时机往往会大幅度延后。缺陷发现得越晚，定位和修复缺陷的成本就越高。在系统测试阶段发现缺陷后修复的成本，大约是在代码开发阶段发现该缺陷后修复成本的 40 倍，或大约是在单元测试阶段发现该缺陷后修复成本的数倍，Capers Jones 关于效能与质量的全局分析（如图 1-2 所示）直观地表明了这个观点。

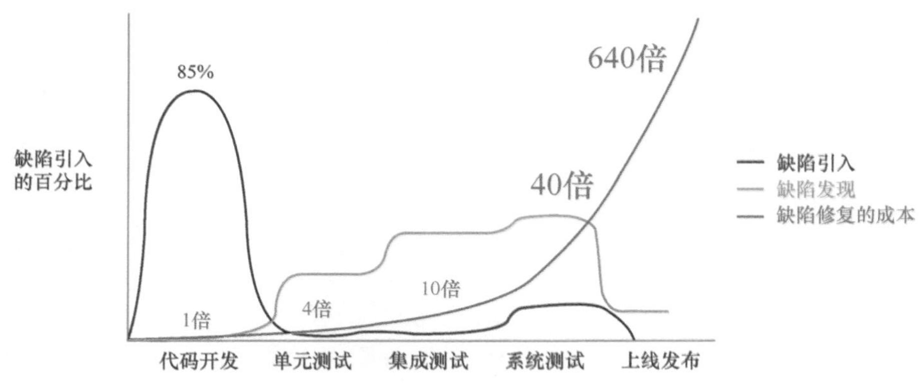

图 1-2　Capers Jones 关于效能与质量的全局分析

根据 Capers Jones 的统计，大约 85% 的缺陷是在代码开发阶段引入的，但是因为这个阶段缺乏测试活动，所以发现的缺陷数量几乎为零。而到了软件研发的中后期，由于测试活动的集中开展，缺陷才被大范围发现，但此时的修复成本已变得非常高。

比如，在代码开发阶段引入的缺陷，以及影响接口的缺陷，要等到集成测试阶段才有可能被发现，影响用户界面和用户体验的缺陷要等到系统测试阶段才能被发现，这时返工（rework）的闭环周期被拉得特别长，这样定位问题（缺陷）、修复问题、回归测试的成本就会很高。

让情况变得更糟糕的是，Capers Jones 的统计还是基于比较乐观情况的分析，因为其假定软件在研发过程中总是被严格开展单元测试和集成测试，但实际情况是，很多团队寄希望于通过最后的系统测试来发现所有问题，单元测试和集成测试往往会被“偷工减料”，这进一步产生了缺陷发现滞后的问题。

1.1.2 测试左移的早期实践

为了解决缺陷发现滞后的问题，最早的测试左移（shift-left testing）概念被提了出来，此时的测试左移倡导各个测试阶段对应的测试活动应该尽早开展，测试工程师应该在开发提测前就介入，同时将测试活动前移至软件研发生命周期的早期阶段。具体来讲主要包含以下 3 方面的实践：

- 加强单元测试，并且对单元测试的覆盖率提出门禁要求，代码的实现问题尽可能在单元测试阶段都被发现；
- 在开展集成测试前，增大接口测试的占比，接口缺陷尽可能在接口测试阶段被发现；
- 将集成测试和系统测试的设计与分析工作前置，与实现设计、代码开发阶段并行开展。

测试左移的早期实践，可以提前发现部分缺陷，降低研发过程的不确定性和风险，具体效果如图 1-3 所示。

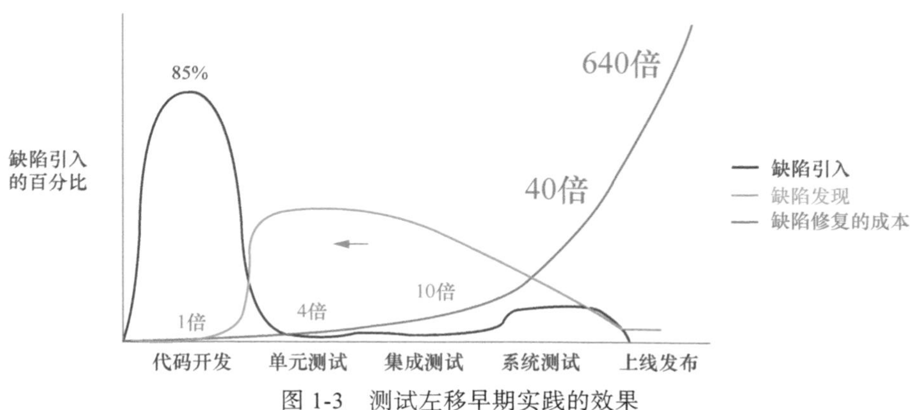

图 1-3 测试左移早期实践的效果

随着实践的深入，我们发现，如果能有效控制代码开发阶段代码本身的质量，就能更好地实现质量内建。为此，我们在原有实践的基础上增加了以下 3 方面的实践：

- 在流程上增加需求解读与评审环节，避免存在需求理解的偏差和不完备性，争取一开始就把业务领域的问题理解透彻，避免后期返工；
- 在代码开发阶段引入静态代码检查机制，并且不断优化静态代码的扫描规则，将常见问题、代码“坏味道”、安全隐患和性能隐患逐步纳入扫描范围；
- 贯彻执行代码评审（code review）机制，同时确保避免代码评审的形式主义，并针对代码评审时发现的典型问题在开发团队内形成闭环学习机制。

以上 3 方面的实践，可以实现缺陷发现的进一步前置以及缺陷数量的降低。实施之后的效果如图 1-4 和图 1-5 所示。

如果你以为上面就是测试左移的全部，那你就把事情想简单了。其实这只是测试左移的“冰山一角”。

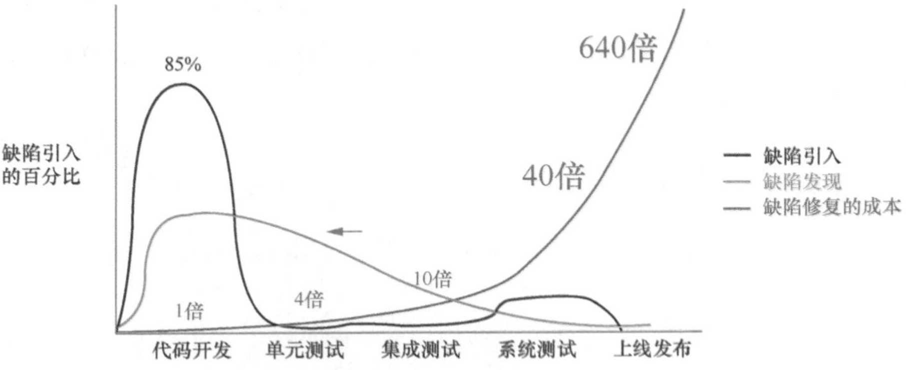

图 1-4 代码开发阶段的质量内建效果（缺陷发现的进一步前置）

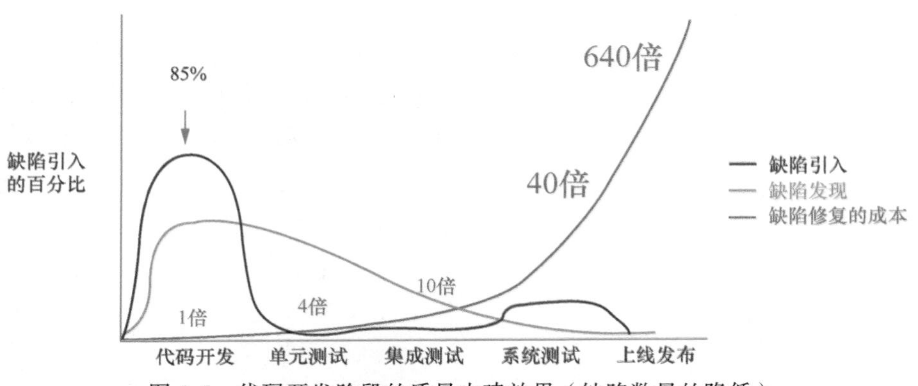

图 1-5 代码开发阶段的质量内建效果（缺陷数量的降低）

1.1.3 当前软件测试工程化的困局与解法

可能你已经发现前述的测试左移是完全基于瀑布模型的，但是现在，敏捷开发和持续交付等研发模式被广泛采用，再加上软件架构的持续复杂化，前述的测试左移只能在局部范围内发挥作用，我们需要探索并实践适应新时代软件研发模式的测试左移。为此，我们有必要先系统地探讨一下当前软件测试工程化的困局，理解困局将有助于我们对测试进行优化。

总体来看，当前软件测试工程化的困局主要表现在以下 3 个维度：

- 技术实现上，软件架构的复杂度越来越高；
- 团队管理上，开发团队和测试团队的协作成本因为“筒仓效应”变得越来越高；
- 研发模式上，敏捷开发、持续交付、DevOps 等的实践对测试活动提出了全新的要求。

接下来，我们依次展开讨论。

1. 技术实现维度上的困局与解法

从技术实现维度来看，软件架构的复杂度越来越高，软件本身的规模越来越大，传统的测试模式越来越“力有不逮”。

早期的软件基本采用单体架构，通过后期基于黑盒功能的系统测试基本能够保证软件质量。但是如今的软件架构普遍具有冰山模型（如图 1-6 所示）的特征，基于黑盒功能的系统测试往往只能对水面上的一少部分 GUI（Graphical User Interface，图形用户界面）进行验证，大量的业务逻辑实现其实都在水面以下的微服务中，想通过水面上的 GUI 部分覆盖水面下的所有业务逻辑几乎是不可能完成的任务，因为你可能都不知道水面下有什么。试问，在传统黑盒测试模式下，又有多少测试工程师能够对被测软件的架构设计、调用链路、数据流状态等有清晰的理解呢？

图 1-6 冰山模型

现在互联网产品的后端往往非常庞大和复杂，一般由几十到几千个微服务相互协作共同完成前端业务请求，这时候如果把测试寄希望于面向终端用户的系统测试，那么你能够发现的缺陷就会非常有限，而且发现缺陷之后，在调用链路中定位到出问题的微服务的成本也会很高。

在这种情况下，最优的测试策略就是先保证后端每个微服务的质量，这样集成场景下没有问题的概率就能大幅度提高。这就要求测试工作必须前置到微服务的接口开发层面，把大量的组合逻辑验证交由接口测试来覆盖，在 GUI 层只做基本的业务逻辑覆盖即可。

由上面的分析可以看出，软件架构后端的复杂化对测试的介入时机提出了新的要求，随着微服务架构的发展，测试重点必须从 GUI 端逐渐左移到 API 端，此时测试工程师的能力也必须随之扩展，其已经不能完全基于黑盒功能来设计测试用例，而必须知道更多架构和接口设计上的细节才能有效开展测试用例的设计，这些都要求测试介入的时机必须提前，即左移到架构设计。

2. 团队管理维度上的困局与解法

从团队管理维度来看，开发团队和测试团队的协作成本因为筒仓效应变得越来越高，继续采用独立测试团队和开发团队的做法越来越行不通，我们可以通过实际工作中常见的真实例子来感受一下这个困局。

在开发和测试采用独立团队的情况下，当测试工程师发现一个缺陷时，他要做的第一件事就是把缺陷的详细情况了解清楚并且完整记录在缺陷报告中。他需要找到最简单的可稳定重现缺陷的操作步骤，并且需要提供相关的测试数据，还需要对出现缺陷时的软件版本号、环境细节、配置细节等都做详尽的记录。更进一步地，为了便于开发工程师重现缺陷，他最好把出问题时的日志以及相关截图都保留好，一同记录至缺陷报告。这样一份高质量的缺陷报告往往需

要花费测试工程师不少的时间。

但是当这份缺陷报告被提交后，如果缺陷不是来自生产环境，那么开发工程师往往并不会立马处理缺陷，因为开发工程师一般会选择确保能够连续完成当前负责的工作，尽量避免被打断。一般过了大半天或一两天，等开发工程师负责的工作告一段落后，他才会开始处理这个缺陷。此时他要做的第一件事就是重现缺陷，在重现缺陷之前，他必须按缺陷报告提供的详细信息重建测试环境，其中包括环境安装、测试数据构建等一系列步骤，所以往往也要花费不少时间。

如果问题能够重现，则可以进一步定位问题；如果问题不能重现，则可能这个缺陷在流程上就要被打回去加以复现。假定现在问题能够重现了，你会发现修复缺陷的过程往往是很快的，因为这个坑就是开发工程师自己挖的。

修复缺陷以后，开发工程师提交代码，集成流水线会生成对应的待测版本并通知之前的测试工程师进行验证。但是此时测试工程师大概率在处理其他测试工作，测试工程师同样不希望被打断，所以不会为了验证这个缺陷立马搭建环境。从效率角度出发，测试工程师一般会选择将多个缺陷集中在一个版本上一起验证，这样就能省掉很多环境搭建的时间。所以从缺陷修复完成到测试工程师验证这个缺陷，往往需要等好几天。

从上面的过程描述中我们可以发现，从缺陷被发现到缺陷最终被验证的整个过程中，真正有效的工作时间占比很小，大量的时间都被流程上的等待和环境安装等耗费掉了。整个过程中，开发工程师没有偷懒，测试工程师也没有偷懒，他们各自都选择了效率最高的方式开展工作，但是从全局视角来看，效率仍十分低下。据一些企业内部的不完全统计，每个缺陷全生命周期中一般会有超过 80% 的时间被跨团队的过程流转浪费掉。

除了上述时间上的浪费，还有以下原因使得测试团队与开发团队各自独立的组织设置越来越寸步难行。

（1）独立的测试团队往往在开发后期才介入，很难有效保证测试的覆盖率和质量。

（2）开发测试比持续增长，测试人力投入越来越大，实际收益却很低，测试团队进行的测试活动并不能显著降低现网问题数。

（3）需求本身会不断变化，需求的实现也会随之变化，开发团队和测试团队之间的需求传递效率往往十分低下，这在增加漏测隐患的同时，也增加了交接成本。

（4）如果开发团队要快速迭代软件版本，这就要求测试团队具有很高的效率和很短的反馈周期，独立的测试团队很难跟上快速迭代的版本需要。

（5）独立的测试团队有点像“保姆”，这直接导致开发团队的自测意识不够，心理上依赖测试团队，使得质量内建形同虚设。

（6）由于开发团队不负责测试活动，可能未积极考虑如何降低测试的难度，可测试性设计甚至不会被纳入开发工程师的考虑范围。

所以，试想一下，如果测试工程师和开发工程师是同一批人，过程流转造成的大量时间浪费是不是就不会发生？测试活动是不是就能提前介入？需求变化的传递是不是就会更加顺畅？测试的反馈周期是不是也会进一步缩短？开发团队的质量意识是不是也会增强？可测试性问题是不是自然会被纳入开发工程师的考虑范围？这也就是现在先进的软件组织广泛推崇开发者自测的原因，而开发者自测可以说是测试左移的一种有效落地途径，能够最大程度满足质量内建的各种要求。

3. 研发模式维度上的困局与解法

从研发模式维度来看，敏捷开发、持续交付和 DevOps 等研发模式愈发流行，产品的研发节奏越来越快，传统的“开发提测之后进行测试，然后上线发布”的测试模式面临很大的挑战。在当前新的研发模式下，研发生命周期中的各个阶段（比如设计、开发和测试阶段）都被弱化，或者说边界变得非常模糊，一个迭代通常就包含设计、开发、测试和发布的全流程，已经很难有大把的时间专门用来集中开展测试活动，工程师的能力边界正在变得模糊，普遍需要全栈工程师。

在这种背景下，必须把测试实践全程融入研发的各个阶段，把控各个阶段的质量，而不能依赖于最后的系统测试。我们需要转变观念，传统研发模式下的系统测试以发现问题为主要目标，而现在的系统测试应该以“成果展示”和“获取信心”为主要目标。

1.1.4 测试左移的进阶实践

为了系统性解决软件测试工程化的困局，我们需要重新审视测试左移的原则与实践，在原有测试左移实践的基础上加入新的原则和实践。新时代的测试左移给整个软件测试体系带来了理念上的转变，软件测试不仅仅是在研发过程中发现缺陷，更要致力于在研发全过程中有效推行质量内建，把软件测试活动升级为软件质量工程。为此，我们需要引入以下测试左移的原则和实践。

1. 软件质量全员负责制

软件质量全员负责制也可以称为“利益绑定”，这是很关键的一条原则，属于底层逻辑的范畴。在体制设计上，必须让整个研发团队共同对软件产品质量负责，毕竟软件质量不是测出来的，而是开发出来的。如果软件质量出现问题，应由整个研发团队共同负责，而不是让测试团队“背锅”，这种认知上的进步与变革是测试左移能够顺利推行的基本前提。

我们知道，保姆型团队对组织成长是有害的，只有支持型团队才能够发挥更大的价值，从而推动组织更好地成长。当软件质量由整个研发团队共同负责的时候，测试团队就能完成从保姆型团队向支持型团队的蜕变。

2. 把测试前置到需求分析和方案设计阶段

在测试左移的早期实践中，测试活动已经被前置到开发阶段，我们可以进一步把测试前置到需求分析和方案设计阶段。这样，测试人员除了能够深入理解需求，在前期掌握详实的需求信息，更重要的是还能够及时评估需求本身的质量，比如分析需求的合理性及完整性等。这样后续的测试分析与测试设计才能有的放矢地开展，实现测试用例先行，争取一次性把事情做正确，避免产生“信息孤岛”以及由此产生的各种潜在返工。

这里推荐使用行为驱动开发（Behavior Driven Development，BDD）和特性驱动开发（Feature Driven Development，FDD）的方法，在进行需求评估时更多地从测试视角去思考问题，按照编写用户故事或用户场景的方式，从功能使用者的视角描述并编写测试用例，从而让产品经理、开发人员和测试人员着眼于代码所要实现的业务行为，并以此为依据通过测试用例进行验证。

当然，以上实践对测试人员也提出了更高的要求，他们必须掌握行为驱动开发、特性驱

动开发、领域驱动设计（Domain Driven Design，DDD）以及实例化需求（Specification By Example，SBE）等技能。

3. 鼓励开发人员自测

一方面开发人员必须对软件质量负责，另一方面测试活动正在不断渗透到开发的各个阶段，同时对测试人员的技能要求越来越向开发人员看齐，由开发人员自己来承担测试工作的诉求正变得越来越强烈。我们需要的不再是独立的开发人才和测试人才，而是全栈型人才。在这种大背景下，开发者自测就变得理所应当了。我们要将传统职能型团队重组为全栈团队，不然质量左移、质量内建只会流于表面。

但是说到让开发人员自己完成测试工作，我们常常会听到很多质疑声，质疑的焦点是开发人员是否适合做测试，这里我们展开讨论一下。

从人性的角度来看，开发人员通常具备“创造性思维”，自己开发的代码就像亲儿子一样，怎么看都觉得很棒；而测试人员则具备“破坏性思维”，测试人员的职责就是尽可能多地找到潜在的缺陷，而且专职的测试人员通常已经在以往的测试实践中积累了大量典型的容易找到缺陷的模式，所以测试人员与开发人员相比，往往更能客观且全面地做好测试。

从技术层面来看，由开发人员自己完成测试，会存在严重的“思维惯性”——通常开发人员在设计和开发过程中没有考虑到的分支和处理逻辑，在自己做测试的时候同样不会考虑到。比如对于一个函数，它有一个 string 类型的输入参数，如果开发人员在做功能实现的时候完全没有考虑到 string 类型的参数存在 null 值的可能性，那么代码的实现里面也不会对 null 值做处理，在测试的时候就更不会设计针对 null 值的测试数据，这样的“一条龙”缺失就会在代码中留下隐患。

上述分析非常客观，笔者曾经也非常认同，但是在经历并主导了国内外多家大型软件企业的开发者自测转型实践之后，笔者改变了看法。开发人员其实是最了解自己代码的人，所以他们能够最高效地对自己的代码进行测试，开发人员可以基于代码变更自行判断可能受影响的范围，实现高效的精准测试。同时，当开发人员有了质量责任和测试义务之后，测试能力就会成为其技能发展的重要方向。我们说“好马是跑出来的，好钢是炼出来的”，只有通过实战，开发人员的测试分析与设计能力才能提升，进而开发的内建质量才能提升。可以说，开发者自测是软件质量提升的必经之路。

4. 在代码开发阶段借助 TDD 的思想

这里的 TDD 是指测试驱动开发（Test Driven Development），但我们并不是要照搬 TDD 的实践，而是借助 TDD 的思想，用测试先行的思路，帮助开发人员梳理和理解需求，完成更好的代码设计与实现，缩短代码质量的反馈周期，提高软件质量。

5. 预留测试时间

在做项目计划的时候，尤其在让开发人员进行时间评估时，必须为自测预留时间。一个功能可以交付的标准不仅仅是功能的实现，对应的测试也是需要时间成本的，这需要管理层进行思维转换，否则测试左移只能停留在概念层面，很难真正落地。

6. 提高软件的可测试性

提高软件的可测试性是测试左移中一个重要的实践，因为它可以有效地帮助我们设计适合团队的测试策略。我们需要测试人员在参与需求分析和方案设计的过程中，能够提出相关的可测试性需求，帮助研发人员设计出易于测试的软件架构和代码模块，从而提高测试工作的效率和有效性。关于软件的可测试性设计，详见 1.3 节。

1.1.5 测试左移的深度思考

下面分享笔者的一个感悟：很多时候，我们低估了测试左移的价值。它不仅仅是一种研发模式的改进，更反映了当今软件研发的一个底层逻辑——今天的软件组织，正在由流程驱动转变成事件驱动。

流程驱动是什么呢？是设置一系列的条条框框，从而把研发活动固定为整齐划一的一系列步骤。而高效的软件质量实践能够靠这个来完成吗？答案显然是否定的。

现在的研发活动本质上是靠一个个的事件驱动的，让研发团队以完成事件为指引，充分发挥主动性，充分给予工程师自由。从全局的视角来看，测试左移能被行业所接受，其实反映了软件组织的管理正在向事件驱动的模式转变。

1.1.6 总结

本节探讨了传统瀑布模型和敏捷开发、持续交付、DevOps 等研发模式下的测试左移实践，并介绍了开发者自测的实践。

1.2 测试右移

测试右移是指将软件测试的工作扩展至生产环境，确保软件在生产环境中具备正确的功能、良好的性能和稳定的可用性。测试右移的本质思想是将质量管理延续到服务发布后，通过监控、预警等手段，及时发现问题并跟进解决，将影响范围降至最小。

测试右移最典型的理念是 TiP（Test in Production，产品测试）。传统观念中，人们普遍认为生产环境是服务于最终用户的，软件产品只有在测试环境下进行充分测试后，才会发布给用户。然而，我们必须接受的现实是，测试环境和生产环境在稳定性保障、部署形式、数据内容等方面都是有差异的，即使能做到没有差异，测试验证点本身也是难以穷举的。换言之，对于软件质量保障，仅仅依靠测试环境中的测试工作是远远不够的，此时基于 TiP 理念的各项实践就成了很好的补充。

基于 TiP 理念的实践有生产测试和性能评估、A/B 测试、灰度发布、混沌工程、线上监控、用户体验分析等。其中，针对生产测试和性能评估，我们会在 4.1 节介绍全链路压测的内容，而混沌工程将在 2.5 节展开介绍，其余 4 项实践内容，我们在本节做详细介绍。

1.2.1 A/B 测试

当前的互联网环境充满了不确定性，一个功能在上线前，我们往往很难预估市场对该功能的反应，此时 A/B 测试就有了用武之地。A/B 测试是一种比较常见的软件发布策略，但它更是一种业务决策手段。如图 1-7 所示，为用户同时推送新旧版本的功能并进行对比实验，可以分析这一功能给用户带来的价值是否达到预期，并指导下一步的业务决策。简而言之，A/B 测试能快速帮助我们做出正确决策。

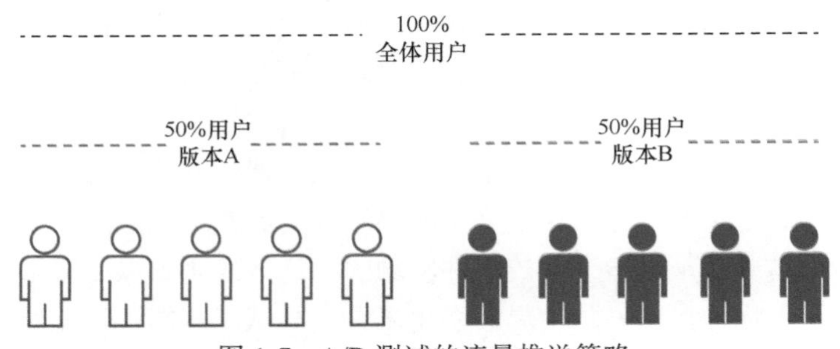

图 1-7　A/B 测试的流量推送策略

A/B 测试是一种“先验”的实验体系——通过科学的实验设计、采样具有代表性的样本、流量分割与小流量测试等手段，获得实验结论。A/B 测试一般包含以下 5 个步骤。

（1）确定优化目标：在实施 A/B 测试之前，我们需要设定明确的优化目标，确保目标是可量化的，否则后续的实验和分析都会无从下手。举个例子，“将用户满意度提升 20%”就不是一个合适的目标，因为它太难量化了；而“通过优化运费的展示格式，提升 10% 的用户留存率（按每月计算）”就是一个合适的目标，因为它既可以被客观量化，又足够具体。

（2）分析数据：以数据分析的方式，找出现有软件产品中的潜在问题，继而挖掘出相应的优化方案。

（3）提出假设：针对上一步发现的问题，提出优化方案。在 A/B 测试中，这些优化方案一般是以“假设”的方式被提出的，而且往往会提出多个假设。例如，“假设降低 5% 的运费，用户留存率可能会提升 10%”“假设优化运费的展示格式，用户留存率也可能会提升 10%”。基于这些假设制定 A/B 测试的实验方案，并根据实验结果判断是否符合预期。

（4）进行重要性排序：由于我们提出了较多假设，实际情况下受资源限制很难对这些假设一一进行验证，此时就需要对这些假设进行重要性排序，根据资源成本优先验证最重要的假设。

（5）实施 A/B 测试并分析实验结果：基于选取的重要假设，实施 A/B 测试，并得出实验结果。若实验结果证明假设成立，则可以考虑将这一功能版本作为正式版本推送给所有用户；若实验结果证明假设不成立，就进行复盘、积累经验。

在工程领域，已有不少工具能够支撑 A/B 测试的整个体系，比较著名的开源工具有 Google Optimize 360，也有一些商用化的 A/B 测试工具，如 Optimizely、AppAdhoc 等。如果企业有较强的定制化需求，还可以考虑自研 A/B 测试工具。

1.2.2　灰度发布

灰度发布又称“金丝雀发布”，是一种在新旧版本间平滑过渡的发布方式。它起源于采矿工人的实践经验，金丝雀对瓦斯气体非常敏感，瓦斯浓度稍高就会中毒，采矿工人在探查矿井时，会随身携带一只金丝雀，如果金丝雀的生命体征出现异常，就意味着矿井中存在瓦斯浓度过高的风险。

灰度发布背后的理念很简单，用较小的代价（一只金丝雀）去试错，这样即便出现了风险（瓦斯浓度过高），主要的用户群体（采矿工人）也仍然是安全的。从软件工程的角度来讲，如图 1-8 所示，通过引流的方式让少部分线上用户先接触到新版本功能，同时技术人员在新版本功能上做一些验证工作，观察监控报警，确认功能无误后，逐步将流量切换至新版本上，直至所有流量都切换完毕。

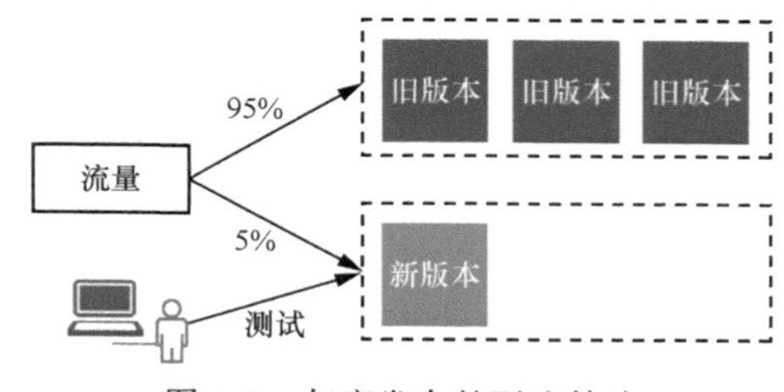

图 1-8 灰度发布的引流策略

如果在切换的过程中发现新版本功能有问题，则应该立即将所有流量切回旧版本上，将影响范围降至最小。

灰度发布的技术实现并不困难，方案也比较丰富，较为简单的做法是引入带权重的负载均衡策略，将用户请求按比例转发至新旧版本上。一些开源服务组件支持灰度发布功能的定制，例如，我们可以基于 Apache Dubbo 中的 Router/LoadBalance 实现灰度发布功能，也可以在 Spring Cloud 中基于 Ribbon 定制实现灰度发布功能，甚至可以直接使用 Nginx Ingress 在网关层实现灰度发布功能。

灰度发布有如下 3 种常见的策略。

- 按流量比例：这是最简单的灰度发布策略，也就是将流量按比例转发至新旧版本上，以达到灰度发布的效果。
- 按人群特点：根据人群的特点（如用户 ID、用户所在地区、用户类型、用户活跃度等）进行导流，以便精准地管控灰度范围。
- 按渠道：根据不同渠道（如注册方式、手机运营商、App 平台等）进行导流，这也是一种精确的灰度发布策略。

最后，我们有必要谈一下灰度发布策略的一些常见误区，以帮助读者举一反三。

- 以偏概全：选择的灰度范围不具备代表性，比如我们上线了一个针对会员的新功能，但选择的灰度发布策略所覆盖的大部分用户不是会员，这就大大影响了灰度发布发现问题的能力。
- 无效灰度：灰度的本质是提前试错，但前提是有能力试错。笔者曾经历过一次印象深刻的高级别线上事故，研发人员更改了用户下预约单的逻辑，引入了一个 bug，这个 bug 本应在灰度发布阶段被发现，但遗憾的是，灰度发布时已是当天 21 点，而灰度发布策略所涵盖的门店恰恰在 21 点全部关店歇业了，导致没有任何灰度流量触及新功能，研发人员误认为一切正常，最终引发了事故。由此可见，灰度发布策略需要保证新功能一定被验证到，不存在无效灰度的情况。
- 监控缺失：我们不仅需要有效的灰度发布策略，还需要辅以完备的监控，以便及早发现风险，采取止损措施。

1.2.3 线上监控

实施线上监控的目的是第一时间发现线上问题并解决问题，保证服务的正常运行。线上监控是一个很宽泛的话题，涉及的技术点非常多。在本小节中，我们侧重于讨论基于测试右移的理念，都有哪些监控工作是需要测试人员重视的。我们总结为以下几个要点：

- 服务上线后的可用性和性能监控，如遇到问题需要快速回滚代码；
- 持续的服务关键指标监控，出现报警时能够初步定位问题，与研发人员配合实现止损和修复；
- 对生产数据进行监控，对异常数据及时介入干预；
- 进行线上资金实时 / 离线核对，对资损风险及时介入干预；
- 进行安全性监控，初步识别安全风险；
- 对用户反馈的问题及时跟进，通知开发人员尽快解决缺陷，通知产品人员打磨细节、提升体验。

对于上述最后一点，我们需要强调的是，线上监控不仅仅针对应用服务，舆情监控同样重要。对于用户反馈的问题，由客服人员初步判断为技术问题后，测试人员（或技术支持人员）要能够及时跟进处理或分流，以便尽可能快速地给予用户有效的反馈。

另外，上述要点并不是单纯的监控工作内容，我们需要将其内化为质量保障的能力，通过工具和规范，赋能各个技术人员共同参与线上监控的工作。例如，我们可以先将日常的监控项明确清楚，设计好相关的质量数据报表，再通过采集监控数据进行分析和配置告警，来观察版本发布的情况，最终建立一个线上质量看板，以便相关人员及时获悉线上质量情况。

1.2.4 用户体验分析

用户体验分析是收集真实用户的反馈，分析数据并总结出系统改进措施的过程。它是测试右移的极致追求，不仅仅满足于软件产品的可用性，还很重视用户的情感、喜好、认知印象、生理和心理反应、行为和成就等各个方面。

用户体验分析中最常见的方法是问卷调查——将精心设计的量表，发放给特定的真实用户，收集反馈并得出结论。下面我们以 SUS（System Usability Scale，系统可用性量表）为例，学习一下问卷调查的过程。

如表 1-1 所示，SUS 问卷包含 10 个题目，每个题目的分值均为 5 分，奇数项是正面描述题，偶数项是反面描述题。我们要求用户在填写 SUS 问卷时，不要互相讨论，也不要过多思考，而应尽可能快速地完成所有题目。

表 1-1 SUS 问卷标准版

序号	问题	非常同意→非常不同意				
		1	2	3	4	5
1	我愿意使用这个系统					
2	我发现这个系统过于复杂					
3	我认为这个系统使用起来很容易					

续表

序号	问题	非常同意→非常不同意				
		1	2	3	4	5
4	我认为自己需要专业人员的帮助才能使用这个系统					
5	我发现系统里的各项功能很好地整合在了一起					
6	我认为系统中存在大量的不一致					
7	我能想象大部分人能够快速学会使用这个系统					
8	我认为这个系统使用起来非常麻烦					
9	当使用这个系统时，我对自己非常有信心					
10	在使用这个系统之前，我需要进行大量的学习					

收回所有的 SUS 问卷，统计总分。先确定每道题的转化分值，分值范围为 0 ～ 4。对于正面描述题，转化分值是量表原始分减去 1；对于反面描述题，转化分值是 5 减去量表原始分。将所有题目的转化分值相加后再乘以 2.5，得到 SUS 问卷的总分。所以 SUS 分值范围为 0 ～ 100，以 2.5 分为增量。

将得到的 SUS 问卷的总分对应到表 1-2，即可得到产品的可用程度，我们可以将其作为用户体验的一个重要参考。

表 1-2　SUS 问卷总分的曲线分级范围

SUS 分值范围	评级	百分范围
84.1 ～ 100	A+	96 ～ 100
80.8 ～ 84	A	90 ～ 95
78.9 ～ 80.7	A−	85 ～ 89
77.2 ～ 78.8	B+	80 ～ 84
74.1 ～ 77.1	B	70 ～ 79
72.6 ～ 74	B−	65 ～ 69
71.1 ～ 72.5	C+	60 ～ 64
65 ～ 71	C	41 ～ 59
62.7 ～ 64.9	C−	35 ～ 40
51.8 ～ 62.6	D	15 ～ 34
0 ～ 51.7	F	0 ～ 14

上面介绍的 SUS 非常实用，但它也有缺点。由于它的评分结果是抽象的，这个分数只能让我们大概了解针对某产品用户体验的好坏，在具体问题上缺乏指引。当我们希望了解产品评分较低时应当如何聚焦产品的优化方向时，SUS 就无能为力了。

下面我们介绍一种更通用的用户体验分析方法——雷达图分析法。该方法的实施具体分三步。

第一步，对潜在的用户体验问题进行分类，得到基础的分析项，例如视觉呈现、界面设计、导航设计、信息设计、交互设计、信息架构、功能规格、内容需求等。

第二步，以问卷的形式交由目标用户评估，如表 1-3 所示。与 SUS 问卷不同，这些目标用户需要具备一定的可用性分析能力，建议由专家带领讨论，以便解答评估过程中的困惑。

第三步，将问题汇总整理，以雷达图的形式展示出来。

表 1-3　用户体验问题记录表

序号	分析项	分值（由低到高为 1 ～ 5 分）	问题描述
1	导航设计	2	导航菜单的嵌套过深，定位到某一页面的操作步骤过多
2			
3			

如图 1-9 所示，雷达图能够以直观的形式展现多个维度用户体验问题的整体情况，便于我们全面分析和解读指标，以及一目了然地发现哪些方面存在用户体验问题。

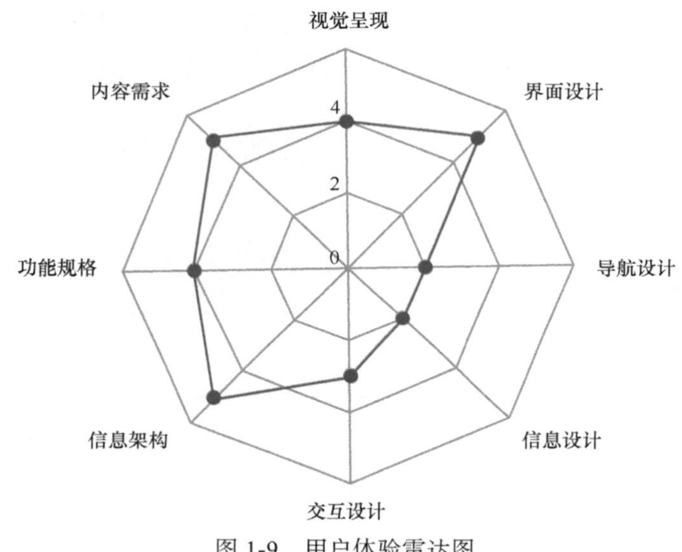

图 1-9　用户体验雷达图

1.2.5 总结

测试右移致力于在生产环境或生产阶段进行测试或相关质量保障工作，作为传统测试工作的有力补充，本节对测试右移理念下的 A/B 测试、灰度发布、线上监控和用户体验分析这 4 项实践内容进行了解读，并提供了一些实用的方法。

1.3 可测试性设计

随着云原生技术的加速普及与快速发展，软件系统的规模不断扩大，复杂性也不断提高。

与此相对应，在软件研发过程中，为测试而设计（design for testing）、为部署而设计（design for deployment）、为监控而设计（design for monitor）、为扩展而设计（design for scale）和为失效而设计（design for failure）正变得越来越重要，甚至成为衡量软件组织核心研发能力的主要标尺。

本节重点探讨“为测试而设计”的理念，以软件的可测试性（testability）为主线，向大家阐述软件可测试性的方方面面，以及软件组织在这个方向上的一些最佳实践与探索。

软件的可测试性对软件的研发和质量保障有着至关重要的作用，是实现高质量、高效率软件交付的基础。可测试性差，会直接增加测试成本，让测试结果验证变得困难，进而导致工程师不愿意做测试，或者使测试活动延迟发生，这些都违背了持续测试、尽早以低成本发现问题的原则。为此，我们有必要对可测试性进行一次深入浅出的探讨，主要内容包含以下 5 个方面：

- 可测试性的定义；
- 可测试性差引发的问题；
- 可测试性的 3 个核心观点；
- 可测试性的 4 个维度；
- 不同级别的可测试性与工程实践。

1.3.1 可测试性的定义

软件的可测试性是指在一定时间和成本的前提下，进行测试设计、测试执行，以此来发现软件的问题，以及发现故障并隔离、定位故障的能力。各种组织对可测试性有不同的定义，笔者认为它们的本质是相通的，都是在说软件系统能够被测试的难易程度，或者说软件系统可以被确认的能力。

笔者个人比较喜欢的定义来自 James Bach：可测试性就是指一个计算机程序能够被测试的难易程度。

测试设计能力（即创造性地设想各种可能性，并设计相应场景）是每个软件测试人员的核心能力，但是如何根据测试设计构造出所需要的测试条件，如何高效执行测试，以及在测试执行过程中如何对结果进行实时的观察和验证，则是可测试性需要解决的问题。

1.3.2 可测试性差引发的问题

很多觉得可测试性是个新命题，在软件测试发展的很长一段时间里，这个概念似乎并没有被广泛提及。那是因为以前的软件测试是偏粗放式的黑盒模式，而且测试团队和开发团队分离，测试工程师往往到了研发后期才会介入，测试始终处于被动接受的状态，并且大量的测试与验证都偏向黑盒功能，所以可测试性的矛盾并没有显现出来。但是现在，随着测试左移、开发者自测、测试与开发融合以及精准测试的广泛普及，粗放式的黑盒模式已经无法满足软件的质量要求。

如果继续忽视可测试性，不从源头上对可测试性予以重视，将会导致研发过程中系统不可

测或测试成本过高的窘境。可以说，忽视可测试性就是在累积技术债务。更何况，今天大行其道的 DevOps 全程都离不开测试，测试成了拉通持续集成 / 持续交付（Continuous Integration/Continuous Delivery，CI/CD）各个阶段的连接器，如果可测试性不佳，整个 CI/CD 的效率就会大受影响。

为了帮助大家更好地理解可测试性，下面列举一些实际的可测试性问题。

1. GUI 测试层面

- 登录场景下的图片验证码：图片验证码虽然不影响手工测试，但是会影响自动化测试的可测试性，用 OCR（Optical Character Recognition，光学字符识别）技术识别图片验证码往往不够稳定，如果能够实现稳定识别，反而说明验证码机制有问题。如果登录实现不了自动化，就会影响很多其他的自动化测试场景。登录过程中的短信验证码也有类似的可测试性问题。
- 页面控件没有统一且稳定的 ID 标识：如果页面控件没有统一且稳定（不随版本发布而变化）的 ID 标识，自动化测试脚本中控件识别的稳定性就会大打折扣。虽然测试脚本可以通过组合属性、模糊识别等技术手段来提升识别的稳定性，但是测试的成本会变高。
- 非标准控件的识别：非标准的前端页面控件等无法通过 GUI 自动化测试识别出来。
- 需要对图片形式的输出进行验证：图片的验证缺乏有效的工具来支持。

2. 接口测试层面

- 接口测试缺乏详细的设计文档：接口测试如果没有设计契约文档作为衡量测试结果的依据，就会造成测试沟通成本高昂，陷入无法有效开展测试结果验证、开发人员和测试人员相互推诿的窘境。
- 构建 Mock 服务的难度和成本过高：在微服务架构下，如果构建 Mock 服务的难度和成本过高，就会直接造成接口不可测或者测试成本过高。
- 接口调用的结果验证困难：接口成功调用后，判断接口行为是否符合预期的验证点难以获取。
- 接口调用不具有幂等性：接口内部处理逻辑依赖于未决因素（如时间、不可控输入、随机变量等）破坏接口调用的幂等性。

3. 代码测试层面

- 私有函数的调用：在代码测试中，私有函数无法直接调用。
- 私有变量的访问：私有变量缺乏访问手段，以至于无法进行结果验证。
- 代码依赖关系复杂：被测代码中依赖了外部系统或者不可控组件，比如依赖第三方服务、网络通信、数据库等。
- 代码可读性差：代码采用了“奇技淫巧”，造成可读性差，同时缺乏必要的注释说明。
- 代码的圈复杂度过高：圈复杂度过高的代码往往很难设计测试。

4. 通用测试层面

- 无法获取软件内部信息：测试执行过程中，有些结果的验证需要获取软件内部信息进行比对，如果无法通过低成本的手段获取软件内部信息，测试的验证成本就会很高。
- 多样性的测试数据的构建：很多测试设计都依赖于特定的测试数据，如果多样性的测试数据的构建比较困难，也会直接影响系统的可测试性。

- 无法获取系统运行时的实时配置：无法获取系统运行时的实时配置意味着无法重建测试环境进行问题的重现和定位，从而增加了测试的难度与不确定性。
- 压测场景下的性能剖析：很多性能问题只有在高负载场景下才能重现，但是在高负载场景下，无法通过日志的方式来获取系统性能数据，因为一旦提高了日志等级，日志输出就会成为系统瓶颈，进而把原来的性能问题掩盖掉。

由此可见，可测试性问题不仅出现在端到端的功能测试层面，还出现在接口测试和代码测试层面。可测试性对于自动化测试的实现成本也很关键。

1.3.3 可测试性的 3 个核心观点

在正式讨论可测试性的技术细节之前，很有必要先介绍可测试性的核心观点。笔者认为可测试性有 3 个核心观点（如图 1-10 所示）。

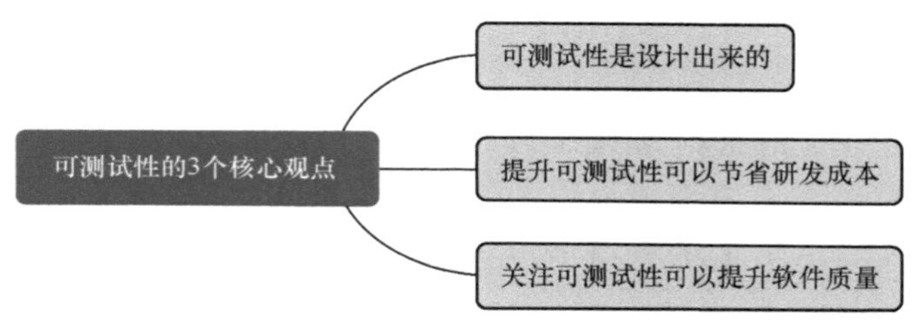

图 1-10 可测试性的 3 个核心观点

1. 可测试性是设计出来的

毋庸置疑，可测试性不是与生俱来的，而是被设计出来的。可测试性必须被明确地设计，并且正式纳入需求管理的范畴。在研发团队内，测试架构师应该牵头推动可测试性的建设，并与软件架构师、开发工程师和测试工程师达成一致。测试工程师和测试架构师应该是可测试性需求的提出者，并且负责可测试性方案的评估和确认。在研发过程中，可测试性的评估要尽早开始，一般始于需求分析和设计阶段，并贯穿研发全流程，所以可测试性不再只是测试工程师的职责，而是整个研发团队的职责。

2. 提升可测试性可以节省研发成本

良好的可测试性意味着测试的时间成本和技术成本都会降低，还能提升自动化测试的可靠性与稳定性。今天在可测试性上的前期投资，会带来后续测试成本的大幅度降低。今天多花的一块钱可以为将来节省十块钱，这再次证明了“很多时候选择比努力更重要”。

3. 关注可测试性可以提升软件质量

可测试性好的软件必然拥有高内聚、低耦合、接口定义明确、行为意图清晰的设计。在准备写新代码时，要问自己一些问题：我将如何测试我的代码？我将如何在尽量不考虑运行环境因素的前提下编写自动化测试用例来验证代码的正确性？如果你无法回答好这些问题，那么请重新设计你的接口和代码。当你开发软件时，时常问自己如何验证软件的行为是否符合预期，并且愿意为了达成这个目标而对软件进行良好的设计，作为回报，你将得到一个具有良好结构的系统。

要让研发团队重视可测试性是件很难的事情，究其根本原因，在于研发团队“不够痛”。

长久以来，测试团队和开发团队一直是独立的两个团队，开发工程师往往更关注功能的实现，其次才会关注一些类似性能、安全和兼容性相关的非功能需求，可测试性基本是没有任何关注优先级的，因为测试工作并不是由开发工程师自己完成的，可测试性的价值开发工程师往往感受不到。而测试工程师虽然饱受可测试性的各种折磨，却苦于处于软件研发生命周期的后期，对此也无能为力，因为很多可测试性需求是需要在设计阶段就考虑并实现的，到了最后的测试阶段很多事情为时已晚。

很多时候，你不想改是因为你不痛，你不愿意改是因为你不够痛，只有真正痛过才知道改的价值。所以应该让开发工程师自己承担测试工作，这样开发工程师才会切身地感受到可测试性的重要性与价值，进而在设计与开发阶段赋予系统更优秀的可测试性，由此形成的良性循环能让系统整体的可测试性始终处于较高水平。

1.3.4　可测试性的 4 个维度

可测试性的分类方法有很多不同的版本，比如由 James Bach 提出的实际可测试性模型（Heuristics of Software Testability，如图 1-11 所示）、由 Microsoft（微软）提出的 SOCK 可测试性模型（如图 1-12 所示）、由 Siemens（西门子）提出的可测试性设计检查表模型等。

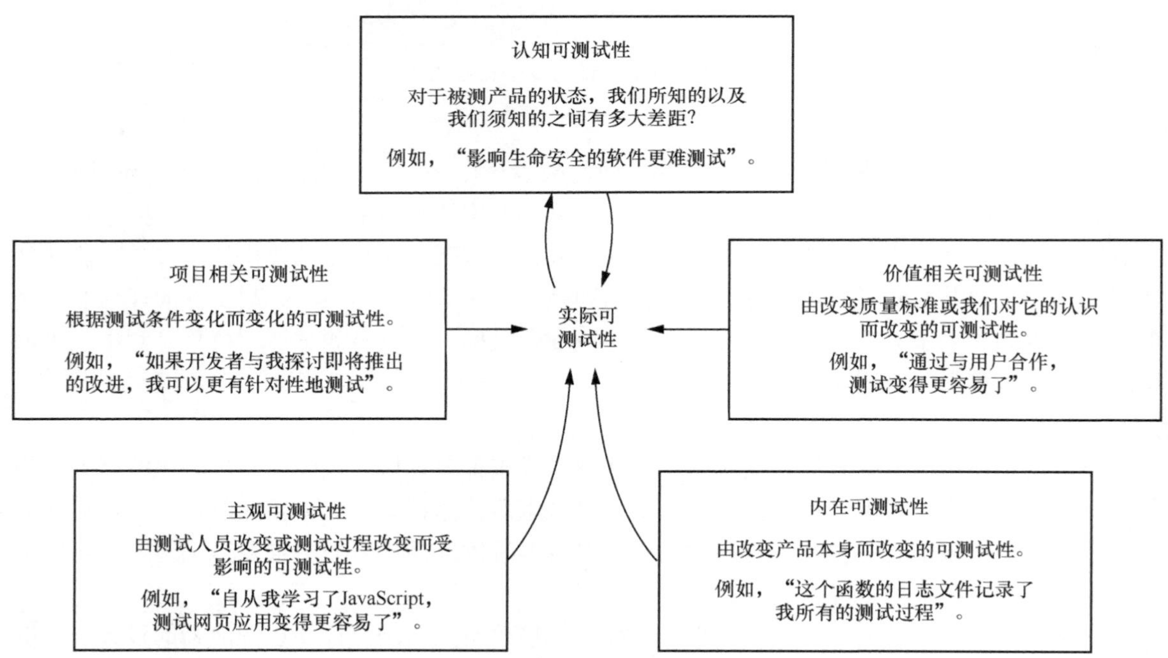

图 1-11　由 James Bach 提出的实际可测试性模型

虽然各种分类方法的切入点不尽相同，但它们的本质是相通的。在这些模型的基础上，笔者做了一些归纳和总结，将可测试性分成可控制性、可观测性、可追踪性与可理解性 4 个维度（如图 1-13 所示）。下面我们依次展开讨论。

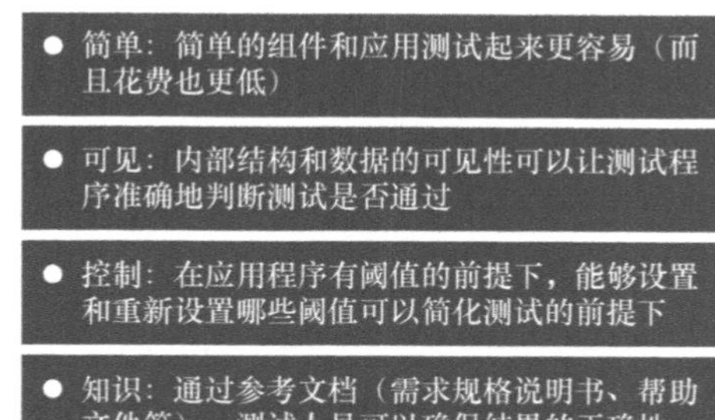

图 1-12　由微软提出的 SOCK 可测试性模型

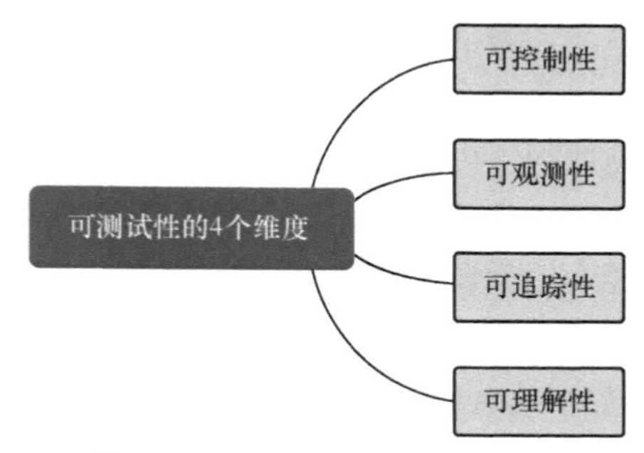

图 1-13　可测试性的 4 个维度

1. 可控制性

可控制性是指能否容易地控制程序的行为、输入和输出，以及是否可以将被测系统的状态控制到满足测试条件。一般来讲，可控制性好的系统一定更容易测试，也更容易实现自动化测试。可控制性一般体现在以下几个方面。

- 在业务层面，业务流程和业务场景应该易分解，尽可能实现分段控制与验证。对于复杂的业务流程，须合理设定分解点，以便在测试时进行分解。
- 在架构层面，应采用模块化设计，各模块之间支持独立部署与测试，具有良好的可隔离性，以便构造 Mock 环境来模拟依赖。
- 在数据层面，测试数据也需要可控制性，这样才能够低成本构建多样性的测试数据，以满足不同测试场景的要求。
- 在技术实现层面，可控制性的实现手段涉及很多方面，比如提供适当的手段以便在系统外部直接或间接地控制系统的状态及变量，在系统外部实现便捷的接口调用，实现私有函数以及内部变量的外部访问能力，实现运行时的可注入能力，实现轻量级的插桩能力，使用 AOP（Aspect-Oriented Programming，面向切面编程）技术实现更好的可控制性等。

2. 可观测性

可观测性是指能否容易地观察程序的行为、输入和输出，一般指系统内的重要状态、信息可通过一定手段从外部获得的难易程度。

任何一项操作或输入都应该有预期的、明确的响应或输出，而且该响应或输出必须是可见的，这里的可见不仅包括运行时可见，还包括维护时可见以及调试时可见，同时在时间维度上应该包含当前和过去都可见，并且是可查询的，不可见和不可查询就意味着不可发现，可观测性就差，进而影响可测试性。

可见的前提是输出，要想提高可观测性，就应该多多输出，包括分级的事件日志（logging）、调用链路追踪（tracing）信息、各种度量指标（metrics），还应该提供各类可测试性接口以获取系统内部信息，以及进行系统内部自检信息的上报，以确保影响程序行为的因素可见。另外，有问题的输出要易于识别，无论是通过日志自动分析还是界面高亮显示的方式，都要能够有助于发现。

关于多多输出的理念，有一个概念性的度量指标 DRR（Domain/Range Ratio）可以借鉴。DRR 可以理解成输入个数和输出个数的比例。DRR 用于度量信息的丢失程度。DRR 越大，信息越容易丢失，错误越容易隐藏，可测试性也就越低。因此要降低 DRR，在输入个数不变的条件下，增加输出个数，输出参数越多，获取的信息越多，也就越容易发现错误。

接下来我们讨论一下可观测性和监控的关系。监控告诉我们系统的哪些部分不工作了，可观测性则告诉我们那些不工作的部分为什么不工作了，所以笔者认为监控是可观测性的一部分，可观测性是监控的超集。两者的区别主要体现在问题的主动（preactive）发现能力这个层面，可以说主动发现是可观测性能力的关键。可观测性正在从过去的被动监控转向主动发现与分析。

通常我们会将可观测性能力划分为 5 个层级（如图 1-14 所示），其中告警（alerting）与应用概览（overview）属于传统监控的概念范畴。触发告警的往往是明显的症状与表象，但随着系统架构复杂度的增加以及应用向云原生部署方式的转变，没有产生告警并不能说明系统一定没有问题。因此，系统内部信息的获取与分析就变得非常重要，这主要通过排错（debugging）、剖析（profiling）和依赖分析（dependency analysis）来实现，它们体现了主动发现能力，并且层层递进：

（1）无论是否发生告警，运用主动发现能力都能对系统运行情况进行诊断，通过指标呈现系统运行的实时状态；

（2）一旦发现异常，逐层下钻定位问题，必要时进行性能分析，调取详细信息，建立深入洞察；

（3）调取模块与模块间的交互状态，通过链路追踪构建整个系统的完整性。

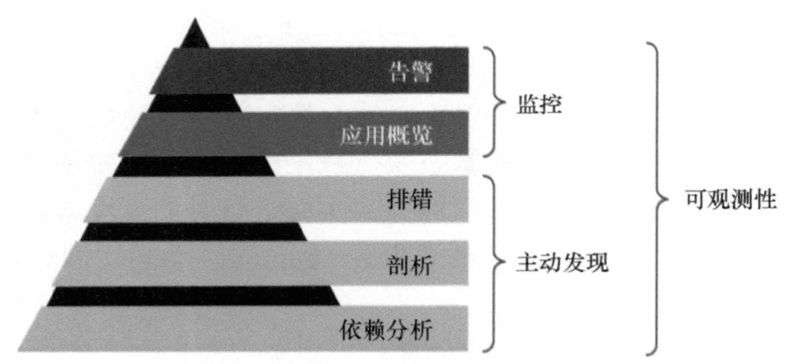

图 1-14　可观测性和监控的关系

主动发现能力的作用除了告警与排错，还包括通过获取全面的数据与信息，来构建对系统深入的认知，而这种认知可以帮助我们提前预测与防范故障的发生。

下面我们讨论一下可观测性与可控制性的关系。可观测性不仅能观测系统的输出是否符合设计要求，还影响系统是否可控。系统的必要状态信息在系统测试控制阶段起决定作用。没有准确的状态信息，测试工程师就无法判断是否要进行下一步的状态变更。无法控制状态变更，可控制性又从何谈起？所以可观测性与可控制性是相辅相成的关系，缺一不可。

3. 可追踪性

可追踪性是指能否容易地跟踪系统的行为、事件、操作、状态、性能、错误以及调用链路等。可追踪性有助于你成为“系统侦探”，可以帮助你成为系统的福尔摩斯。可追踪性主要体现在以下几个方面：

- 记录并持续更新详细的全局逻辑架构视图与物理部署视图；
- 跟踪记录服务端模块间全量调用链路、调用频次、性能数据等；
- 跟踪记录模块内关键流程的函数执行过程、输入输出参数、持续时间、扇入扇出信息等；

- 打通前端和后端的调用链路，实现后端流量可溯源；
- 实现数据库和缓存类组件的数据流量可溯源；
- 确保以上信息的保留时长，以便开展以周或月为频次的异常分析。

在云原生时代，综合集成了事件日志（logging）、调用链路追踪（tracing）信息和度量指标（metrics）的 OpenTelemetry 是可追踪性领域的主要发展方向，OpenTelemetry 旨在将 logging、tracing 和 metrics 三者统一，实现数据的互通及互操作，以解决信息孤岛的问题。

4. 可理解性

可理解性是指被测系统的信息获取是否容易，以及信息本身是否完备且易于理解。比如被测对象是否有说明文档，说明文档本身可读性和及时性是否都有保证等。常见的可理解性包含以下几个方面：

- 提供用户文档（使用手册等）、工程师文档（设计文档等）、程序资源（源代码、代码注释等）以及质量信息（测试报告等）；
- 文档、流程、代码、注释、提示信息等易于理解；
- 被测对象是否有单一且定义清晰的任务，以体现出关注点分离；
- 被测对象的行为是否可以进行具有确定性的推导与预测；
- 被测对象的设计模式是否能够被很好地理解，并且遵循行业通用规范。

1.3.5　不同级别的可测试性与工程实践

不同级别有不同的可测试性要求。下面我们分别从代码级别、服务级别和业务需求级别展开讨论。

1. 代码级别的可测试性

代码级别的可测试性是指针对代码编写单元测试的难易程度。对于一段被测代码，如果为其编写单元测试的难度很大，需要依赖很多“奇技淫巧”或者单元测试框架、Mock 框架的高级特性，则往往意味着代码实现得不够合理，代码的可测试性不好。如果你是资深的开发工程师，并且一直有写单元测试的习惯，你会发现写单元测试本身其实并不难，反倒写出可测试性好的代码是一件非常有挑战的事情。

代码违反可测试性的情况有很多，常见的有以下这些：

- 无法 Mock 依赖的组件或服务；
- 代码中包含未决行为逻辑；
- 滥用可变全局变量；
- 滥用静态方法；
- 使用复杂的继承关系；
- 代码高度耦合；
- I/O 和计算不解耦。

为了便于理解，我们用“无法 Mock 依赖的组件或服务”给大家展开举个例子，以便大家更好地理解什么是代码级别的可测试性。

被测代码如图 1-15 所示，Transaction 类是经过抽象简化之后的一个电商系统的交易类，用来记录每笔订单交易的情况。Transaction 类中的 execute() 函数负责执行转账操作，将钱从买家的钱包转到卖家的钱包，真正的转账操作是通过在 execute() 函数中调用 WalletRpcService 服务来完成的。

```java
public class Transaction {
  //...
  public boolean execute() throws InvalidTransactionException {
    //...
    WalletRpcService walletRpcService = new WalletRpcService();
    String walletTransactionId = walletRpcService.moveMoney(id, buyerId, sellerId, amount);
    if (walletTransactionId != null) {
      this.walletTransactionId = walletTransactionId;
      this.status = STATUS.EXECUTED;
      return true;
    } else {
      this.status = STATUS.FAILED;
      return false;
    }
  }
  //...
}
```

图 1-15　被测代码——Transaction 类

编写一个单元测试，如图 1-16 所示。

```java
public void testExecute() {
  Long buyerId = 123L;
  Long sellerId = 234L;
  Long productId = 345L;
  Long orderId = 456L;
  Transction transaction = new Transaction(buyerId, sellerId, productId, orderId);
  boolean executedResult = transaction.execute();
  assertTrue(executedResult);
}
```

图 1-16　编写一个单元测试

这个单元测试的代码本身很容易理解，就是提供参数来调用 execute() 函数。但是为了让这个单元测试能够顺利执行，还需要部署 WalletRpcService 服务。一来搭建和维护的成本比较高；二来还需要确保在将伪造的 transaction 数据发送给 WalletRpcService 服务之后，能够正确返回我们期望的结果以完成不同执行路径的测试覆盖。而测试的执行需要进行网络通信，耗时也会比较长，网络的中断、超时、WalletRpcService 服务的不可用，都会直接影响单元测试的执行，所以从严格意义上来讲，这样的测试已经不属于单元测试的范畴了，更像是集成测试。我们需要用 Mock 来实现依赖的解耦，用一个“假”的服务替换真正的服务，而且这个假的服务需要完全在我们的控制之下，模拟输出我们想要的数据，以便控制测试的执行路径。

为此，我们构建 WalletRpcService 服务的 Mock（如图 1-17 所示），这可以通过继承 WalletRpcService 类，并且重写其中的 moveMoney() 函数的方式来实现。这样就可以让 moveMoney() 函数返回任意我们想要的数据，并且不需要真正进行网络通信。

但是接下来当试图用 MockWalletRpcServiceOne 和 MockWalletRpcServiceTwo 替换代码中真正的 WalletRpcService 时，就会发现因为 WalletRpcService 是在 execute() 函数中通过 new 的

方式创建的（图 1-15 中的第 5 行代码），我们无法动态地对其进行替换，这就是典型的代码可测试性问题。

```
public class MockWalletRpcServiceOne extends WalletRpcService {
  public String moveMoney(Long id, Long fromUserId, Long toUserId, Double amount) {
    return "123bac";
  }
}

public class MockWalletRpcServiceTwo extends WalletRpcService {
  public String moveMoney(Long id, Long fromUserId, Long toUserId, Double amount) {
    return null;
  }
}
```

图 1-17 WalletRpcService 服务的 Mock

为了解决这个问题，需要对代码进行适当的重构，这里使用依赖注入的方式。依赖注入是实现代码可测试性的有效手段之一，可以将 WalletRpcService 对象的创建反转给上层逻辑，在外部创建好之后，再注入 Transaction 类。具体的代码实现如图 1-18 所示。

```
public class Transaction {
  //...
  // 添加一个成员变量及其set方法
  private WalletRpcService walletRpcService;

  public void setWalletRpcService(WalletRpcService walletRpcService) {
    this.walletRpcService = walletRpcService;
  }
  // ...
  public boolean execute() {
    // ...
    // 删除下面这一行代码
    // WalletRpcService walletRpcService = new WalletRpcService();
    // ...
  }
}
```

图 1-18 用依赖注入解决代码可测试性问题

这样在单元测试中就可以非常容易地将 WalletRpcService 替换成 Mock 出来的 MockWalletRpcServiceOne 或 MockWalletRpcServiceTwo 了（如图 1-19 所示）。

```
public void testExecute() {
  Long buyerId = 123L;
  Long sellerId = 234L;
  Long productId = 345L;
  Long orderId = 456L;
  Transction transaction = new Transaction(null, buyerId, sellerId, productId, orderId);
  // 使用Mock对象来替代真正的RPC服务
  transaction.setWalletRpcService(new MockWalletRpcServiceOne());
  boolean executedResult = transaction.execute();
  assertTrue(executedResult);
  assertEquals(STATUS.EXECUTED, transaction.getStatus());
}
```

图 1-19 重构以后的单元测试

在代码级别的可测试性上，Google 早期有过一个不错的实践，就是构建了一套工具，名为 Testability Explorer，用于专门对代码的可测试性进行综合性的评价并给出分析报告（如图 1-20 所示），有点类似于代码静态检查的思路。可惜目前 Google 已经不再继续对 Testability Explorer 进行维护了。

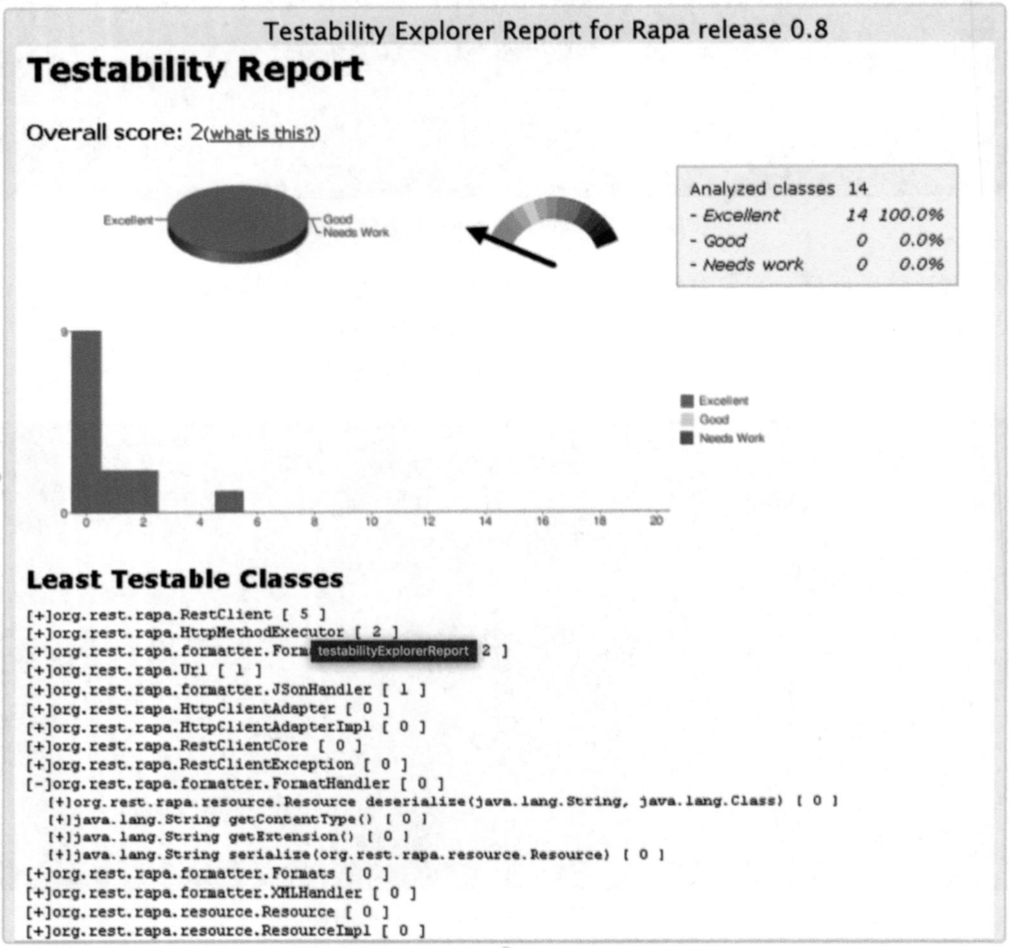

Testability Explorer Report for Rapa release 0.8

Testability Report

Overall score: 2(what is this?)

Analyzed classes	14	
- Excellent	14	100.0%
- Good	0	0.0%
- Needs work	0	0.0%

Least Testable Classes

```
[+]org.rest.rapa.RestClient [ 5 ]
[+]org.rest.rapa.HttpMethodExecutor [ 2 ]
[+]org.rest.rapa.formatter.Form[testabilityExplorerReport] 2 ]
[+]org.rest.rapa.Url [ 1 ]
[+]org.rest.rapa.formatter.JSonHandler [ 1 ]
[+]org.rest.rapa.HttpClientAdapter [ 0 ]
[+]org.rest.rapa.HttpClientAdapterImpl [ 0 ]
[+]org.rest.rapa.RestClientCore [ 0 ]
[+]org.rest.rapa.RestClientException [ 0 ]
[-]org.rest.rapa.formatter.FormatHandler [ 0 ]
   [+]org.rest.rapa.resource.Resource deserialize(java.lang.String, java.lang.Class) [ 0 ]
   [+]java.lang.String getContentType() [ 0 ]
   [+]java.lang.String getExtension() [ 0 ]
   [+]java.lang.String serialize(org.rest.rapa.resource.Resource) [ 0 ]
[+]org.rest.rapa.formatter.Formats [ 0 ]
[+]org.rest.rapa.formatter.XMLHandler [ 0 ]
[+]org.rest.rapa.resource.Resource [ 0 ]
[+]org.rest.rapa.resource.ResourceImpl [ 0 ]
```

图 1-20　Testability Explorer 给出的分析报告

2. 服务级别的可测试性

服务级别的可测试性主要是针对微服务来讲的。相较于代码级别的可测试性，服务级别的可测试性更容易理解。一般来讲，服务级别的可测试性主要考虑以下方面：

- 接口设计的契约化程度；
- 接口设计文档的详细程度；
- 私有协议设计的详细程度；
- 服务运行的可隔离性；
- 服务扇入扇出的大小；
- 服务部署的难易程度；

- 服务配置信息获取的难易程度；
- 服务内部状态的可控制性；
- 测试数据构造难易程度；
- 服务输出结果验证的难易程度；
- 服务后向兼容性验证的难易程度；
- 服务契约获取与聚合的难易程度；
- 服务资源占用的可观测性；
- 内部异常模拟的难易程度；
- 外部异常模拟的难易程度；
- 服务调用链路追踪的难易程度；
- 内置测试（Build-In Self Test，BIST）的实现程度。

3. 业务需求级别的可测试性

业务需求级别的可测试性最容易理解，平时大家接触也最多。一般来讲，业务需求级别的可测试性可以进一步细分为手工测试的可测试性和自动化测试的可测试性。业务需求级别的可测试性有以下典型场景：

- 登录过程中的图片验证码或短信验证码；
- 硬件 U 盾 / USB Key ；
- 触屏应用的自动化测试设计；
- 第三方系统的依赖与模拟；
- 业务测试流量的隔离；
- 系统的不确定性弹框；
- 非回显结果的验证；
- 可测试性与安全性的平衡；
- 业务测试的分段执行；
- 业务测试数据的构造。

1.3.6 总结

本节系统地探讨了可测试性的定义，讨论了可测试性差引发的问题，给出了可测试性的 3 个核心观点和 4 个维度，最后从代码级别、服务级别和业务需求级别探讨了可测试性的实例或关注点。

1.4 测试分析与测试设计

1.4.1 什么是测试分析与测试设计

测试分析与测试设计在软件测试中运用十分广泛，也十分重要，是软件测试的基础技能。

如果没有测试分析与测试设计，就无法得到有效的、高覆盖的测试用例，从而导致测试工作无法有效完成，测试质量也无法得到有效度量。如果测量质量无法度量，团队和管理人员将难以对软件的质量有信心，更无法发现软件系统的缺陷（defect），从而导致软件系统在线上出现问题的概率大大增加。

1. 测试分析

测试分析是一个分析的过程，它会评估并定义测试的目标和产品的风险，并定义出成功达到目标的评估方法。我们需要通过测试分析明确以下内容：

- 测试和质量的详细级别；
- 系统的复杂程度以及开发和发布的流程；
- 项目和产品的风险；
- 哪些功能需要测试以及怎么测试；
- 测试管理如何实施；
- 测试流程和测试技术；
- 测试设计的级别以及其他与产品测试和质量有关的事情。

2. 测试设计

测试设计是指针对一个系统以及它的组件设计测试架构和测试用例，比如针对一个特性（feature）、一个交易（transaction）、一个功能（function）等。

设计测试架构，即通过分析被测系统的架构，结合需要实施的不同测试类型，通过架构思维将被测系统、各种类型的测试和它们的测试工具 / 框架 / 系统等整合在一起，设计出一套系统的、完整的测试架构。

举例来说，一个前后端分离的 Web 业务系统不仅有前端 UI（User Interface，用户界面）和大量的 JavaScript 代码，还有后端 API、第三方依赖系统以及数据库系统，如何将各层测试有效地联系起来就是测试架构需要解决的问题。

对于不同的软件系统，其测试架构一般是根据业务需求、技术能力等各种条件来设计的。与软件架构一样，测试架构在不同的项目里，需要根据对应软件系统的架构、技术栈、业务需求、人员技能等因素来定制和设计。

而测试用例包括测试的条件、测试的步骤、测试的输入 / 输出值、测试断言等内容。它是日常工作中，开发人员和测试人员接触最多的部分，也是测试工作基础中的基础。如果它的有效性无法保证，那么整个测试工作的有效性也无法保证。

在实践中，测试分析与测试设计都是并行实施、互相影响的，但是从概念层面来说，它们仍然是两个不同的概念。测试策略的制定，也主要依赖于测试分析与测试设计的产出，由此可见测试分析与测试设计的重要性。

在实施测试分析与测试设计之后，测试策略也就随之产生，然后就是制定测试计划，持续迭代地实施测试分析与测试设计，并行地实现并执行测试用例。

1.4.2　测试分析与测试设计的分类

在传统的软件测试中，测试分析与测试设计分为黑盒分析与设计和白盒分析与设计两类。时至今日，这样的分类可以继续使用，因为它们依然可以帮助我们更容易地归类和理解各种测试分析与测试设计技术。

1. 黑盒分析与设计技术

黑盒测试是最常见的测试类型，传统的测试主要由专职的测试人员来实施，其中最为常用的黑盒分析与设计技术包括以下 6 种。

（1）等价类

等价类是一种设计技术，可以有效地减少测试用例的数量，并且可以维护一个合理的测试覆盖率。这是一种十分简单的设计技术，所有的开发人员和测试人员都应该掌握。

等价类分析与设计的步骤很简单：首先分析并确认有多少种等价类，然后针对每一种等价类设计一个测试用例。

由于等价类可以用在各种不同类型的测试上，并且性价比很高，因此它是最常用也是最重要的一种测试分析与测试设计技术。

（2）边界值

边界值是一种比较基础的测试分析与测试设计技术，旨在帮助测试人员针对一些存在边界值的业务进行合理的测试覆盖，从而减少问题逃逸。

（3）决策表

决策表是一种非常优秀的测试分析与测试设计技术，它可以将一些变量非常多的复杂业务需求进行系统化的分析和组织，高效地帮助测试人员设计出业务测试覆盖率高的测试用例。虽然非常优秀，但是人们并不常使用它，导致问题逃逸增加。

（4）Pairwise

Pairwise 是测试分析与测试设计技术中最神奇也是许多测试人员最不熟悉的一种技术。它采用了一种特定的算法，既能将巨量的、由排列和组合生成的测试用例减少到一个合理的数量，又能最大可能地保证合理的测试覆盖率。

Pairwise 可以有效地降低测试用例的数量，但是可能会造成少量的问题逃逸。尽管如此，在测试用例非常多的情况下，Pairwise 仍是性价比最高的选择。

（5）状态转换

状态转换和决策表类似，也是一种非常好的复杂系统分析和设计技术。它主要针对系统的各种状态和状态转换进行分析，并画出状态转换图，针对这些状态和它们之间的转换的不同排列和组合进行测试用例的设计。

在存在大量状态和状态转换的系统中，一定要通过这种简单但高效的技术来对系统进行分析并设计测试用例。

（6）领域分析

如今软件系统的业务越来越复杂，测试分析与测试设计也越来越复杂。随着领域驱动开发的出现，软件开发也已进行了领域拆分。与之对应的是测试分析与测试设计也需要进行领域拆分，针对不同的领域进行不同的分析和设计，并且将相同领域里的各种业务需求集中起来进行分析，测试用例也集中起来进行设计和管理，从而对复杂系统的测试用例分析和设计进行拆分，化繁为简。

2. 白盒分析与设计技术

相较于传统的测试类型，在将测试工作左移到开发过程中，且开发人员实施测试工作后，

白盒分析与设计开始兴起。它主要由开发人员来实施，在 TDD（Test Driven Development，测试驱动开发）中最常见。在测试人员实施 ATDD（Acceptance Test Driven Development，验收测试驱动开发）的时候，软件技术较好的测试人员也会尝试通过白盒分析与设计技术来得到更全面的验收测试用例。白盒分析与设计技术的类型相对黑盒分析与设计技术少一些，主要包括以下两种类型：

- 控制流；
- 数据流。

不管是基于黑盒的还是基于白盒的测试分析与测试设计技术，本质都是帮助开发人员和测试人员完成业务功能的测试，且它们最终需要完成的都是基于用户行为和业务场景的测试用例或测试场景设计。想要实施良好的 TDD 的开发人员，不仅要熟悉白盒分析与设计技术，也要熟悉黑盒分析与设计技术，因为在编写一些复杂功能的单元测试时，也需要用到等价类、边界值等基础的测试分析与测试设计技术。而对于测试人员，熟悉各种基础的黑盒测试和白盒测试技术，则是设计出好的基于用户行为和业务场景的测试用例或测试场景的基础能力。

1.4.3　基于用户行为和业务场景的测试分析与测试设计

绝大多数现代商用软件是通过用户的特定行为来完成特定的业务场景的，对于这些商用软件来讲，大部分的测试工作则是通过对用户行为和业务场景进行测试分析，设计并完成基于用户行为（或操作）的业务测试场景来实施的。所以理解用户行为和业务场景，成了现在大部分商用软件的重中之重。

虽然很多测试人员认识到了这一点，但是往往还存在一个误区，就是认为只需要理解业务场景和用户行为，不需要熟悉基础的测试分析与测试设计技术，就可以设计好测试用例和测试场景。但现实情况是，如果不懂基础的测试分析与测试设计技术，往往在分析和设计复杂的业务场景时，不是测试用例数量巨大（比如不使用 Pairwise 和等价类，而是测试所有组合用例），就是无法分析清楚所有的状态和边界值，导致遗漏一些测试场景。

另外，用户行为分为业务行为和操作行为。传统软件测试以操作行为为主体来进行测试分析与测试设计；而基于复杂业务场景的现代商用软件测试，则需要以用户的业务行为为主体来进行测试分析与测试设计。

1.4.4　测试分析与测试设计的未来

测试分析与测试设计不仅以前是软件测试工作的基础与重点，未来也仍将是软件测试工作的基础与重点，只不过随着软件开发技术的发展，以及软件技术架构与业务形态的更迭，测试分析与测试设计也会随之发展，最主要的发展方向有以下两个。

（1）以最终用户的价值为目标进行测试分析与测试设计。现在的软件系统都是由特定的人员分析、设计和开发出来的，比如 PO 和 BA 人员对软件进行分析并提出需求，UX 人员对软件的界面进行设计，接下来 Dev 人员对软件的技术架构进行设计，最终由 Dev 和 QA 人员完成开发和测试工作并生成软件。但很少有软件是由真正懂得使用价值的最终用户参与设计和测试的，而更多是由专业的设计人员进行设计。随着软件的专业程度越来越高，需要软件化的行业也越来越多，我们需要让真正的用户参与业务分析和设计，以及测试分析与测试设计的工作。如果不让用户参与，不以最终用户的价值为目标，就很容易研发出不易使用甚至无用的软件功能，从而导致浪费、返工，事倍功半。

（2）以 AI 技术为基础，通过 AI 进行测试分析与测试设计。AI 技术发展日新月异，未来将逐步在软件研发和测试领域占据一席之地，它现在已经在代码编写和自动化测试领域崭露头角。但是对于 AI 技术来讲，最难的还是像人那样理解业务流程，所以用 AI 技术来实施测试分析与测试设计，仍是一个难题。虽然不能使用 AI 技术独自实施测试分析与测试设计，但使用 AI 技术辅助实施测试分析与测试设计还是有可能的，只不过需要有特定的、统一的领域特定语言（Domain Specific Language，DSL）。如果所有的业务流程和验收标准等都可以使用统一的领域特定语言，并且它们都没有歧义，就可以尝试使用深度学习技术来独自实施测试分析与测试设计。不过，学习模型的建立仍有很长的一段路要走。

第2章 软件测试新方法

2.1 契约测试

随着 Web 系统的大规模发展，Web API 已经成为一种广泛使用的技术，再加上微服务和云系统的普及，Web API 的数量呈指数增长。比如在一个大型 Web 系统中，各个子系统或依赖系统之间一般使用 Web API 来集成，从而导致开发不同子系统或依赖系统的团队之间存在不少问题。其中最主要的 4 个问题如下：

- 团队之间业务和技术集成沟通困难；
- 难以快速响应外部需求变化；
- 开发流程责任链混乱；
- 直到将 Web API 部署到测试环境后才发现集成问题。

这 4 个问题都属于集成和变更管理的问题。首先，团队之间业务和技术集成沟通困难主要是指没有明确的集成沟通流程，导致团队之间在沟通集成业务和技术的时候容易混乱不清，遇到各种困难。所以需要有一个规范和明确的集成沟通流程，从而避免因为流程混乱而产生困难。

其次，难以快速响应外部需求变化是指当系统的用户提出一个新需求或者需求更改的时候，很难快速地让所有后端开发团队都明确地知道集成部分的更改细节和需求，导致无法快速地完成开发工作。

接下来，开发流程责任链混乱是指在一个子系统很多的应用系统中，当发现一个集成相关的问题时，很难确定是哪个子系统的问题。所以需要有一种方法来快速地确定应该由谁修复这个集成相关的问题。

最后，直到将 Web API 部署到测试环境后才发现集成问题，导致发现问题的时间延后，从而增加修复成本。所以最好能在 Web API 的编码开发阶段就发现集成问题，从而可以快速反馈，节约修复成本。

在各种测试方法中，契约测试可以较好地解决上面的 4 个问题。但是业界能真正实施契约测试的项目很少，只有 Google、REA 等一些国外大型互联网公司的项目以及一些大型、正规的金融项目才能够实施。而其他绝大部分没有实施契约测试的项目，主要是因为它们还能承受上面的 4 个问题以及这 4 个问题所带来的成本。

2.1.1 什么是契约测试

顾名思义，契约测试就是基于契约或者使用契约来测试被测系统，其核心是契约，包括如何制定契约、如何更改契约以及如何使用契约等。首先，定义契约时必须有 API 的消费者（consumer）和提供者（provider）两端；其次，契约还要包含 API 的请求（request）和响应（response）的定义细节，如图 2-1 所示。

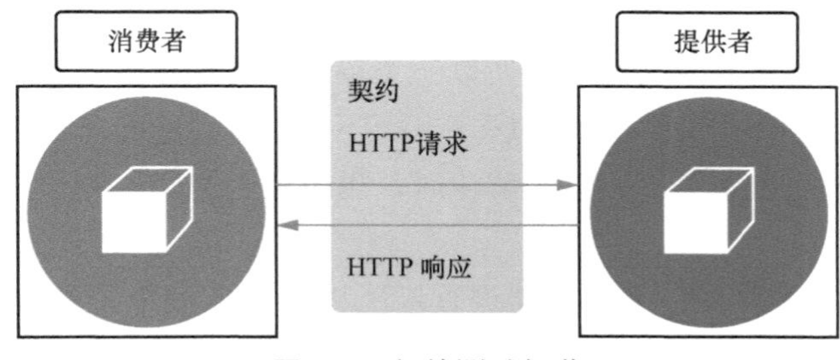

图 2-1 契约测试概览

最后，分别使用契约中的内容生成测试用例来测试消费者的 Web API 消费代码和提供者的 Web API 实现代码，如图 2-2 所示。

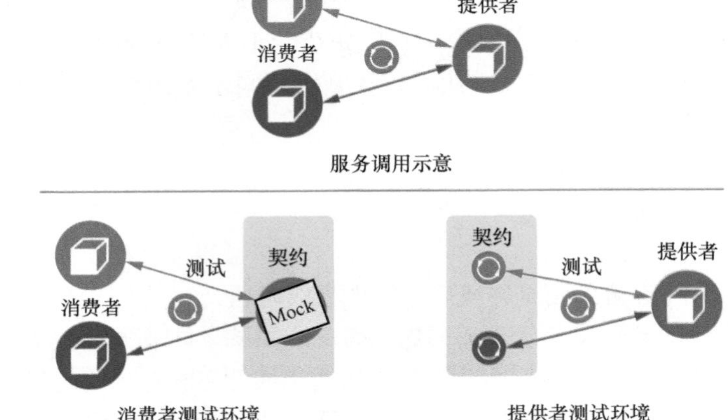

图 2-2　契约测试分解

注：Mock 测试就是在测试过程中，对于某些不容易构造或者不容易获取的对象，用一个虚拟的对象来创建以便测试的测试方法。

所以契约测试既包含一部分接口测试的功能，也包含一部分集成测试的功能，但是它不能完全替代接口测试或集成测试，因为一般情况下，契约测试不会包含所有的业务场景。它们之间的关系一般如图 2-3 所示。

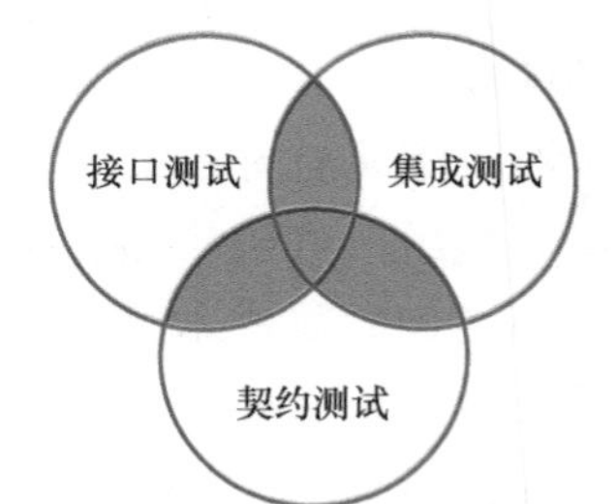

图 2-3　契约测试、接口测试和集成测试之间的关系

2.1.2　契约测试存在的问题

虽然如此简单的契约测试能解决不少问题，但是它仍然存在一些问题，其中包括：

- 无法取代功能性的接口测试或集成测试；
- 沟通、开发和维护成本不低；
- 在小项目中的 ROI（Return On Investment，投资回报率）不高。

很明显，契约测试最大的难点就是契约制定和变更的沟通，所以沟通困难的团队并不适合做契约测试。此外，没有明确的变更管理流程，或者有团队可以不用遵守契约或契约的变更流程，或者不稳定、变更非常频繁的项目，都不适合做契约测试，强行做则会导致事倍功半。

2.1.3　契约测试的主要实践

契约测试是一种相对简单的测试方法，它能解决不少问题，但是它也会带来一些问题，并且如果要成功实施，还需要相应的前提。所以一个项目是否选择契约测试，需要先判断这个项目所遇到的问题是不是适合用契约测试来解决，而不要盲目地选择契约测试。但是，当项目真的有一些很严重的问题适合用契约测试来解决时，也不要因为契约测试所带来的一些额外成本而放弃它，从而得不偿失。

由于契约测试的特殊性，它很难手动进行，所以一般情况下，契约测试是通过自动化的方式来实施的。业界有多个开源、免费的契约测试自动化框架，其中最为常用的就是 Pact 和 Spring Cloud Contract。契约测试分为消费者驱动的契约测试和提供者驱动的契约测试，它们本质上的区别只是契约的制定和修改流程，以及消费端代码实现有所不同，其他的基本一样。

契约测试的主要步骤如下：

（1）确定契约测试的范围和框架；

（2）确定契约测试的流程和规则；

（3）编写契约测试的代码并执行测试；

（4）管理契约测试。

下面基于一个假设的项目来做契约测试。假设有一个前后端分离的在线支付系统，其中的微服务有十几个，每个微服务则有十几个 Web API，并且所有的后端服务都通过 BFF（Backend For Frontend）层来统一给前端应用提供服务。每个微服务由一个独立的服务团队进行开发和维护，BFF 层则由前端开发团队实施。在这个项目中，我们首先需要制定测试策略，而在制定测试策略时就需要确定做不做契约测试；如果确定要做契约测试，则需要通过前面所列的 4 个步骤来实施契约测试。

如果能有效地实施这 4 个步骤，那么契约便能发挥其功效，高效地保证大量微服务之间交互的正确性。

1. 确定契约测试的范围和框架

在这个假设的项目中，我们首先根据测试策略，确定了需要实施契约测试，然后需要确定契约测试的范围。理论上，契约测试需要所有的 API 消费端和提供端都实施，但是由于 BFF 层是前端开发团队自己实施的，前端开发团队内部在讨论开发的时候，可以保证统一编写和修改前端应用和 BFF 层的相关代码，以 BFF 层作为消费端驱动后端相关的所有微服务。然后和后端的所有微服务团队讨论，后者同意实施契约测试，但是有些微服务调用了第三方的其他服务，而这些服务不属于项目开发和维护的可控制范畴，所以无法实施契约测试。项目的契约测试实施范围为 BFF 层与微服务之间，以及微服务与微服务之间。如果前端应用和 BFF 层分别由两个不同的团队负责开发，那么这两个团队之间也应该实施契约测试。

契约测试的实施方式如图 2-4 所示。

消费者驱动的契约测试最常用，因为 BFF 层基于 Node.js，而后端的微服务基于 Spring Boot，所以我们经过讨论，最终选择 Pact 作为契约测试自动化框架，因为它同时支持 JavaScript 和 Java 语言，并且可以通过 Pact Broker 提供微服务的调用关系。而 Spring Cloud Contract 作为后起之秀，还有一些地方需要改进，比如只支持 Java，没有 Pack Broker 这样集中化、图形化的契约中心化管理系统。

2. 确定契约测试的流程和规则

在确定契约测试的范围和框架后，就需要制定契约测试的流程和规则，包括如何制定契约、谁来制定契约、如何变更契约、契约测试如果失败了如何处理等，并且还要保证每个团队都同意并遵守这些流程和规则。首先是契约的制定，业务分析人员需要根据产品人员提出来的需求，确定前端系统需要获取、展示或者提供给后端哪些数据，并与前端开发人员进行沟通。接下来，前端开发人员需要快速、简单地设计一版 API，并和后端微服务的开发人员进行讨论，最终设计出前后端都认同的第一版 API 契约。最后，前端开发人员在 BFF 层基于这个契

约编写消费端的契约测试，后端微服务开发人员则基于这个契约编写提供端的契约测试。

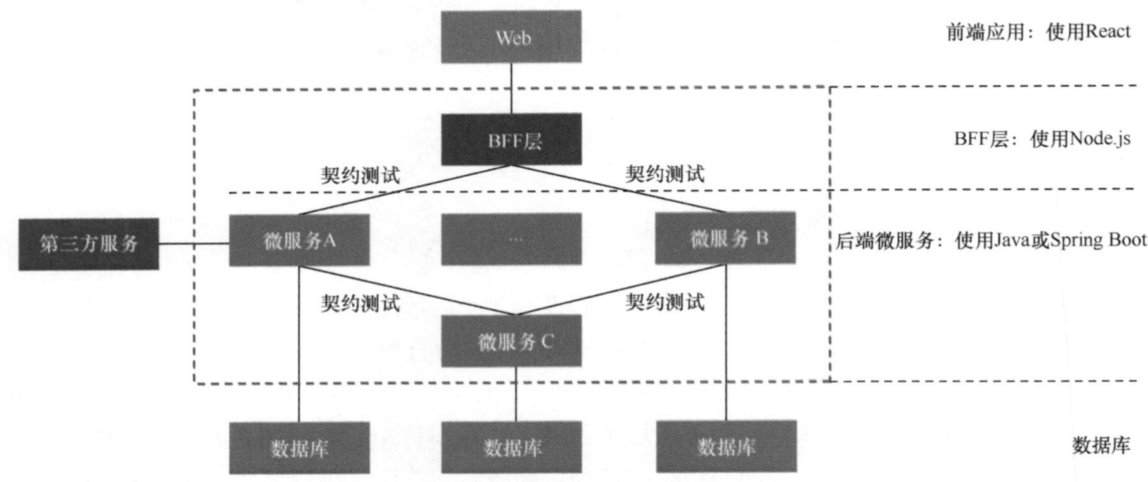

图 2-4　契约测试的实施方式

一般情况下，第一版 API 契约在软件系统开发过程中需要进行更改。如果任意一端对 API 的契约文件进行了更改，则需要人工及时告知另一端契约发生了更改，然后一起讨论和确认契约的变更，并更改相应的契约，双方再各自更改自己端的契约测试。如果一端由于各种原因没有通知另一端，强行更改自己端的契约测试或者契约管理服务器上的契约文件，那么另一端在下次执行契约测试的时候就会失败，从而实现了强制性的自动化通知。另一端如果发现契约测试失败，就会查找原因，并且如果发现是契约文件的更改造成的，就会发起一次变更讨论来确定契约的变更，从而第一时间发现 API 交互的问题。

由于本项目选择消费者驱动的契约测试，并基于 Pact 自动化测试框架来实施，因此契约文件由消费者的契约测试代码自动生成并传递给提供端，契约文件必须由消费端进行更改，提供端不能更改。如果消费端或提供端需要更改契约文件，则需要两端经过讨论和协商后，统一由消费端更改契约文件。

基于消费者驱动的契约测试的契约变更流程如图 2-5 所示。

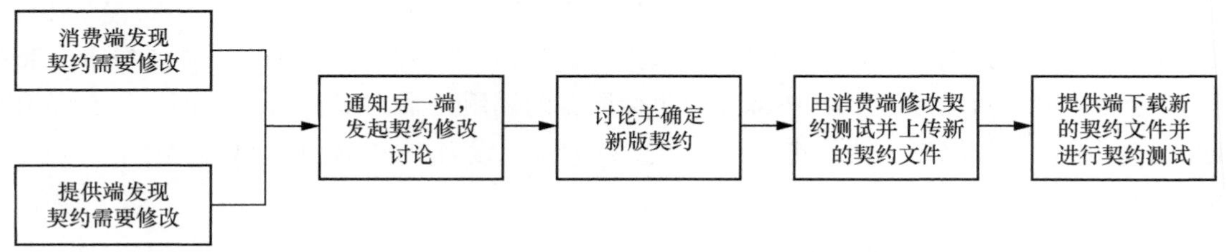

图 2-5　基于消费者驱动的契约测试的契约变更流程

3. 编写契约测试的代码并执行测试

编写契约测试的代码并不复杂，并且相较于编写单元测试的代码，工作量要小一些。契约测试都基于 Mock 方式，稳定性特别好，一般出现问题往往是因为契约或业务代码被改，导致无法满足契约。

消费端的契约测试流程如图 2-6 所示。

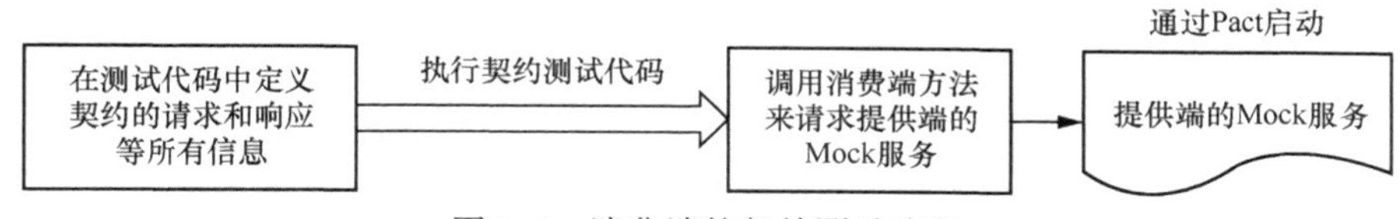

图 2-6 消费端的契约测试流程

在本项目中，如果要编写 BFF 层和微服务 A 之间的契约测试，那么只需要在 BFF 层根据确定好的契约直接编写契约测试即可，而不需要再手动建立 Mock 服务，因为 Pact 会在每次执行契约测试时自动帮你建立提供端的 Mock 服务。另外，每次契约测试执行完毕后，就会生成一个契约文件，然后放到一个统一的存储契约文件的地方。契约测试的示例代码如下：

```
const provider = new Pact({ consumer: Consumer Example, provider: Provider Example,})describe(Consumer Test, () => { before(() => provider.addInteraction({ state: TestCase 1, uponReceiving: a request to provider, withRequest: { method: POST, path: /provider, body: like(responseBody), headers: { "Content-Type": "application/json; charset=utf-8", }, }, willRespondWith: { status: 200, headers: { Content-Type: "application/json; charset=utf-8, }, body: like(responseBody), }, }) ) it(Test case, done => { expect(callProviderService()).to.eventually.be.fulfilled.notify(done) })})
```

如果要编写微服务 A 和微服务 C 之间的契约测试，（假设微服务 A 调用了微服务 C），同样只需要在微服务 A 中编写契约测试代码。契约测试的示例代码如下：

```
@RunWith(SpringRunner.class)@SpringBootTestpublic class ConsumerTest extends ConsumerPactTest {@AutowiredProviderService providerService;@Override@Pact(provider="Provider Example, consumer=Consumer Example")public RequestResponsePact createPact(PactDslWithProvider builder) { Map<String, String> headers = new HashMap<String, String>(); headers.put("Content-Type, application/json;charset=UTF-8); return builder .given("TestCase 1) .uponReceiving(a request to provider) .path(/provider) .method(POST) .body(requestBody) .willRespondWith() .headers(headers) .status(200) .body(responseBody) .toPact(); }@Overrideprotected void runTest(MockServer mockServer, PactTestExecutionContext context) { providerService.setBackendURL(mockServer.getUrl()); providerService.callProviderService(); }}
```

提供端的契约测试流程如图 2-7 所示。

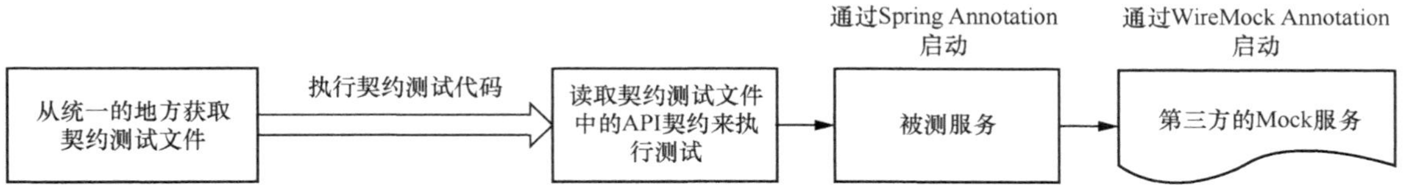

图 2-7 提供端的契约测试流程

在服务的提供端，编写契约测试要稍微复杂一点，因为不仅需要从统一的存储契约文件的地方获取到契约文件，还需要固定的测试数据，从而需要 Mock 测试数据和 Mock 被测服务的依赖服务，以保证每次执行测试时 API 返回的 Response Body 的 Schema 都不会改变。本项目使用 WireMock Annotation 来 Mock 被测服务的依赖服务，并使用 Spring Annotation 来启动被测服务。

契约测试的示例代码如下：

```
@SpringBootTest(webEnvironment = RANDOM_PORT)@Provider(Provider Example) // This name should match that defined on the consumer side@PactBroker(url = http://localhost:9292)@AutoConfigureWireMock(port = 8979) // This port should match that defined on the remote callpublic class ProviderTest { @LocalServerPort private int localPort; @Value(classpath:mockTestData.json) private Resource mockTestData; @BeforeEach void before(PactVerificationContext
```

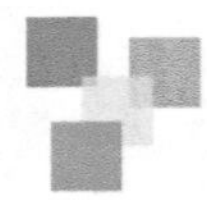


```
context) { context.setTarget(new HttpTestTarget(localhost, localPort)); System.setProperty
(pact.verifier.publishResults, true); } @AfterEach void tearDown() { removeAllMappings(); }
@TestTemplate @ExtendWith(PactVerificationSpringProvider.class) void pactVerificationTestT
emplate(PactVerificationContext context) { context.verifyInteraction(); } @State(value =
{TestCase 1}) void hasAnimalsStates() throws IOException { InputStream inputStream = mockTestData.
getInputStream(); stubFor( post(/provider) .willReturn( aResponse() .withHeader (CONTENT_TYPE,
APPLICATION_JSON_VALUE) .withBody(inputStream.readAllBytes()) ) ); inputStream.close(); }}
```

4. 管理契约测试

在完成契约文件的设计、确定契约测试的流程并将编写完契约测试的代码之后，接下来就需要对契约测试进行有效的管理、展示和持续执行。

契约文件必须集中化管理，因为只有集中化管理，才能在一端更改契约后，让另一端通过契约测试的失败得知契约被更改了，从而实现自动化的触发变更流程。

集中化管理契约文件有两种方法：

（1）通过代码库进行管理；

（2）通过 Pact Broker 管理系统进行管理。

通过代码库进行管理，也就是将契约文件统一放在公用的一个代码目录或代码库中；通过 Pact Broker 管理系统进行管理，则是将契约文件通过代码的方式上传到 Pact Broker 进行管理。在本项目中，在消费端的契约测试代码里，我们可以通过 Pact 的 Maven 或 Gradle 插件来配置 Pact Broker 的服务器地址；然后执行消费端的契约测试，如果契约测试成功了，则可以把生成的契约文件自动上传到 Pact Broker。

使用 Pact Broker 管理契约测试的流程如图 2-8 所示。

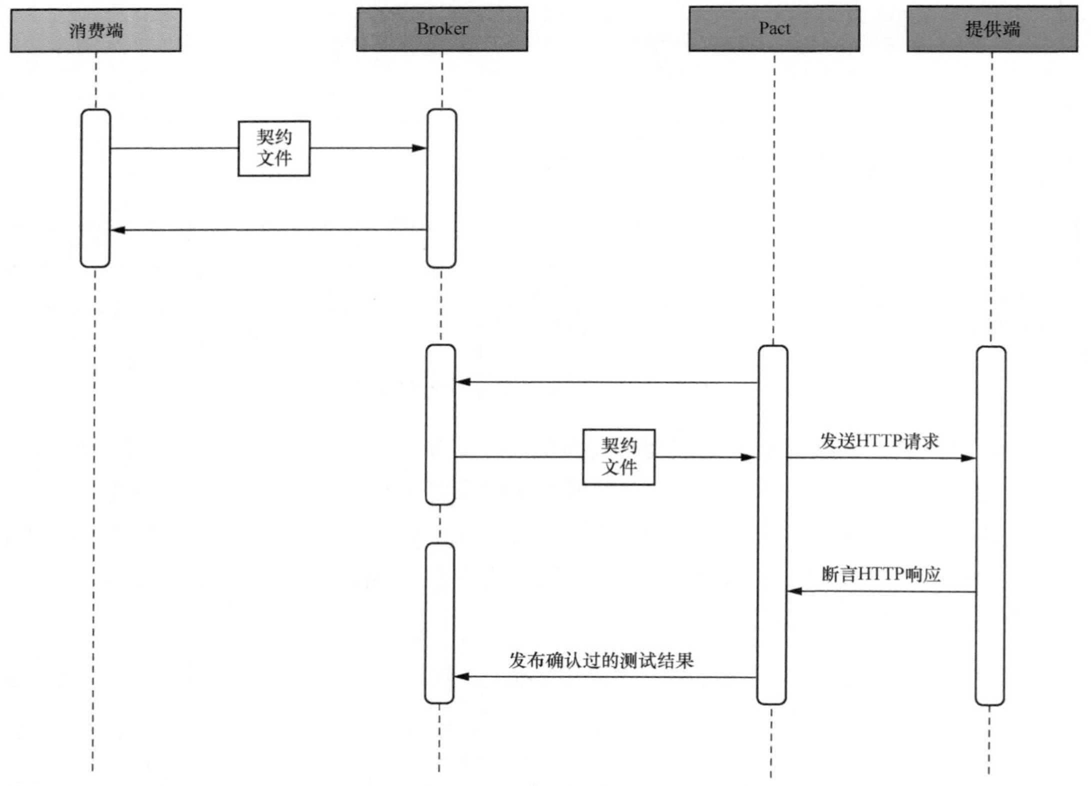

图 2-8 使用 Pact Broker 管理契约测试的流程

- 可视化展示服务的依赖和调用链

因为系统中的微服务比较多，所以为了方便管理和维护，需要可视化微服务依赖和调用链。只需要将所有微服务的契约文件上传到 Pact Broker，就可以通过 Web 系统查看所有微服务的依赖和调用链，如图 2-9 所示。

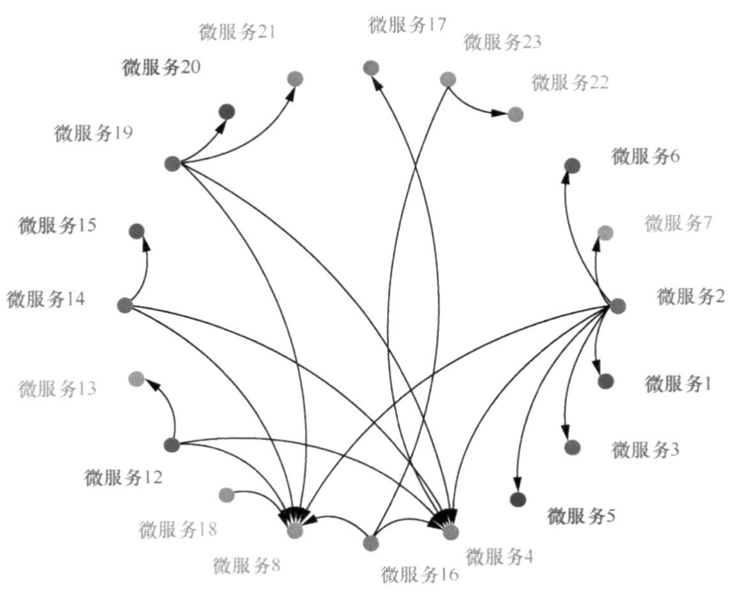

图 2-9 Pact Broker 微服务调用（局部）

- 自动化契约测试并加入持续构建流水线中

将契约测试直接加入每次提交代码后的构建流水线中，可以有效地发现破坏契约的业务代码或者被另一端破坏的契约，从而在第一时间发现问题，而不是等到将系统部署到测试系统后，再通过回归测试发现这些问题。

2.1.4 总结

笔者在不少项目中尝试过实施契约测试，但是真正实施成功的并不多，主要原因还是规模不够大和痛点不够明显，从而导致团队觉得没有必要实施，或者觉得实施了收益比投入少。而实施成功的情况一般是团队人员足够痛，或者经历过大型多团队项目中服务改变等各种痛点，从而导致他们为解决自己的痛点而主动实施契约测试，但前提是他们都知道契约测试。所以成功实施契约测试需要两个主要的前提条件：团队对契约测试足够重视，并且团队懂契约测试。在这种情况下，团队才可能愿意主动地实施契约测试，也才有可能成功地实施契约测试。所以首先要让团队懂契约测试，比如契约测试能解决什么问题，实施流程是什么，相关测试框架有什么等，然后等待团队无法忍受相关痛点后，成功地实施契约测试就可以水到渠成。

2.2 测试驱动开发

威廉·爱德华兹·戴明（William Edwards Deming）曾在 *Out of the Crisis* 中写道："只有生产过程中的每个环节都严格按照生产工艺和作业指导书的要求进行，才能保证产品的质量。如果忽略过程控制，只靠检验是不可能保证产品质量的，因为质量检验只能剔除次品和废品，并不能提高产品质量。"

然而，业界很多人将这段话总结为"产品质量是生产出来的，不是检验出来的"，从而导致很多人将其映射到软件工程中，指出软件质量是开发出来的，而不是测试出来的。

首先，戴明的这个观点主要针对他那个年代大量的生产制造业，而不是软件业，所以这个观点并不适用于软件业；其次，很多人在软件开发流程中，把测试视为代码开发完成后的一个独立阶段，从而强制引用这个观点来贬低测试工作的价值，这是非常局限的一种做法。

软件业相较于生产制造业最大的优点就是灵活性，所以测试工作不一定要等到代码开发完成后才实施，而是可以将测试工作融入软件开发过程中的各个阶段，从而让测试成为软件开发的一部分，保证业务流程、软件架构以及编码的质量，而不仅是为了发现 bug。

将测试工作融入软件开发过程中的各个阶段，专业术语叫测试左移，其核心理论就是将测试工作前移到软件开发生命周期之前的各个阶段。

测试左移并不是一个新的概念，早在 20 世纪 50 年代，人们就提出在开发之前开始测试工作并进行了实践，编写了相关著作，还提出了 TDD（Test Driven Development，测试驱动开发）的概念。但是随着瀑布模型的提出，很多人按照瀑布模型进行开发，只在代码开发完毕后进行测试工作，还组建了独立的测试团队，从而导致测试左移的没落。但是随着敏捷开发、持续集成、持续交付和 DevOps 的兴起，测试左移逐渐重新回到大家的视野中，并得到越来越多的关注。

TDD 是测试左移中最重要的实践，它可以充分地发挥测试的价值，通过测试保证开发人员编写的代码的质量。但 TDD 并不是唯一通过测试保证代码质量的实践，它也有成本与局限性。我们应当在充分了解 TDD 的理论和实践细节后，根据项目情况选择全部或局部实施 TDD。

自动化测试也是 TDD 重要的产出物之一，可以通过 TDD 来帮助项目更好地实施自动化测试。所以 TDD 是全程软件自动化测试开始阶段最重要的实践。

2.2.1 TDD 是什么

TDD 的英文全称是 Test Driven Development，顾名思义，就是先进行测试，并以此帮助开发人员驱动软件开发。

这里的测试可以是基于代码单元的单元测试，也可以是基于业务需求的功能测试，还可以是基于特定验收条件的验收测试。

所谓的"帮助开发人员"，主要是帮助开发人员理解软件的功能需求和验收条件，帮助其拆分任务以及思考和设计代码，从而达到驱动软件开发的目的。所以 TDD 包含两部分：ATDD（Acceptance Test Driven Development，验收测试驱动开发）与 UTDD（Unit Test Driven Development，单元测试驱动开发）。

1. ATDD

首先由 BA（Business Analys，业务分析）或 QA（Quality Assurance，质量保证）人员编写验收测试用例，然后开发人员通过验收测试来理解功能需求和验收条件，并编写实现代码，直到验收测试用例通过为止。

由于验收方法和类型是多种多样的，根据验收方法和类型的不同，ATDD 其实包含 BDD（Behavior Test Development，行为驱动开发）、EDD（Example Driven Development，示例驱动开发）、FDD（Feature Driven Development，功能驱动开发）、CDCD（Consumer Driven Contract Development，消费者驱动契约开发）等各种实践方法。

如果以软件的行为作为验收标准，则实践方法是 BDD；如果以特定的实例数据作为验收标准，则实践方法是 EDD；如果以 Web Service API 消费者提出的 API 契约来驱动 Web Service API 提供者制定 API 契约，则实践方法是 CDCD，等等。所以 ATDD 在具体实现时需要结合项目的实际情况来选用适合的验收方法与类型。

ATDD 的特点如下：

- 关注业务价值，测试与需求一体化；
- 具有明确的测试示例而不是复杂的描述；
- 具有清晰的功能完成标志；
- 具有更短的反馈周期，允许提早 / 频繁沟通；
- 可以消除误解，减少返工；
- 提供可视化的验收回归测试；
- 可以作为描述功能的“活文档”。

2. UTDD

首先由开发人员自己，或者开发人员互相结对，或者和测试人员一起分析并拆分任务验收单元。然后开发人员针对每个任务验收单元编写自动化单元测试用例，并编写实现代码，直到单元测试通过为止。任务验收单元主要针对函数（方法）单元或业务模块单元代码，而且测试一定是自动化测试，这样才能在开发过程中快速、反复地执行它们，从而达到驱动开发的目的。还可以在持续集成流水线中快速、反复地执行它们，从而帮助持续集成获得单元测试层面上的快速反馈。

UTDD 的特点如下：

- 关注单元级别的代码设计；
- 测试用例需要明确的实例；
- 具有清晰的单元完成标志；
- 具有最快的反馈周期；
- 可以有效地减少开发过程中 side effect（副作用）引起的返工；
- 可以帮助开发人员降低调试成本；
- 可以作为单元接口的使用文档。

TDD 金字塔如图 2-10 所示。

TDD 更多表示的是以下几方面：

- 一种正确软件的开发思路；

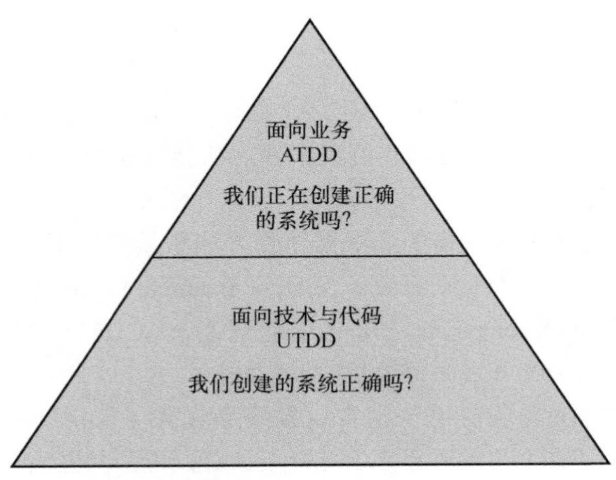

图 2-10　TDD 金字塔

- 一种正确软件的可视化设计方法；
- 一种提高软件认知能力的方法；
- 一种正确软件设计的训练方法。

2.2.2 TDD 怎么做

现在有非常多的软件工程师质疑 TDD 的可行性，比如太难、成本太高无法推行、意义不是很大等，但是他们一直都在做 TDD，只不过没有意识到而已，这便是“不识庐山真面目，只缘身在此山中”。

1. TDD 实施三阶段

TDD 的实施一般分为思维层面和技术层面。思维层面上的实施成本较低，容易接受，但是缺点很多，比如难以传递、难以持续获得快速反馈等；而技术层面上的实施一般成本较高、不容易被人接受，但是优点更多，比如可以获得快速反馈、更容易传递和协作等。现实世界中 TDD 的实施一般分为 3 个阶段，即无意识的 TDD、被动通过技术实现的 TDD，以及有意识和主动通过技术实现的 TDD。

（1）第一阶段：无意识的 TDD

对于软件开发人员，当拿到一个新的软件需求时，他们首先会思考如何实现，其中包括当前软件架构、业务分解、业务设计、代码分层、代码实现等。然后通过思考和设计所得到的产出物来驱动代码实现，进而在代码实现中思考如何通过一个或多个函数或者算法来实现业务逻辑。即软件系统的实现要先通过意识层面的思考，再进行技术层面的工作，TDD 分层如图 2-11 所示。

图 2-11　TDD 分层

当开发人员思考和设计函数或者算法的时候，他们一般会思考具体有哪些参数，然后想象将这些参数转换成真实的数据传递进去后，会得到怎样的返回值。成熟的开发人员还会思考如何处理异常输入和异常返回值。

这类思考其实已经是意识层面上的 TDD，它们帮助开发人员先在大脑里设计并验证代码实现，甚至帮助开发人员重构代码。所以很多开发人员在无意识的情况下做着 TDD。

比如在一个银行系统里面，开发人员拿到一个需求——需要开发一个通过手机 App 转账的功能。

- 开发人员会基于当前的软件架构，思考是开发一个全新的模块来处理这个业务，还是基于当前软件架构中的某个模块来添加代码进行处理。
- 当确定架构和设计之后，就开始思考具体的代码实现，比如类的设计、方法的设计或者函数的设计等。在开发“将钱从原账户转出”这个功能前，开发人员会思考：这个功能需要支持当钱从原账户转出成功后，原账户里的余额等于原始余额减去转出金额。进一步地，有些程序员还会设计一些用来验证功能的实例，比如账户里的原始余额是 999.99 元，转出 111.11 元，那么剩余的金额就应该是 888.88 元。
- 在这样思考之后，开发人员便开始根据自己大脑中的测试逻辑和用例来驱动和辅助开发过程。在代码开发完毕后，开发人员还会想一些办法来验证所实现的功能是否符合预期，比如人工使用之前的或新的测试用例来进行验证。如果验证正确，开发人员就会认为自己开发的功能正确了，并交给测试人员进行测试。

由此可见，开发人员在开发前思考测试逻辑和用例的过程就是在做 TDD。

很多做业务分析的BA和测试分析前移的QA也在无意识地做着TDD，比如分析验收条件、编写验收文档等。只不过这些验收条件和验收文档可能写得不是很明确或者不是很好，比如不是 SBE（Specification By Example，实例化需求）等，但本质上已经是 TDD 了。

由于是初级的、无意识的 TDD，可能有的人做得好，有的人做得不好，而且没有明确的产出来加以协助和规范，缺乏快速反馈、度量、传递和协作等。从无意识到有意识将是做好 TDD 的一个重要过渡。

（2）第二阶段：被动通过技术实现的 TDD

一部分软件工程师在意识到 TDD 的意义和普遍存在性之后，便开始准备解决思维层面上的 TDD 的缺点。而解决这些缺点的方法就是在技术层面上用代码来实现 TDD——用明确的代码来协助和规范开发人员的 TDD 行为，并度量他们对业务逻辑和代码实现的理解。通过将他们的理解传递给以后的开发人员和维护人员，他们的理解就能够重复被使用，便于合作开发。

但现实情况是，很多开发人员的认识不足并且技术能力不够，就算管理层支持并主动推动 TDD，最终也会由于开发人员设计和选取的测试用例合理性差，使得“驱动”出来的代码有效性差；测试用例无法体现出 SBE，导致代码可读性差；对自动化测试框架和测试编写不熟悉，导致开发速度很慢等。因为往往是被动地在技术层面上实现 TDD，所以出现了各种怨言、各种抵触，进而导致技术层面上的 TDD 很难大规模实施。

由于意识层面上的难易程度和工作量相比技术层面上的要小，前者实施起来相对容易一些，而后者则相对较难。如果通过各种手段强行实施 TDD，而没有主动去增强实施 TDD 的意识，甚至没有足够的技术能力，这样的 TDD 就是一个倒三角，非常容易倒塌，如图 2-12 所示。

如果不希望技术层面上的 TDD 随时倒塌，就需要把这个倒三角补全，以便更好、更长久地实施 TDD。

（3）第三阶段：有意识和主动通过技术实现的 TDD

为了大规模以及有效地实施 TDD，就需要首先突破思维意识的局限，认识到 TDD 的普遍存在性和适用性，不要害怕、排斥 TDD 这种思维和开发模式。

其次要主动学习，并刻意练习 TDD 的技术实现，尽量提升自己的技术能力，从而在技术层面上更容易地实现 TDD，摆脱被动实现 TDD 的困境。

对于刻意练习 TDD 的技术实现，一定要长时间坚持去做，使其成为一种习惯。如果项目中没有合适的练习环境，则可以通过一些第三方的 TDD 练习系统去做刻意练习，比如 cyber-dojo。只有大量的刻意练习才能让你在真实的代码编写过程中去思考和理解 TDD，去运用你通过学习得到的知识，也最终才能做到有意识和主动地通过技术去实现 TDD，TDD 的倒三角才能变成一个稳定的方砖，然后哪里需要往哪里搬，如图 2-13 所示。

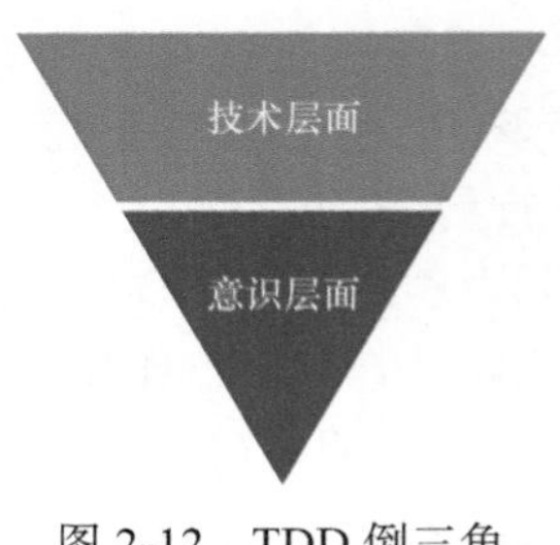

图 2-12　TDD 倒三角

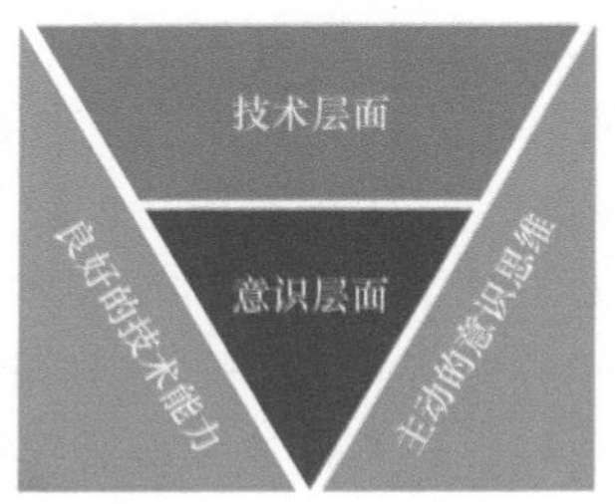

图 2-13　TDD 方砖

所以实践 TDD 最重要的就是转变思维和进行测试前移（即测试左移），将测试用例的分析、设计和实现前移到编写代码之前。TDD 可以帮助开发人员分析和理解需求，并且有效地减少过度设计，（手动 / 自动）获得大量有效的测试用例以及快速反馈，从而有效地减少返工，提高代码的内在质量。

2. TDD 实施三部曲

无论是 UTDD 还是 ATDD，都可以按照 3 步来实施，如图 2-14 所示。

- 变红：写一个通不过的测试（红）。
- 变绿：写实现代码，使其刚好通过测试（绿）。
- 重构。

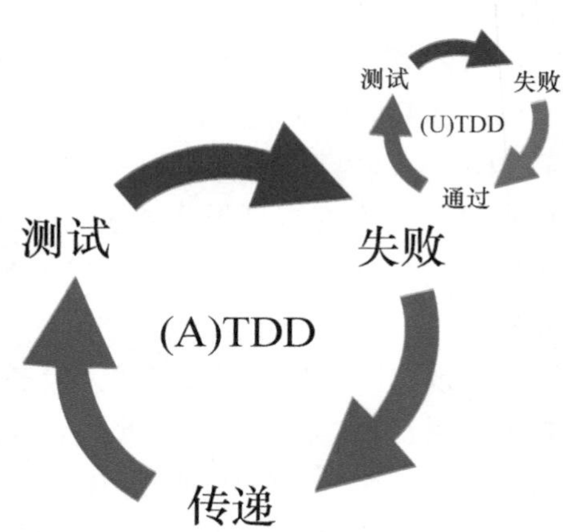

图 2-14　TDD 实施三部曲

但现实中，我们通常是以 ATDD 结合 UTDD 的模式进行工作的，从而尽最大可能去保证软件的内在质量和业务正确性。TDD 的实施可以参考图 2-15 和图 2-16。

3. TDD 实施三原则

编程大师 Robert C. Martin 总结的 TDD 实施三原则如下：

- 不允许编写任何产品代码，除非目的是让失败的测试通过；
- 不允许编写多于一个的失败测试，编译错误也是失败；
- 不允许编写多于恰好能让测试通过的产品代码，以有效地减少返工。

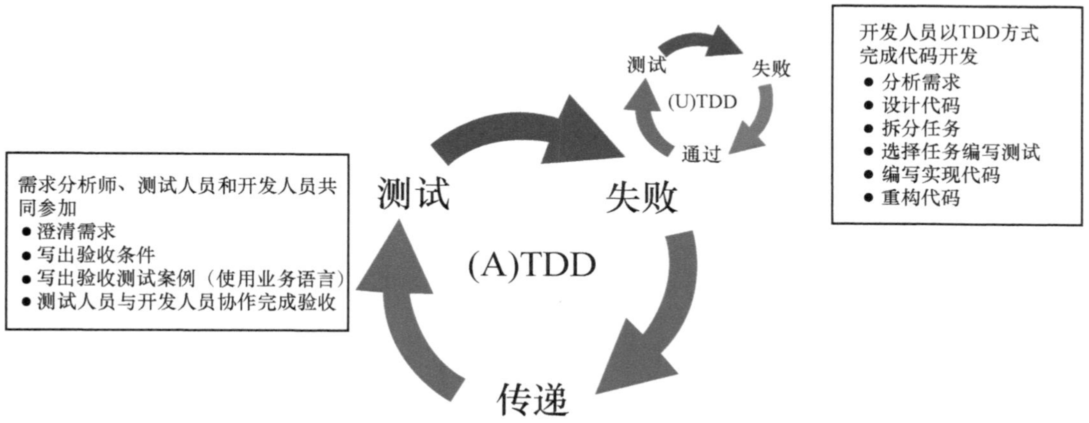

开发人员以TDD方式完成代码开发
• 分析需求
• 设计代码
• 拆分任务
• 选择任务编写测试
• 编写实现代码
• 重构代码
测试
失败
(U)TDD
通过
需求分析师、测试人员和开发人员共同参加
• 澄清需求
• 写出验收条件
• 写出验收测试案例（使用业务语言）
• 测试人员与开发人员协作完成验收
测试
失败
(A)TDD
传递

图 2-15　ATDD 和 UTDD 实施概述

需求梳理
• 需求、测试、开发：澄清需求
• 需求、测试、开发：验收条件
• 需求、测试、开发：测试案例
运行验收测试案例
• 测试：运行测试案例
• 测试、开发：协作解决问题
测试
失败
(U)TDD
通过
测试
开发
(A)TDD
传递
启动故事卡
• 开发、需求、测试：澄清疑问
验证故事卡
• 开发、需求、测试：演示
• 开发：及时修复问题
实现验收测试案例
• 方式1：完全由测试人员编写
• 方式2：测试人员与开发人员协作编写
○ 测试：确定测试数据
○ 测试、开发：分工编写
○ 测试、开发：案例评审

图 2-16　ATDD 和 UTDD 实施协作

TDD 实施三原则很好地总结了 TDD 实践的关键步骤。TDD 实施三原则虽然是正确的，严格按照 TDD 实施三原则去做却不容易，并且在实际开发工作中并没有多少人会严格按照 TDD 实施三原则去编写代码，因为转变思维是一件很困难的事情，而且在时间短、交付压力大的情况下，转变思维就更困难了。

4. 实施 TDD 需要的能力

在实际工作中，想要较好地实施 TDD，就需要具备以下能力：

- 测试前移（即测试左移）的思维能力；
- 业务需求和技术需求的分析能力以及任务拆分能力；
- 测试用例设计能力；
- 自动化测试开发能力；
- 代码重构能力；
- 持续改进的能力。

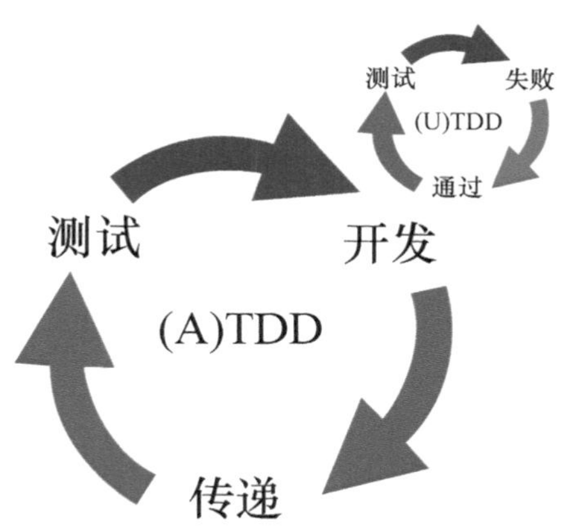

测试前移（即测试左移）的思维能力是实施 TDD 的前提条件。如果没有这个思维能力，或者不认可测试前移（即测试左移）的价值，就很难认可 TDD，甚至可能会想各种办法抵制 TDD，或者阳奉阴违，从而导致 TDD 实施艰难并困难重重。所以一定要以拥有这个思维能力为前提，才容易真正实施好 TDD。

为了实施 TDD，我们不仅需要具备业务需求和技术需求的分析能力以及任务拆分能力，还需要具备根据业务需求或者任务验收点设计测试用例的能力，这里面包含了业务需求人员和测试人员必备的基本能力。其中，业务需求分析能力是指能较好地理解并分析已有的业务需求，并能总结出业务需求和任务验收点；测试用例设计能力是指能根据业务需求和任务验收点设计出有效、正确的测试用例，从而驱动出符合业务需求的代码。

对于普通人来讲，成功实施 TDD 最为核心的两个能力是自动化测试开发能力和代码重构能力。其中，自动化测试开发能力是指熟练使用各种自动化测试框架，将前面设计出来的测试用例自动化。对于 UTDD，常用的自动化测试框架有 JUnit、Jasmine 等；而对于 ATDD，常用的自动化测试框架则有 Cucumber、Robot Framework 等。只有在将测试用例自动化之后，才能快速地进行回归测试，从而实现代码重构。而良好的代码重构能力，则是内建代码质量，防止代码腐化以及保障代码易于维护的主要手段之一。如果没有代码重构能力或者不愿意对代码进行重构，就很难持续实施 TDD。

为了实施一套完整的、优秀的 TDD，我们还需要持续改进的能力。我们不仅需要对代码进行持续改进，即代码重构；还需要对自动化测试的代码、测试用例的设计和业务分析进行持续改进。只有对 TDD 的各个步骤和环节都进行持续改进，才能越来越好地实施 TDD。

2.2.3 “TDD 已死”？

几年前，“TDD 已死”的声音不断出现，特别是 David Heinemeier Hansson（后文称 David）的文章“TDD is dead. Long live testing”引发了大量的讨论，其中最引人注目的是 Kent Beck、Martin Fowler 和 David 三人就这篇文章举行的系列对话（辩论）——“Is TDD Dead?”

我们首先来看看 David 的文章“TDD is dead. Long live testing”，他主要认为 TDD 大量使用了 Mock，导致无法测试软件连接数据库之后的功能，进而无法测试其业务价值。

David 提出应该使用“Long live testing”，但他并没有说明这种测试应该在编写代码之前写还是之后写，以及是否将测试结果作为客户对于软件的验收标准。如果他没有做（Long live testing），那他只是使用“Long live testing”来做回归测试；而如果他做（Long live testing）了，那他也是使用了 ATDD，从而使用了 TDD。

所以 David 对 TDD 的理解是狭隘的，认为 TDD 只是 UTDD，导致他写了这篇文章来批评 TDD。然而，也有可能他在实践中已经使用了 ATDD，也就是 TDD。

我们最后来看看 Kent Beck、Martin Fowler 和 David 关于“Is TDD Dead?”的辩论，笔者觉得他们说的都有道理，并且也都是合理的。原因是他们的背景和行业不同，本来基于不同的行业和背景，对于不同的项目就应该选择适合的测试驱动方法（有可能不一样）。

Kent Beck 所在的公司开发的是大型复杂业务软件（比如 Facebook 平台），代码量巨大，需要大量人员（几十甚至几百人）进行长时间（几年）的开发和维护。David 开发的是中小型企业软件（比如客户关系管理系统），代码量一般，需要进行快速（几个月）的开发和维护。

Kent Beck 在金钱和人力资源相对充足、时间相对充裕的情况下，追求的是代码质量以及大量人员的良好协作与平台稳定。David 在金钱和人力资源相对较少的情况下，追求最大化客户业务价值，使得少量人员就能快速开发出软件并提供给客户。

在 Kent Beck 所在的环境下，UTDD 是非常有价值的；而在 David 所在的环境下，功能测试或 ATDD 则更为适合。

TDD 的原理是在开发功能代码之前，先编写单元测试用例代码，以确定需要编写什么产品代码。TDD 虽是敏捷方法的核心实践，但它不只适用于 XP（extreme programming，极限编程），也同样适用于其他开发方法和过程。图 2-17 所示的是一张敏捷调查表，从其中的“我们采取了 TDD 的方式”和“我们在需求层采取了 TDD 的方式”调查项，就能发现人们对 TDD 的理解是包含 UTDD 和 ATDD 的。

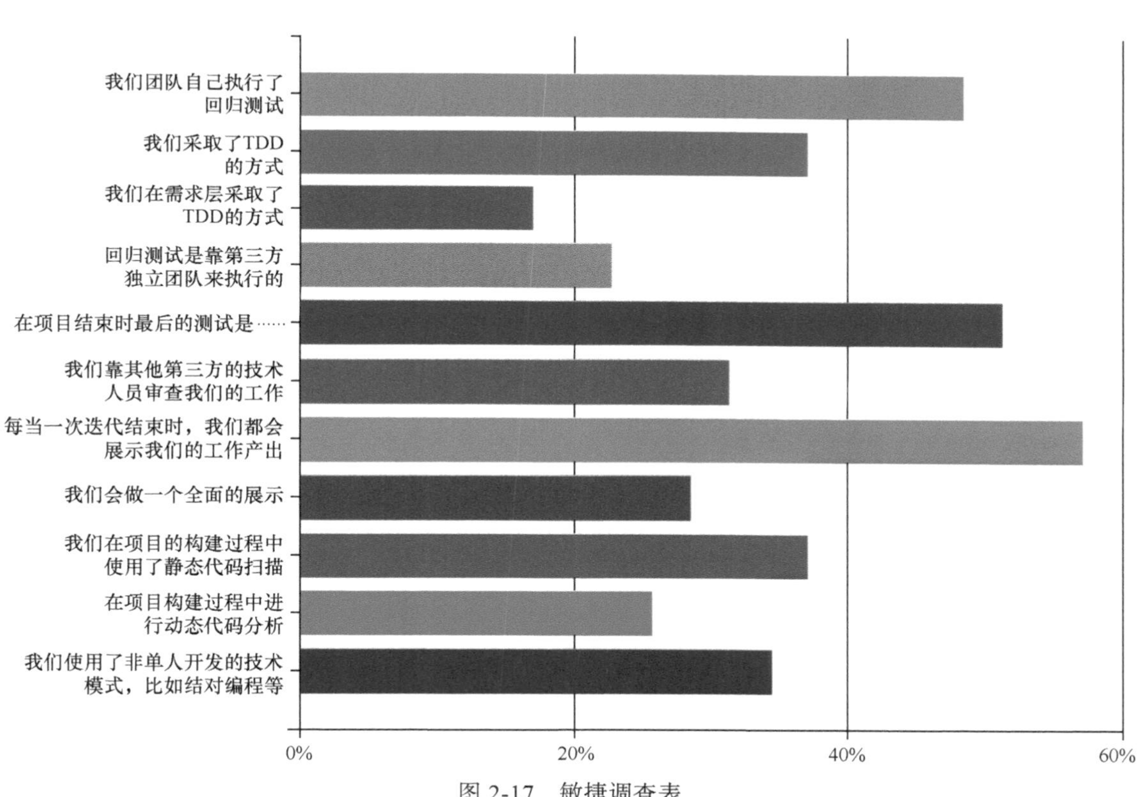

图 2-17　敏捷调查表

TDD 不是“银弹”，不要指望它能轻易解决你的问题，无论是 UTDD、EDD 还是 BDD，请根据自己项目的实际情况（比如资金、人力资源、时间、组织架构等）进行合理的选择。

综上所述，“TDD 并没有死”。当前国内很多软件开发人员对 TDD 的理解比较模糊，大部分人也没有明确和有意识地去实施 TDD，因此对于 TDD 的现状，很多人有着不同的理解。

2.2.4 总结

业界对于 TDD 依然存在很多质疑，比如：

- 工期紧，写 TDD 太浪费时间；
- 业务需求变化太快，修改功能都来不及，根本没有时间去写 TDD；
- 写 TDD 对开发人员的素质要求非常高，普通的开发人员不会写；
- TDD 推行的最大问题在于大多数程序员还不会写测试用例和重构；
- 由于大量使用了 Mock 和 Stub 技术，没有办法测试集成后的功能，写 TDD 对于测试业务的作用不大。

这些质疑主要缘于对 TDD 有着片面的理解和实践，由那些不需要或者还没有自己维护过高技术债的人提出。

也有不少 TDD 的拥护者提出如下观点：

- 软件没有做好就是因为 TDD 没有做好；
- TDD 没有做好所以软件也做不好；
- 学好 TDD 仅靠多练习就可以了，不用学习其他理论知识；
- 开发人员应该自己理解业务，并提炼测试（需求）点来实施 TDD；
- 开发人员只要做好了 TDD，就不需要其他人再做测试了。

对于这种两极分化的观点，笔者并不认同。首先，TDD 不是“银弹”，所以软件没有做好的原因是很多的，不是 TDD 做好了就一定能做好软件。其次，学习 TDD 的理论知识是非常重要的，仅仅靠不断练习并自悟的方法，对于大部分普通人来说是难以成功的。最后，开发人员能做得较好的 TDD，一般是 UTDD；而对于 ATDD，则需要相应的业务分析、测试分析与测试设计的相关方法和技术。因而开发人员想要做好 ATDD，这是非常有挑战的。所以在真正的 TDD 实践中，为了大规模实施 TDD，仍然需要进行相应的分工才更可行，更容易实施。而提前充分了解并学习 TDD 实践的相关理论，则可以更好地去实践，少踩坑。

2.3 探索式测试

2.3.1 探索式测试的历史与简介

早在 1984 年，Cem Kaner 就提出了探索式测试（Exploratory Testing），并首次定义它是一种测试风格，旨在强调个人的自由与责任，让独立的测试人员可以持续、并行地通过相关的学习、测试设计、测试执行等活动来改善测试工作的质量。

到了 20 世纪 90 年代，Cem Kaner 又在他的 *Testing Computer Software* 中第一次正式提出了探索式测试这个方法论，从此它正式进入测试领域，并且引起了业界的关注，很多测试人员也开始实践这种测试方法。

从 Cem Kaner 给出的定义可以看出，探索式测试的提出主要是为了解决当时测试成本高、效率低、僵化和墨守成规的问题。所以探索式测试最主要的目的就是节约测试成本，以最少的资源投入发现最多的缺陷与问题，从而实现快速测试，并获得较高的测试投资回报比。但是当时定义的探索式测试最大的问题是难以知道测试过哪些用例，从而难以度量探索式测试 。

后来，James Bach 根据自己的理解重新定义了探索式测试，他将传统的测试行为分为检验（verification）和测试（test）。检验就是使用确定的测试步骤或测试脚本来检验系统；而测试则是先通过对未知的探索、学习和实验等一系列科学手段，发现并设计出新的测试用例，然后执行这些测试用例来验证系统。他认为真正的测试都需要探索，而探索式测试的核心则是测试分析与测试设计。所以如果要度量探索式测试的产出，就应该和测试工作一样，度量测试分析与测试设计的产出，即测试用例。不过很多测试人员在实施探索式测试的时候并不会产出测试用例，所以导致探索式测试很难度量。良好的、可度量的探索式测试需要产出测试用例或测试点，其中测试用例一般分为如下 3 种不同类型：

- 基于操作流程和操作步骤的测试用例；
- 基于业务或者用户行为的测试用例；
- 基于代码思维的测试用例。

而一般探索式测试产出的测试用例会使用场景式（scenario）或测试点（point），而不使用步骤式（step），从而可以节约一定的成本。

2.3.2 探索式测试的现状

在瀑布式开发流程中，探索式测试一般是在功能开发甚至回归测试完成之后，在有额外资源和时间的情况下由测试人员专门安排时间进行。如果没有足够的资源和时间，则一般不会进行探索式测试。除了由测试人员专门安排时间进行的探索式测试，还有由非专业测试人员进行的一些测试活动（它们是一种非专业的探索式测试），比如 Bug Bash、用户测试等。这些由非专业测试人员进行测试的测试用例都很随机、重复度较高、效率较低，所以很难度量测试的覆盖率和有效性。Bug Bash 和用户测试的投入成本相对较低，所以它们的使用也比较广泛。但是由专业的测试人员实施的探索式测试，投入成本相对较高，并且很难度量产出，因此使用起来并不广泛和深入。

在敏捷开发中，敏捷测试的实践核心是快速反馈，这与探索式测试中的快速测试不谋而合，并且敏捷测试中的很多实践和探索式测试中的相似，比如注重测试分析与测试设计，避免烦琐的测试管理，不需要包含详细操作步骤的测试用例等。敏捷开发非常注重探索式测试，不管是测试前移实践中对业务需求和验收条件的测试分析，还是 Desk Check 和故事验收中的快速测试，抑或故事测试和系统测试中的探索式测试，都是探索式测试在敏捷开发中的实践。所以探索式测试在敏捷开发中是非常重要的一个环节，能有效发现各种问题。

当前探索式测试之所以难以实施，难点主要有两个。

- 难以度量产出和收益，所以在大部分项目中，管理层不愿意对探索式测试进行投入。
- 没有明确的实施步骤，测试人员难以系统化实施，往往做起来感觉像随机测试，稍微做久一点就容易迷失，不知道下一步应该怎么做。不过在敏捷开发中，实施探索式测试有很大的优势，不管是实施步骤，还是度量管理，都十分适合使用探索式测试。

2.3.3 探索式测试在敏捷开发中的实践

在敏捷开发中，可以首先通过对业务需求和验收条件的测试分析，以及和其他角色的合作，设计出覆盖率更高、有效性更好的探索式测试用例；然后根据故事卡生命周期（如图 2-18 所示），明确地给出探索式测试的实施步骤，从而可以系统化实施探索式测试；最后通过测试用例度量探索式测试的产出。

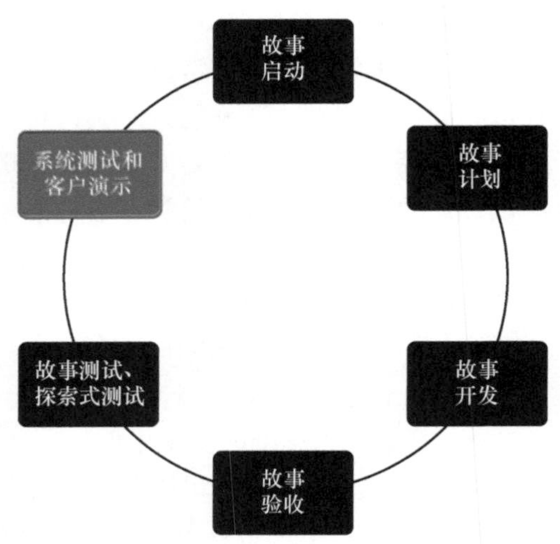

图 2-18　故事卡生命周期（经典模型）

1. 探索式测试的测试分析与测试设计

探索式测试中最为重要的是测试分析与测试设计，但这两部分也是最容易被忽略和误解的。没有良好的测试分析与测试设计，是不可能做好探索式测试的，所以一般能做好探索式测试的是那些测试经验和技能十分丰富的测试人员，因为只有专业的测试人员才能在短时间内很好地完成测试分析与测试设计的工作。

如图 2-19 所示，高频高危探索区主要指验收条件的外延部分和风险较高的业务，而针对这部分进行探索式测试分析，可以获得很多高价值的测试用例；低频普通探索区主要指重要性和价值都很低的业务，或者一些很难执行到的场景，或者就算出错也不会影响用户正常使用的业务等。

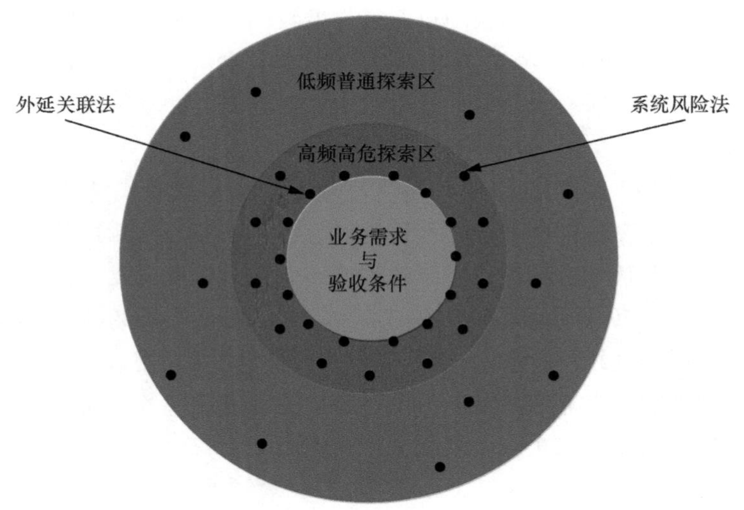

图 2-19　测试用例的分布

除了明确的业务需求和验收条件，所有的测试用例都可以通过探索式测试得到，其中基础的测试用例可以使用外延关联法得到，而高级一点的测试用例可以用系统风险法以及其他各类测试分析与测试设计方法得到。但资源都是有限的，不可能在一个项目中针对所有的业务都实施各种类型的探索式测试方法，所以笔者总结了基础的外延关联法和系统风险法，用以指导常规情况下如何快速地实施探索式测试。

外延关联法是指根据已有的业务需求和验收条件，梳理出每个需求验收点，并且通过扩展和打破这些需求验收点来设计测试用例，或者关联这些测试用例来进行测试。这部分测试用例大部分在高频高危探索区。

系统风险法则是指通过梳理整个系统的所有业务场景和技术架构，找到最为重要并且风险最高的场景和技术点，并测试这些场景和技术点是否符合预期。

其他探索式测试方法还有很多，这里不再赘述，学习这些方法并且融会贯通，可以极大地帮助测试人员设计出更好的测试用例。而如果能熟练地使用外延关联法和系统风险法，就可以满足敏捷开发对探索式测试的基本要求。

2. 探索式测试的执行

在传统的瀑布开发模型中，测试往往由独立的测试部门的测试人员在专门的测试阶段进行，所以探索式测试一般也是在这个专门的测试阶段进行的，但是在敏捷开发中，没有专门的测试部门和专业的 QA 人员参与软件开发的整个生命周期，而是在每个阶段都可以进行探索式测试，或者赋能给其他角色，比如 BA 人员或开发人员等，让他们自己做探索式测试。所以在敏捷开发中，探索式测试可以由不同角色的人在软件开发的整个生命周期的每个阶段进行，如图 2-20 所示。

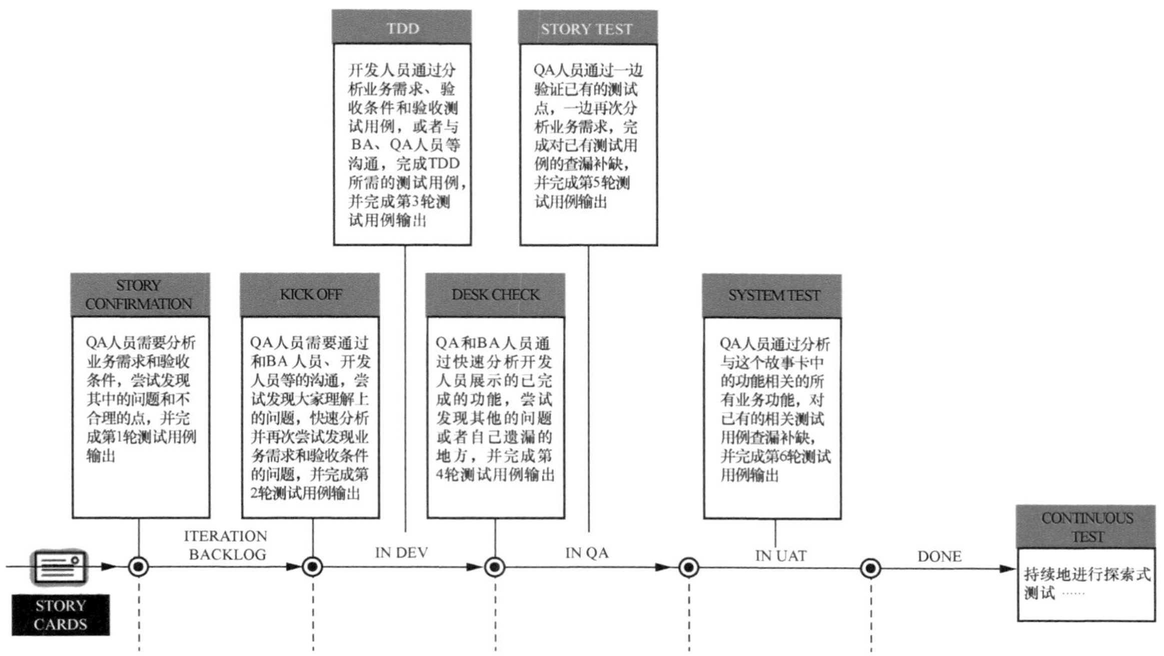

图 2-20　敏捷开发中的探索式测试

注：图中英文为测试专用术语，为了便于读者理解，所以没有翻译。

其中的每个阶段都包含以下部分或全部步骤：

- 测试分析与测试设计；
- 测试用例记录；
- 测试用例执行；
- 测试结果记录。

有些阶段只有测试分析与测试设计、测试用例记录两个步骤，比如 STORY CONFIRMATION 和 KICK OFF 阶段，因为软件在这两个阶段还没有开发出来，只能对需求进行测试，并帮助实施 TDD 和需求的传递。而在 STORY TEST 和 SYSTEM TEST 阶段，则需要执行上面列出的所有 4 个步骤，从而完整地实施探索式测试，并且这 4 个步骤一般是并发执行的，比如针对一个验收条件或业务场景，一边分析设计、一边测试、一边记录，再分析设计、再测试、再记录，直至很难再分析和设计出重要的测试用例。接着就可以针对下一个验收条件或业务场景使用这 4 个步骤进行探索式测试。

其中测试分析与测试设计，按照外延关联法可以有效地完成基础的探索式测试。但如果想要进一步做深入的探索式测试，则需要使用系统风险法。测试用例则是通过手动或自动的方式来执行的，最终的测试结果主要详细记录那些没有通过的测试用例和发现的问题。

2.3.4 探索式测试的产出度量

通常情况下，探索式测试的产出度量主要依靠发现了多少缺陷。缺陷其实只是测试的副产物，测试用例才是探索式测试的主要产物。通过探索式测试中的测试分析与测试设计，可以产出相应的探索式测试用例，这些新的测试用例就是探索式测试最重要的产出，而度量探索式测试主要依靠的就是这些有效的测试用例。比如，可以度量单位时间内探索并设计出来的新测试用例，查看新的测试用例增加了多少测试覆盖率，以及通过探索获得了多少新的自动化测试用例等。但是要注意一点，如果对同一个项目持续长时间并且多次做探索式测试，则新产出的测试用例应该会逐步减少，所以度量指标随着探索式测试的持续进行应当适当减少。

2.3.5 总结

怎么度量和落地一直都是探索式测试面临的两大问题，而测试分析与测试设计就是解决这两大问题最有效的方法。有效的测试分析与测试设计产出的测试用例是度量的基础。所以如果想要做好探索式测试，就需要熟悉测试相关的各种分析和设计方法，再持续迭代，在各方协作并且思维自由的状态下不断地探索并产出高质量的测试用例，从而使用这些测试用例来帮助团队完成与测试和质量相关的各种工作，更好地实施质量内建，开发出高质量的软件。

2.4 低代码测试

低代码是一种可视化的软件开发方法，通过编写少量代码甚至不编写代码，可以快速生成应用程序。低代码的最终目的是简化和加速软件开发，降低软件开发的门槛。

低代码的理念同样适用于软件测试。随着IT行业对软件质量的要求越来越高，软件测试的成本同样水涨船高，如果我们能够将低代码的理念应用到自动化测试等技术中，无须编写脚本就能达到高效测试的目的，这对测试工作的提效无疑是巨大的帮助。

下面就让我们从低代码测试的切入点开始，结合一些实际工具，为读者展示低代码测试的全貌。

2.4.1 低代码测试的切入点

虽然“低代码”这一名词在业界呈现出突然火爆的盛况，但它的理念并不是近期才产生的，在软件测试领域，我们可以在很多地方找到它的踪迹，例如：

- 性能测试工具JMeter提供了图形化的界面，以帮助测试人员快速编写压测脚本；
- Appium Desktop提供了录制脚本的功能，测试人员无须手动编写测试用例；
- UI Recorder能够将浏览器页面上的操作录制下来，生成JavaScript测试脚本。

低代码测试有两个方向：

- 基于代码生成器，通过工具或平台自动生成测试脚本等内容，测试人员最终执行的依然是代码，只是不需要人为编写代码；
- 基于模型或AI技术，没有显式的代码，或测试人员完全感知不到代码的存在，这更偏向于无代码。

更进一步地，我们还可以拆解出低代码测试的一些潜在的切入点，比如：

- 通过可视化配置降低测试脚本编写门槛；
- 通过预制组件封装测试功能（用例），减少脚本编写量；
- 通过工作流或模型，方便串联测试用例；
- 通过AI技术，自动生成测试用例，自动分析测试结果；
- 通过外部文件自动生成测试脚本和测试数据；
- 通过日志自动生成测试用例。

下面我们分别针对低代码GUI测试和低代码API测试，讲解一些具体的工具和实践案例。

2.4.2 低代码GUI测试

GUI测试是基于软件界面进行测试的方法，传统的GUI测试技术一般需要基于Selenium、WebDriver或类似工具编写测试脚本，如以下代码所示。

```
public class DemoPage {
    public static final String URL = "https://www.baidu.com"; //URL
    private WebDriver driver;
     ...
    @FindBy(id = "kw")
    public WebElement searchField;

    @FindBy(id = "su")
    public WebElement searchButton;
```

```
    public void search(String content) { //Page Method
        section.searchField.sendKeys(content);
        section.searchButton.click();
    }
}
```

传统 GUI 测试的代码编写量是非常大的，需要编写页面对象，封装页面元素，并编写通用的操作方法，这就导致实施传统 GUI 测试的人力成本较高，如果页面元素变化频繁，传统 GUI 测试的可维护性也会变差。低代码 GUI 测试可以在一定程度上缓解这些问题，降低 GUI 测试的开销。

低代码 GUI 测试的一种思路是通过图像识别技术，一键录制脚本，减少对代码的依赖。具体来说，测试人员不用逐行编写代码，而是以截屏的方式，将截取的图片组合起来形成测试用例。使用这一技术的比较流行的工具是 Airtest，下面我们就以 Airtest 为例，通览一下测试用例的录制过程。

首先，如图 2-21 所示，前往 Airtest 官网下载 Airtest IDE。Airtest IDE 是一个集成开发环境，具备录制脚本的功能，附带编辑器和模拟器。

图 2-21　Airtest 官网

接下来，我们打开 Airtest IDE，连接手机设备。Airtest IDE 目前支持 Android、Windows 和 iOS 应用，针对这些应用的连接方式略有不同，这里不再赘述。

做好以上准备工作后，我们就可以开始录制脚本了。录制过程非常简单，如图 2-22 所示，我们只需要先单击 Airtest IDE 中的录制按钮，然后在手机上直接进行操作，相应的代码就会自动生成在窗口中。

如果觉得直接在手机上操作所识别到的图像不是很准确，那么还可以通过 UI 控件搜索的方式获取控件。如图 2-23 所示，在手机上启动应用后，在“Poco 辅助窗”中切换模式至对应引擎类型，即可看到整个 UI 的树形结构，在其中双击某个节点（即某个控件），也可以自动生成代码。

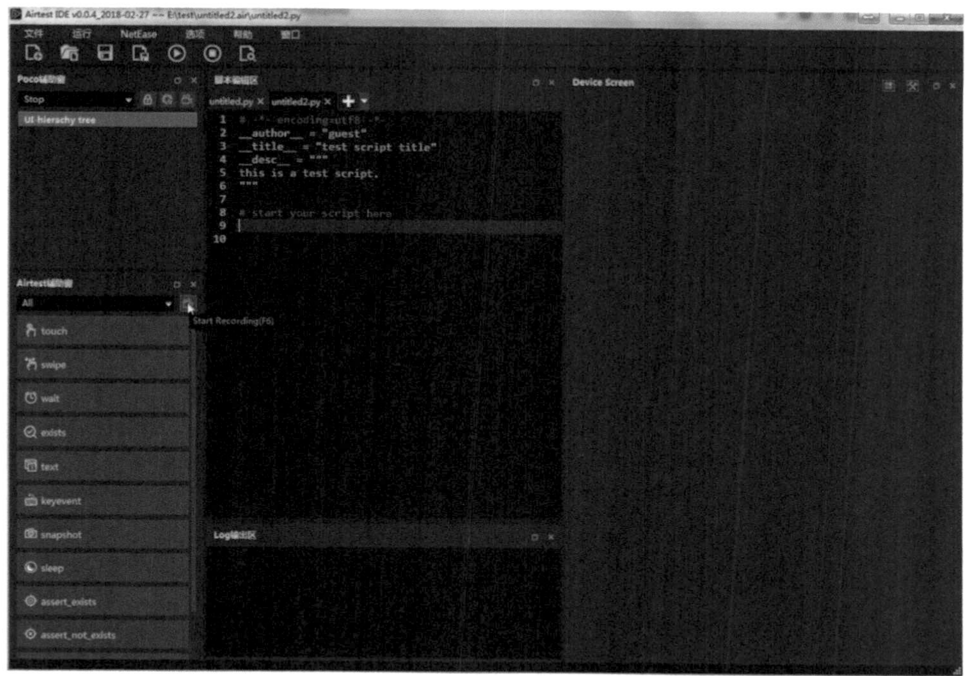

图 2-22　录制脚本

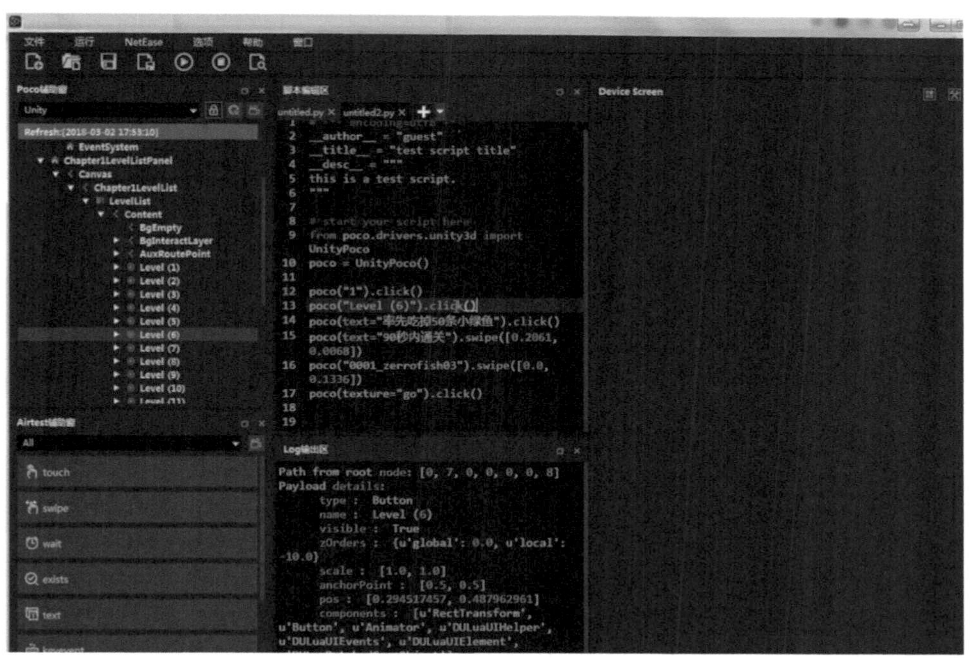

图 2-23　通过 UI 控件搜索的方式获取控件

上面我们以 Airtest 为例，简要介绍了通过图像识别技术进行低代码 GUI 测试的方法。接下来，我们阐述低代码 GUI 测试的另一条思路——通过 AI 技术减少对代码的依赖。下面我们以工具 Test.AI 为例来帮助读者直观地了解细节。

Test.AI 是一个基于 AI 的自动化测试工具，它能够与手工测试相结合，提升 GUI 测试用例的编写效率。让我们通过图 2-24 来了解一下 Test.AI 的工作流程，其中包含以下工作内容。

- 收集数据：自动遍历应用程序，或直接获取应用程序中的交互信息，收集途经的界面和元素，以便构建真实的用户行为。
- 分类数据：在 Test.AI 的 IDE 中对收集的界面和元素进行标记，也就是对界面和元素标记说明文字，Test.AI 也会主动推荐一些标记供选择。
- 训练模型：基于上述标记的分类信息，建立 AI 模型。
- 创建用例：基于已经标记的界面和元素创建测试用例，不必考虑诸如 XPath 或 CSS 选择器等 DOM 底层细节。
- 运行用例：运行已建立的测试用例。
- 查看结果：查看测试过程中的截图和行为，以及一些其他信息（页面加载时间等）。

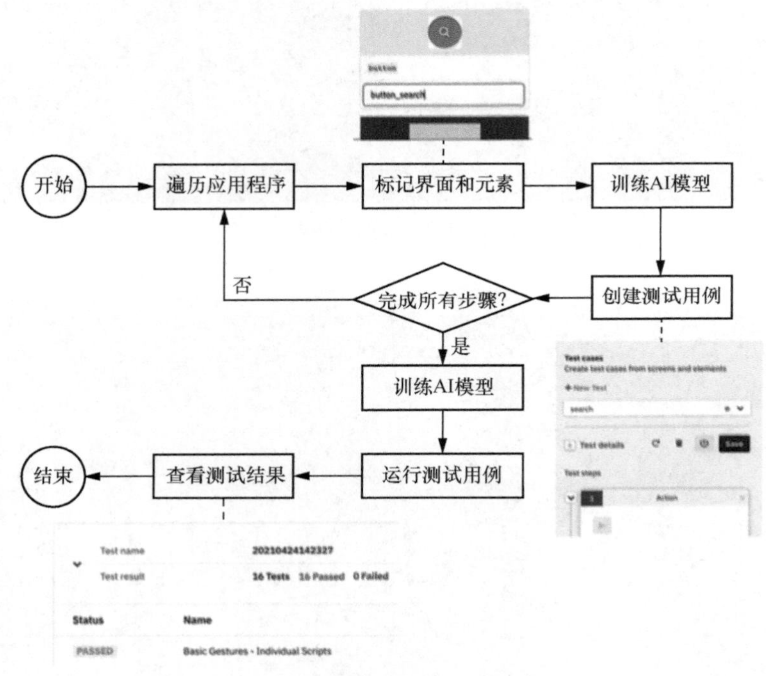

图 2-24　Test.AI 的工作流程

Test.AI 使用 Q-Learning 这项强化学习技术，在标记界面和元素时主动学习其中的连接关系，最终构建出一张应用程序的大图。有了这张大图，Test.AI 就能决定从一个页面跳转到另一个页面的有效路径（或所有路径）。即使某个页面元素发生了变化，Test.AI 也能够像人一样及时应对，寻找其他路径。

GUI 自动化测试最大的痛点在于元素的定位。如果元素定位符发生了变化，即便界面没有任何改变，我们也需要更新测试脚本中相应元素的选择器。而 Test.AI 不依赖这些“脆弱”的选择器，它使用计算机视觉中的方法来检测元素。我们可以认为 Test.AI 能够“看到”这些元素，哪怕它们被移到了屏幕上的其他地方，或是改变了颜色、位置、大小甚至形状，Test.AI 也仍然能够找到这些元素并与之交互。

此外，虽然我们可以在 Test.AI 的 IDE 中手动对收集的界面和元素进行标记，但其实对于一些通用的元素（如购物车按钮、登录按钮、社交媒体分享按钮等），Test.AI 也可以在没有人工干预的情况下对它们进行标记。

回顾一下，在使用 Test.AI 进行 GUI 测试的整个过程中，我们没有看到任何代码，但相较于传统的 GUI 测试，容错性和健壮性均有所提升，这体现了低代码 GUI 测试的优势。

2.4.3 低代码 API 测试

讲完了低代码 GUI 测试，我们再来看一下低代码 API 测试。低代码 API 测试有一个非常典型的应用场景，就是我们将在 3.1 节介绍的流量回放技术——通过对线上用户流量进行录制，自动生成测试脚本（即录制的请求信息），再到测试环境中进行回放，最终达到 API 测试的效果，整个过程无须手写测试脚本。

除了流量回放，我们再来介绍一种低代码 API 测试的思路——通过接口契约生成测试用例，使用的工具是 Eolink。Eolink 是一个一站式的 API 生产工具，它可以通过代码注解自动生成 API 文档，或者从 API 文档反向生成常见开发语言和框架的代码，节省 API 设计和开发时间。它还支持快速发起 API 测试，一键对 API 进行批量回归和冒烟测试，全程无须编写代码。

下面对 Eolink 生成 API 测试用例的过程进行简单介绍，如图 2-25 所示，在已有 API 文档（契约）的基础上，Eolink 能够将 API 文档中的相关信息录入测试用例，包括 API Path、请求方式、请求头部、请求参数等。

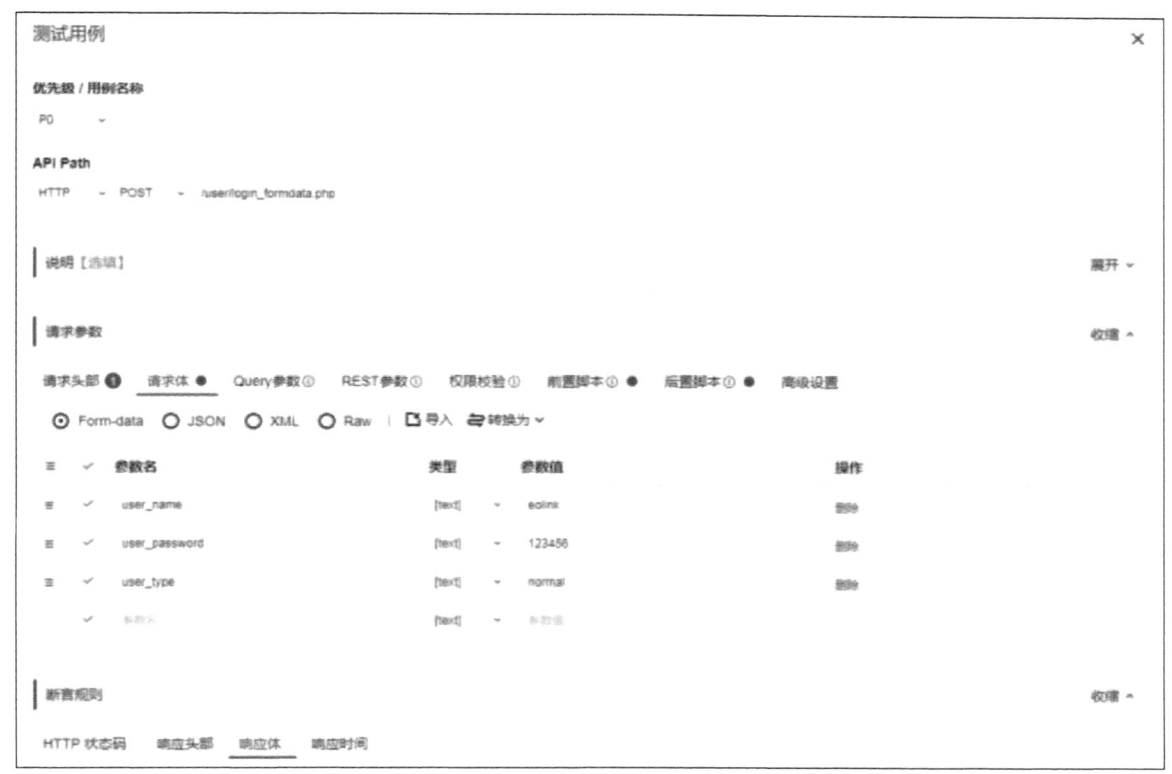

图 2-25 在测试用例中录入信息

有时候，多个 API 之间会存在数据依赖的情况，我们可以通过引用参数值功能来设置多个 API 之间的数据关联，如图 2-26 中的“$dc{user_name}”参数值所示。

请求参数　收缩

请求头部 1　请求体　Query参数　REST参数　权限校验　前置脚本　后置脚本　高级设置

Form-data　JSON　XML　Raw　|　导入　转换为

参数名	类型	参数值	操作
user_name	[text]	$dc{user_name}	删除
user_password	[text]	123456	删除
user_type	[text]	normal	删除
参数名	[text]	参数值	

图 2-26　引用参数值

最后，如图 2-27 所示，补充 API 测试的校验规则，即可完成 API 测试用例的建立。

断言规则　收缩

HTTP 状态码　响应头部　响应体　响应时间

校验返回结果

校验方式

JSON 文档结构校验

JSON 根类型

Object

导入

参数名	必含	类型校验	类型	校验数组内元素	内容校验	预期结果
status	✓		string		值-等于 [value =]	200
error_msg			string		不校验 []	预期结果
user_info			object		不校验 []	预期结果
token			string		不校验 []	预期结果
参数名	✓		string		不校验 []	预期结果

图 2-27　API 测试的校验规则

总结一下，我们在基于 API 文档（契约）生成 API 测试用例的基础信息，并通过“所见即所得”的方式补充信息后，便得到了最终的 API 测试用例，整个过程中不涉及任何代码，非常易于上手。

2.4.4　总结

低代码不仅仅是一种软件开发方法，它也可以被应用到软件测试的实践中，帮助我们以较低的代价完成测试工作。本节从低代码 GUI 测试和低代码 API 测试两方面出发，详细介绍了它们的思想和代表性工具的使用方法。

2.5 混沌工程

在生产环境中实际运行大型分布式系统时，难免会遇到各种不可预料的突发和异常事件。一方面，随着云原生技术、微服务架构的发展和应用，后端系统的复杂性不断提升；另一方面，随着业务侧系统的广泛使用，用户规模和数据规模都在经历爆发式的增长。这些都给软件系统以及基础设施带来了巨大的挑战。庞大的分布式系统有着各种复杂依赖，可能出错的地方不仅数不胜数，更是防不胜防，我们已经很难评估某个单点故障对整个系统的影响，请求链路长、监控告警不完善导致发现问题、定位问题的难度增大。同时业务和技术的迭代速度加快，在这种背景下，持续地、有信心地保障系统的稳定性和高可用性受到有史以来最大的挑战，如果处理不好，就会导致业务受损或者其他各种无法预期的异常行为。

在复杂的分布式系统中，我们已经无法阻止故障的发生，所以我们应该致力于在这些异常被触发之前，尽可能多地识别它们。然后有针对性地进行加固、防范，从而避免异常发生所带来的严重后果。发生故障的那一刻不是由你来选择的，你能做的就是为之做好准备。为此，我们需要化被动为主动，不要等到故障发生了才去处理，而是先下手为强，通过进行人为的故障注入，主动发现问题并解决问题，这就是混沌工程（Chaos Engineering）这一理念诞生的初衷。

2.5.1 混沌工程的理念

多元化的业务场景、规模化的服务节点以及高度复杂的系统架构，使得我们每天都会遇到各式各样的非正常状态和故障，混沌工程倡导在风险可控的情况下，人为地在线上生产环境中注入各种预先设计好的故障以观察和测试系统的响应，这些故障可以来源于 IaaS 层、PaaS 层和 SaaS 层，这样我们就能发现并了解到系统脆弱的一面，从而在还没有对业务连续性造成损害之前，主动识别和修复这些问题。

混沌工程是通过主动向系统中引入软件或硬件的非正常状态，制造异常场景，并根据系统在各种场景下的行为表现，来确定优化或改进策略的一种提升系统稳定性的实验手段。应用混沌工程可以对系统抵抗非正常状态并保持正常运作的能力进行校验和评估，提前识别未知隐患并进行修复，进而保障系统更好地抵御生产环境中的各种失控条件，提升整体稳定性。

2.5.2 混沌工程的发展历程

下面我们按照时间维度来介绍混沌工程的发展历程。

- 2008 年，Netflix 公司最早提出了混沌工程的概念，当时 Netflix 的数据库发生故障，使得系统停机长达 3 天，业务影响和经济损失巨大。于是 Netflix 开始探索用混沌工程来优化稳定性保障体系，以防止此类事件再次发生。
- 2010 年，Netflix 内部开发了在 AWS 云端随机终止 EC2 实例的混沌实验工具——Chaos Monkey，“捣乱猴子”就此诞生。Chaos Monkey 的主要功能是随机终止运行在生产环

境中的虚拟机实例和容器，模拟系统基础设施发生故障的场景，使得工程师能够观察系统是否鲁棒、是否有弹性、能否容忍计划外的故障等。

- 2011 年，Netflix 构建了 Simian Army，Simian Army 就是我们所说的“猴子军团工具集”。Simian Army 在随机终止虚拟机实例和容器的 Chaos Monkey 的基础上扩展了很多类型的故障，比如用于引入延时的 Latency Monkey、查找不健康实例并将其关闭的 Doctor Monkey、查找不符合最佳实践的实例并将其关闭的 Conformity Monkey、查找不再需要的资源并将其回收的 Janitor Monkey、检查系统安全漏洞的 Security Monkey、检查国际化配置的 10-18 Monkey 等。
- 2012 年，Netflix 向社区开源 Simian Army 的代码，用以建立混沌工程，此举为混沌工程工具的发展打下了基础，也影响了越来越多的公司混沌工程的后续发展。
- 2014 年，Netflix 设立了全新的工种——混沌工程师（Chaos Engineer），并公开对外招聘，这代表 Netflix 将混沌工程融入了公司的运维文化中。同年，Netflix 提出了故障注入测试（Failure Injection Testing，FIT），旨在利用微服务架构的特性来控制混沌实验的影响范围。
- 2015 年是混沌工程理论体系建立的元年，Netflix 正式提出了混沌工程原则（Principles of Chaos Engineering），从此混沌工程不再只是一些工具的集合，而是有了一套理论体系的支撑。同年，Netflix 新增了模拟 AWS AZ 故障的 Chaos Gorilla、模拟 AWS Region 故障的 Chaos Kong 等工具。
- 2016 年，Netflix 前员工 Kolton Andrus 创立了 Gremlin 公司，正式将混沌实验工具商用化，混沌工程的影响力不断增加。
- 2017 年是混沌工程爆发的一年，Netflix 发布了由 Go 语言重构的 Chaos Monkey V2，同时发布了可视为应用故障注入测试加强版的混沌实验自动平台 ChAP。同年，业界第一本混沌工程专著正式出版，由 Russell Miles 创立的 ChaosIQ 公司成立，并开源了 Chaos Toolkit 混沌实验框架。
- 2018 年，国内大型软件企业纷纷开始关注混沌工程实践。
- 2019 年，阿里巴巴开源了旗下的 ChaosBlade，支持 3 大系统平台、4 种编程语言应用，共涉及 200 多种实验场景、3000 多个实验参数，可以精细化地控制实验范围。
- 2020 年，PingCAP 在 TiDB 测试的基础上推出了开源的 Chaos Mesh。Chaos Mesh 是面向云原生 Kubernetes 的混沌工程实验平台，提供了丰富的故障模拟类型，具有强大的故障场景编排能力，能够模拟 pod-kill、pod-failure 等 Kubernetes 下的各类故障。
- 2021 年，中国信息通信研究院云计算与大数据研究所正式发布了《混沌工程实践指南（2021 年）》，这是国内首个系统梳理并总结混沌工程相关概念、方法论的文献，为企业实施混沌工程指明了方向。

2.5.3 混沌工程的价值

经济学领域有两本笔者很喜欢的书，一本是《黑天鹅》（*The Black Swan*），另一本是《反脆弱：从不确定性中获益》（*Antifragile: Things That Gain from Disorder*）。这两本书传达的核心理念是，在面对普遍存在但又不可预估的不确定性时，我们需要一种有效的方法，不仅要能够规避重大风险，还要能够利用风险获取超出预期的回报，即在风险中受益。在软件工程领域，混沌工程的思想和 Nassim Nicholas Taleb（上面两本书的作者）想要传达的理念不谋而合。在面对极其复杂且规模庞大的分布式系统时，混沌工程可以帮助我们有效、从容不迫地应对不可预见的故障，并且通过频繁、大量的实验，识别并解决潜在的风险点，提高系统的稳定性和可用性，从而提升我们对复杂系统的管控能力。

我们知道，一来我们无法通过穷尽全部的测试来保证大型复杂分布式系统不出问题，二来真实世界中大型复杂分布式系统的问题从来不按套路出牌，被动遵循已有的经验并不能预防和解决未知的问题。尤其是，如果系统的可用性是基于某个服务不会出问题的假设来设计的话，那么这个服务十有八九会出问题。所以，混沌工程的核心价值在于提前识别并解决这些潜在的问题，由此获得大型复杂分布式系统的“反脆弱性”。

2.5.4 核心观点和常见误区

1. 混沌工程是对传统软件测试底层逻辑的颠覆

在一定程度上，混沌工程是对传统软件测试底层逻辑的颠覆。为什么呢？在传统软件测试体系下，我们的本能认知告诉我们，如果被测环境有问题，我们通常会以测试环境问题为由不再继续开展测试活动，等到环境问题修复后才会继续测试。也就是说，测试必须在环境没有问题的情况下开展。但是，混沌工程颠覆了这一本能认知，我们会人为制造各种环境故障，在有故障的情况下观察和测试系统的行为，以此发现我们之前不知道的系统新信息。

2. 混沌工程的实施依赖于测试人员对软件架构的理解

混沌工程需要在系统中的各种位置注入故障，包括 IaaS 层、PaaS 层和 SaaS 层等，这就要求测试人员对被测系统的软件架构（包括物理架构、逻辑架构和业务架构）必须有清楚的认知，否则根本无法有的放矢地设计出合理、有效的故障注入点。这对测试人员的能力提出了更高的要求，传统基于黑盒功能测试的人员已经难以胜任。

3. 混沌工程实验和故障注入测试的区别

很多人误以为混沌工程实验和故障注入测试是一回事，其实它们两者之间是有本质区别的。这种本质上的区别体现在“实验”和“测试”的差异上。测试更多的是验证，也就是说，在测试执行之前，我们就已经对结果有了预判，测试的目的是验证实际情况与预判是否一致。如果一致，测试成功；如果不一致，测试失败。也就是说，测试是在已经知道正确答案是什么的情况下进行的验证，测试是为了肯定正确性。而实验就很不一样了，在实验执行之前，我们并不知道会发生什么，实验是为了探索未知，从而更好地理解系统，而不是去验证已知的结果。总的来说，测试的目标是验证结果，实验的目标是探索可能性。

理解了这一点，就能很好地理解混沌工程实验和故障注入测试的区别了。虽然两者都涉及故障注入，但故障注入测试的目标是验证系统在故障注入场景下的行为有没有遵循原先的设计。而混沌工程实验的目标则是探索系统在故障注入场景下的行为到底是什么，以及系统在故障情况下到底会以什么样的形式表现出来，我们在实施混沌工程实验前，这些信息都是未知的。

正因为混沌工程不知道将要发生什么，所以混沌实验采用假设（hypothesis）而不是测试的断言（assert）。当然，如果混沌工程暴露了不好的结果，那么我们同样应该和测试发现的缺陷一样加以修复。

4. 混沌工程和搞破坏的区别

在对混沌工程有了初步的认识后，很多人会把混沌工程和搞破坏等同起来，其实它们两者之间也是有本质区别的。为了便于你理解，请先思考如下几个问题。

- “随机关闭 IDC 机房中某些服务器的电源”这一行为是混沌工程还是搞破坏？
- “把整个 IDC 机房的路由器网线拔了”这一行为是混沌工程还是搞破坏？
- “随机停掉应用集群中的一些实例”这一行为是混沌工程还是搞破坏？
- “直接停掉某一功能的整个应用集群”这一行为是混沌工程还是搞破坏？

其实区分混沌工程和搞破坏的标准只有一个，那就是这一故障注入行为执行后的不良后果是不是已知的。如果是完全已知的，这个行为就是搞破坏；如果是不确定的，这个行为就是混沌工程。怎么理解呢？拿上面的问题举个例子你就懂了。对于“把整个 IDC 机房的路由器网线拔了”这一行为，如果你确切地知道后果，那就是搞破坏；如果你不知道后果，比如 IDC 本身是有两地三中心的高可用设计的，拔了路由器网线之后，我们想观察业务是否能够顺利做迁移，以及迁移过程中的影响有哪些，那么这就是混沌工程。

5. 在生产环境中实施混沌工程的必要性

虽然最早的混沌工程是在生产环境中实施的，而且 Netflix 也倡导在真实的生产环境中实施混沌工程，但是笔者对这一观点持保留态度。早年的测试环境和生产环境之间的差异比较大，主要体现在物理拓扑、网络环境、集群规模和数据规模等方面，这样的差异使得我们在测试环境中模拟的 IaaS 层和 PaaS 层故障对真实生产环境的参考价值比较有限，所以那时候，我们都希望直接在生产环境中实施混沌工程。但是现在，云原生架构的普及已经使得测试环境和生产环境在 IaaS 层和 PaaS 层的差异变得很小，所以在测试环境中开展混沌实验的参考价值是有保证的，毕竟在生产环境中实施会有较大的业务风险。另外，对于 SaaS 层，也就是从业务领域来看，由于测试环境和生产环境的业务逻辑基本是完全一致的，因此业务逻辑故障的模拟完全没必要在生产环境中开展，这样不仅实施风险更低，而且能够探索的方向也会更广，可以在软件发布之前更早地开展。

6. 混沌工程自动化的必要性

随着混沌实验在软件企业的应用不断普及，混沌工程自动化的概念也被提了出来，但是就混沌实验本身而言，实现自动化的必要性比较有限，原因有以下 3 点。

- 每次混沌实验都有其特殊性，带有探索的性质，其核心价值在于发现系统新的信息，识别薄弱环节，这些都大量依赖人的判断与能力，因此自动化回归执行的价值非常有限。
- 混沌实验发现的问题在被解决后，系统在很长的一段时间里都具有“免疫性”，只要架构和设计没有大的变革，往往不需要每次发布后都回归混沌实验，这样混沌工程自动化也就没什么必要了。
- 混沌实验的数量一般很大，往往涉及在 IaaS 层、PaaS 层和 SaaS 层进行大量的故障注入，所以每次发布并不会实施所有的混沌实验，而是分批逐渐开展。每次发布可能只涉及其中一部分故障注入，这次做过的实验下次不会重复去做，不像自动化功能测试用例那样，像滚雪球一样越来越大，所以混沌工程自动化的诉求不会很强。

当然，对于构造故障的工具，如果自动化程度能够做得比较高，那么对于混沌实验的便利程度来讲还是很有帮助的。

7. 混沌工程的核心是各个层级故障因子的收集

混沌工程的理念并不复杂，实施的原则也很清晰，所以把混沌工程的价值最大程度发挥的核心在于各种故障因子的收集（能够把各种可能的故障和异常都想到）。故障因子的收集不能仅仅依赖自身系统发生问题的积累，而是要“博采众长”，对之前出现过的各类故障和异常进行分类收集并形成故障因子图谱，这才是有效实施混沌工程的关键。

2.5.5 实施混沌工程的原则

但凡涉及混沌工程的实施，必然谈到混沌工程的五大原则。这五大原则（如图 2-28 所示）分别是建立稳定状态的假设、尽可能多地识别出现实场景中的故障因子、在靠近生产环境的地方进行实验、简单易用的实验工具和最小化影响范围。

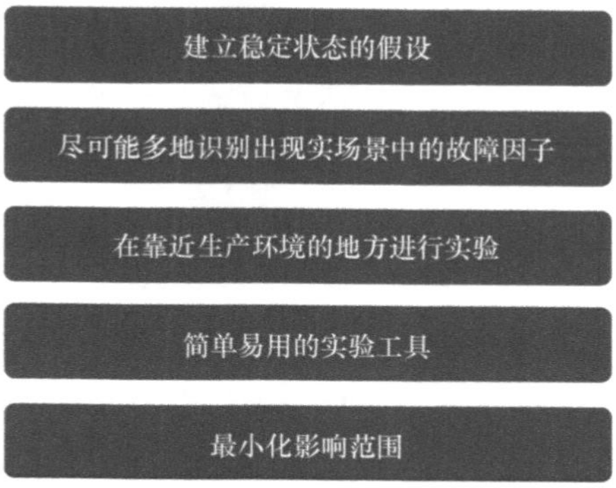

建立稳定状态的假设

尽可能多地识别出现实场景中的故障因子

在靠近生产环境的地方进行实验

简单易用的实验工具

最小化影响范围

图 2-28 混沌工程的五大原则

1. 建立稳定状态的假设

在实施混沌实验之前，首先需要对系统的正常稳定状态有一个假设。因为在注入故障后，不仅要评估故障注入对系统造成的影响，还要确保系统在一定条件下能够恢复到正常稳定状态。为此，需要收集一些可测量的指标，用以体现系统稳定状态的可观测性。这些指标可以是技术类的系统指标［比如 CPU 负载、内存使用率、I/O 等待、QPS（Query Per Second）、TPS（Transaction Per Second）等］，也可以是业务指标（比如成交笔数、活跃用户数、订单成功率等）。但是根据实际经验，更推荐使用业务指标，因为相比系统指标，业务指标更能反映系统的健康状态以及真实用户的价值交付。另外，为了描述系统的稳定状态，我们往往不应该使用单一的业务指标，而应该使用一组业务指标，构成业务健康度模型。其实，无论是否实施混沌工程，都需要识别出这类业务指标的健康状态，并围绕这一系列业务指标建立一整套完善的数据采集、监控和告警机制。

2. 尽可能多地识别出现实场景中的故障因子

在真实的业务场景中，遇到的任何故障和异常事件都是混沌实验的故障因子。目前业界采用 IaaS 层、PaaS 层、SaaS 层的划分来对故障因子进行画像（如图 2-29 所示）。故障因子不能完全凭空想象，而是应该引入那些真实存在的、频繁发生的且影响重大的事件，同时估算事件发生的概率和最终影响的范围，在此基础上进行有针对性的实验。虽然在过往真实世界中踩过的“坑”是故障因子的最佳来源，但是我们不能忽视对未知风险的发现。也就是说，除了对已经出现的问题进行分类、优先级排序，也要对未来可能出现的新问题保持关注。

3. 在靠近生产环境的地方进行实验

混沌工程鼓励在靠近生产环境的地方进行实验，当测试环境和生产环境的差异较大的时候，可以直接在生产环境中进行实验。虽然生产环境的多样性是任何其他环境所无法比拟的，但是在生产环境中进行实验的风险也是有目共睹的，这就要求实验范围严格可控，并且具备随时停止实验的能力。如果已经确切地知道系统没有为弹性高可用模式做设计，就不要轻易在生产环境中开启实验，这无异于在搞破坏。

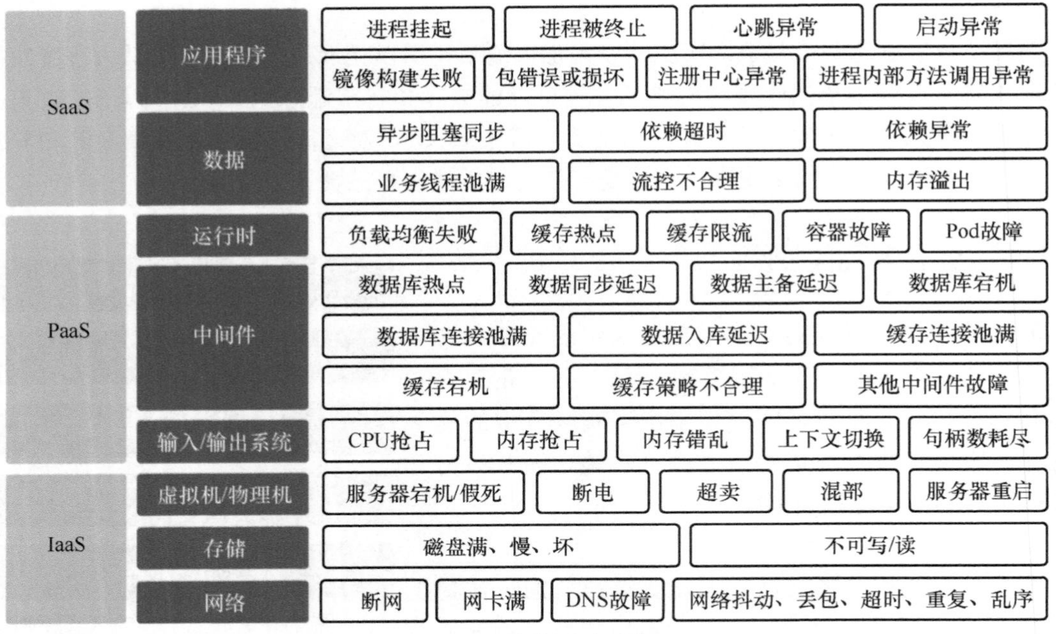

图 2-29 故障因子画像

4. 简单易用的实验工具

混沌工程的实施涉及各类故障的模拟，我们需要简单易用且自动化程度尽可能高的实验工具和平台来协助我们模拟故障。混沌工程平台 Gremlin 可以模拟不可用依赖、网络不可达、突发流量等故障场景。阿里巴巴的混沌工具 ChaosBlade 简化了构建混沌工程的路径，引入了更多的故障场景。另外，开源的 Resilience4j 和 Hystrix 也都是非常好用的工具。

5. 最小化影响范围

在实施混沌实验时，必须保证对线上业务影响最小，不能干扰线上真实用户的使用，所以一开始就要将实验控制在一个较小的范围内，在可控的情况下不断扩大范围是非常有必要的。应该避开高风险时段（如选择业务量最小的时候实施混沌实验），这样可以避免实验失控带来更大的问题。最小化影响范围的常用技术手段有小范围的故障注入、类似灰度发布的流量路由、实验分区隔离和数据隔离等。但是面对探索性的未知实验，想要完全不出问题是不可能的。在生产环境中进行实验必然是有风险的，但冒这个风险的代价总比将来大规模业务中断所带来的损失要小，只能两害相较取其轻。

2.5.6 实施混沌实验的步骤

实施混沌实验一般需要执行以下步骤。

（1）确认本次混沌实验需要验证的目标，在目标的基础上识别出潜在的故障因子。比如，因为我们已经在代码实现中对 Redis 超时的场景做了处理，所以我们可以假设 Redis 超时不会对系统业务产生影响，验证这个假设就是本次混沌实验的目标。

（2）选择实验范围，这里需要遵循最小化影响范围和在靠近生产环境的地方进行实验的原则。例如先在测试环境中进行验证，没有问题后，再在生产环境中选择最小量用户进行验证。

（3）事前确认好监控指标，遵循建立稳定状态的假设原则。正如 2.5.5 节所介绍的，监控指标最好采用业务指标，这样更能反映对真实用户的影响。例如，在引入 Redis 超时后，转账量、红包数量都不应该受到影响。

（4）进行实验前的团队成员沟通，确保团队相关成员了解实施计划与实施细节，并持续关注业务状态的变化。

（5）执行实验。在此期间，严格根据之前选择的实验范围逐步进行，执行过程中实时关注监控指标，如果有异常，随时终止实验。比如，可以逐渐把 Redis 超时调大，查看监控指标相应的变化。

（6）分析结果。根据收集的业务监控指标数据，确认 Redis 超时不会对系统业务产生影响的假设是否成立。如果假设不成立，则需要分析架构和代码，找到原因，修复后再实施下一轮的混沌实验。

2.5.7 混沌工程常用工具和使用演示

1. ChaosBlade

ChaosBlade 是阿里巴巴开源的一款遵循混沌工程原理和混沌实验模型的混沌实验执行工具，能够帮助软件企业提升分布式系统的容错能力，并在上云或往云原生系统迁移过程中提升对业务连续性的保障能力。ChaosBlade 的前身是阿里巴巴内部项目 MonkeyKing，其建立在阿里巴巴多年故障注入和演练实践的基础上，结合了阿里巴巴集团各业务的最佳创意和实践。ChaosBlade 不仅使用简单，而且支持丰富的实验场景，具体如下。

- Java 应用：比如数据库、缓存、消息、JVM 本身、微服务等，还可以指定任意类方法注入各种复杂的实验场景。
- C++ 应用：比如指定任意方法或某行代码注入延迟、变量和返回值篡改等实验场景。
- Docker 容器：比如容器以及容器内 CPU、内存、网络、磁盘、进程等实验场景。
- 云原生平台：比如 Kubernetes 平台节点上 CPU、内存、网络、磁盘、进程等实验场景，以及 Pod 网络和 Pod 本身实验场景（如终止 Pod）。

ChaosBlade 将实验场景按领域实现封装成一个个单独的项目，不仅可以使领域内场景标准化实现，而且非常方便场景水平和垂直扩展，通过遵循混沌实验模型，实现 ChaosBlade CLI 统一调用。目前包含的项目如下。

- chaosblade：混沌实验管理工具，包含创建实验、销毁实验、查询实验、实验环境准备、实验环境撤销等命令，是混沌实验的执行工具，执行方式包含 CLI 和 HTTP 两种，提供完善的命令、实验场景、场景参数说明，操作简捷、清晰。
- chaosblade-spec-go：混沌实验模型 Go 语言定义，便于使用 Go 语言实现的场景都基于此规范来实现。
- chaosblade-exec-os：基础资源实验场景实现。
- chaosblade-exec-docker：Docker 容器实验场景实现，通过调用 Docker API 标准化实现。
- chaosblade-exec-cri：容器实验场景实现，通过调用 CRI 标准化实现。
- chaosblade-operator：Kubernetes 平台实验场景实现，将混沌实验通过 Kubernetes 标准的 CRD（Custom Resource Definition）方式加以定义，就可以很方便地使用 Kubernetes

资源操作的方式来创建、更新、删除实验场景，既可以使用 kubectl、client-go 等方式，也可以使用 ChaosBlade CLI 工具。

- chaosblade-exec-jvm：Java 应用实验场景实现，使用 Java Agent 技术动态挂载，无须任何接入，零成本使用，而且支持卸载，完全回收 Agent 创建的各种资源。
- chaosblade-exec-cplus：C++ 应用实验场景实现，使用 GDB 技术实现方法、代码行级别的实验场景注入。

下面通过实际操作来演示 ChaosBlade 对于 Java 应用的混沌实验。为了方便起见，我们这里直接使用 Docker 容器来体验一下 ChaosBlade 的功能。首先执行以下命令，下载和启动镜像：

```
docker pull chaosbladeio/chaosblade-demo
docker run -it --privileged chaosbladeio/chaosblade-demo
```

然后就可以在容器环境中进行体验了。我们这里执行 3 种类型的故障注入，分别是网络延时、CPU 满负载和应用本身异常。

用以下命令验证容器中基于 Java 的 hello dubbo 的运行状态：

```
curl http://localhost:8080/dubbo/hello?name=dubbo
```

由于 Java 应用的故障注入是通过 Java Agent 机制实现的，因此需要挂载 Agent，具体命令如下：

```
blade prepare jvm --process business
```

执行结果如图 2-30 所示。接下来就可以进行具体的实验了。

```
bash-4.4#
bash-4.4#  curl http://localhost:8080/dubbo/hello?name=dubbo
Hello dubbo, response from provider: 172.17.0.2:20880
bash-4.4#
bash-4.4# blade prepare jvm --process business
{"code":200,"success":true,"result":"16e1cabe6d7ba6b3"}
bash-4.4#
```

图 2-30　环境准备结果展示

（1）实验 1：模拟网络延时

首先执行以下命令，观察 hello dubbo 的访问延时：

```
time curl http://localhost:8080/dubbo/hello?name=dubbo
```

然后执行以下命令，注入网络延时 1 s（即 1000 ms）：

```
blade create dubbo delay --time 1000 --service com.example.service.DemoService
--methodname sayHello --consumer
```

接下来执行以下命令，再次观察 hello dubbo 的访问延时，此时就会发现刚才注入的延时已经生效。

```
time curl http://localhost:8080/dubbo/hello?name=dubbo
```

最后执行以下命令，终止延时的注入，让系统恢复原始状态：

```
blade destroy 614da3aa5b8a242c
```

整个实验的完整过程如图 2-31 所示。

```
bash-4.4#
bash-4.4#  time curl http://localhost:8080/dubbo/hello?name=dubbo
Hello dubbo, response from provider: 172.17.0.2:20880

real    0m0.016s
user    0m0.001s
sys     0m0.005s
bash-4.4#
bash-4.4# blade create dubbo delay --time 1000 --service com.example.service
.DemoService --methodname sayHello --consumer
{"code":200,"success":true,"result":"614da3aa5b8a242c"}
bash-4.4#
bash-4.4#  time curl http://localhost:8080/dubbo/hello?name=dubbo
Hello dubbo, response from provider: 172.17.0.2:20880

real    0m1.020s
user    0m0.004s
sys     0m0.002s
bash-4.4#
bash-4.4# blade  destroy 614da3aa5b8a242c
{"code":200,"success":true,"result":"command: dubbo delay --debug false --pr
ovider false --time 1000 --consumer true --service com.example.service.DemoS
ervice --help false --methodname sayHello"}
bash-4.4#
```

图 2-31 模拟网络延时的过程

（2）实验 2：模拟 CPU 满负载

首先执行以下命令，观察 CPU 的负载：

```
top -b
```

然后执行以下命令，使得 CPU 满负载运作：

```
blade create cpu fullload
```

接下来执行以下命令，再次观察 CPU 的负载，此时 CPU 将处于满负载运行状态：

```
top -b
```

最后执行以下命令，终止 CPU 的满负载状态，让系统恢复原始状态：

```
blade destroy 0e84c1bfa18230e6
```

整个实验的完整过程如图 2-32 所示。也可以控制故障或异常的注入时长，比如执行以下命令，就可以让 CPU 满负载运行 30 s。

```
blade create cpu fullload --timeout 30
```

（3）实验 3：模拟应用本身异常

首先执行以下命令，观察 hello dubbo 的访问情况，应该是正常访问。

```
curl http://localhost:8080/dubbo/hello?name=dubbo
```

然后执行以下命令，注入应用异常，模拟被测应用的 hello() 方法调用后抛出异常。

```
blade create jvm throwCustomException --exception java.lang.Exception --classname com.example.controller.DubboController --methodname hello
```

```
bash-4.4#
bash-4.4# top -b
Mem: 1432528K used, 600436K free, 351392K shrd, 15352K buff, 852840K cached
CPU:   0% usr   1% sys   0% nic  98% idle   0% io   0% irq   0% sirq
Load average: 0.17 0.06 0.04 1/570 506
  PID  PPID USER     STAT   VSZ %VSZ CPU %CPU COMMAND
   17    16 root     S     2068m 104%   0   0% /usr/lib/jvm/java-1.8-openjdk/jre/bin/java -Djava.util.logging.config.file=/usr/local/tomcat/conf/logging.properties -Djava.util.logging.manager=org.apache.juli.ClassLoaderLogManager -Dproject.name=business -Djdk.tls.ephemeralDHKeySize=2048 -Djava.protocol.handler.pkgs=org.apache.catalina.webresources -Dorg.apache.catalina.security.SecurityListener.UMASK=0027 -Dignore.endorsed.dirs= -classpath /us
   37     1 root     S      2336   0%   5   0% bash
   16     1 root     S      2320   0%   3   0% bash /usr/local/tomcat/bin/catalina.sh start
    1     0 root     S      2180   0%   5   0% /bin/bash /root/init.sh
  506    37 root     R      1532   0%   1   0% top -b
^C
bash-4.4#
bash-4.4# blade create cpu fullload
{"code":200,"success":true,"result":"0e84c1bfa18230e6"}
bash-4.4#
bash-4.4# top -b
Mem: 1432032K used, 600932K free, 351392K shrd, 15416K buff, 852844K cached
CPU: 100% usr   0% sys   0% nic   0% idle   0% io   0% irq   0% sirq
Load average: 0.55 0.15 0.07 8/577 541
  PID  PPID USER     STAT   VSZ %VSZ CPU %CPU COMMAND
  520     1 root     R      105m   5%   1 100% /usr/local/chaosblade/bin/chaos_burncpu --nohup --cpu-count 6
   17    16 root     S     2068m 104%   0   0% /usr/lib/jvm/java-1.8-openjdk/jre/bin/java -Djava.util.logging.config.file=/usr/local/tomcat/conf/logging.properties -Djava.util.logging.manager=org.apache.juli.ClassLoaderLogManager -Dproject.name=business -Djdk.tls.ephemeralDHKeySize=2048 -Djava.protocol.handler.pkgs=org.apache.catalina.webresources -Dorg.apache.catalina.security.SecurityListener.UMASK=0027 -Dignore.endorsed.dirs= -classpath /us
   37     1 root     S      2336   0%   5   0% bash
   16     1 root     S      2320   0%   3   0% bash /usr/local/tomcat/bin/catalina.sh start
    1     0 root     S      2180   0%   5   0% /bin/bash /root/init.sh
  541    37 root     R      1532   0%   0   0% top -b
^C
bash-4.4#
bash-4.4# blade  destroy 0e84c1bfa18230e6
{"code":200,"success":true,"result":"command: cpu fullload --debug false --help false"}
bash-4.4#
bash-4.4# top -b
Mem: 1432280K used, 600684K free, 351392K shrd, 15472K buff, 852848K cached
CPU:   0% usr   0% sys   0% nic 100% idle   0% io   0% irq   0% sirq
Load average: 2.28 0.69 0.26 1/568 568
  PID  PPID USER     STAT   VSZ %VSZ CPU %CPU COMMAND
   17    16 root     S     2068m 104%   0   0% /usr/lib/jvm/java-1.8-openjdk/jre/bin/java -Djava.util.logging.config.file=/usr/local/tomcat/conf/logging.properties -Djava.util.logging.manager=org.apache.juli.ClassLoaderLogManager -Dproject.name=business -Djdk.tls.ephemeralDHKeySize=2048 -Djava.protocol.handler.pkgs=org.apache.catalina.webresources -Dorg.apache.catalina.security.SecurityListener.UMASK=0027 -Dignore.endorsed.dirs= -classpath /us
   37     1 root     S      2336   0%   0   0% bash
   16     1 root     S      2320   0%   3   0% bash /usr/local/tomcat/bin/catalina.sh start
    1     0 root     S      2180   0%   5   0% /bin/bash /root/init.sh
  568    37 root     R      1532   0%   4   0% top -b
^C
bash-4.4#
```

图 2-32 模拟 CPU 满负载的过程

接下来再次执行以下命令，观察 hello dubbo 的访问情况，此时访问失败，返回的 HTTP 状态码是 500。

```
curl http://localhost:8080/dubbo/hello?name=dubbo
```

之后执行以下命令，终止应用的异常注入，让系统恢复原始状态：

```
blade destroy 283b2e437399612d
```

最后再次执行以下命令，观察 hello dubbo 的访问情况，此时访问应该恢复正常。

```
curl http://localhost:8080/dubbo/hello?name=dubbo
```

整个实验的完整过程如图 2-33 所示。

```
bash-4.4#
bash-4.4#  curl http://localhost:8080/dubbo/hello?name=dubbo
Hello dubbo, response from provider: 172.17.0.2:20880
bash-4.4#
bash-4.4# blade create jvm throwCustomException --exception java.lang.Exception --classname com.example.controlle
r.DubboController --methodname hello
{"code":200,"success":true,"result":"283b2e437399612d"}
bash-4.4#
bash-4.4#  curl http://localhost:8080/dubbo/hello?name=dubbo
<!doctype html><html lang="en"><head><title>HTTP Status 500 – Internal Server Error</title><style type="text/css"
>h1 {font-family:Tahoma,Arial,sans-serif;color:white;background-color:#525D76;font-size:22px;} h2 {font-family:Ta
homa,Arial,sans-serif;color:white;background-color:#525D76;font-size:16px;} h3 {font-family:Tahoma,Arial,sans-ser
if;color:white;background-color:#525D76;font-size:14px;} body {font-family:Tahoma,Arial,sans-serif;color:black;ba
ckground-color:white;} b {font-family:Tahoma,Arial,sans-serif;color:white;background-color:#525D76;} p {font-fami
ly:Tahoma,Arial,sans-serif;background:white;color:black;font-size:12px;} a {color:black;} a.name {color:black;} .
line {height:1px;background-color:#525D76;border:none;}</style></head><body><h1>HTTP Status 500 – Internal Server
 Error</h1><hr class="line" /><p><b>Type</b> Exception Report</p><p><b>Message</b> Request processing failed; nes
ted exception is java.lang.Exception: chaosblade-mock-exception</p><p><b>Description</b> The server encountered a
n unexpected condition that prevented it from fulfilling the request.</p><p><b>Exception</b></p><pre>org.springfr
amework.web.util.NestedServletException: Request processing failed; nested exception is java.lang.Exception: chao
sblade-mock-exception
        org.springframework.web.servlet.FrameworkServlet.processRequest(FrameworkServlet.java:948)
        org.springframework.web.servlet.FrameworkServlet.doGet(FrameworkServlet.java:827)
        javax.servlet.http.HttpServlet.service(HttpServlet.java:635)
        org.springframework.web.servlet.FrameworkServlet.service(FrameworkServlet.java:812)
        javax.servlet.http.HttpServlet.service(HttpServlet.java:742)
        org.apache.tomcat.websocket.server.WsFilter.doFilter(WsFilter.java:52)
        org.springframework.web.filter.CharacterEncodingFilter.doFilterInternal(CharacterEncodingFilter.java:88)
        org.springframework.web.filter.OncePerRequestFilter.doFilter(OncePerRequestFilter.java:107)
</pre><p><b>Root Cause</b></p><pre>java.lang.Exception: chaosblade-mock-exception
        sun.reflect.NativeConstructorAccessorImpl.newInstance0(Native Method)
        sun.reflect.NativeConstructorAccessorImpl.newInstance(NativeConstructorAccessorImpl.java:62)
        sun.reflect.DelegatingConstructorAccessorImpl.newInstance(DelegatingConstructorAccessorImpl.java:45)
        java.lang.reflect.Constructor.newInstance(Constructor.java:423)
        com.alibaba.chaosblade.exec.common.model.action.exception.DefaultThrowExceptionExecutor.throwCustomExcept
ion(DefaultThrowExceptionExecutor.java:70)
        com.alibaba.chaosblade.exec.common.model.action.exception.DefaultThrowExceptionExecutor.run(DefaultThrowE
xceptionExecutor.java:43)
        com.alibaba.chaosblade.exec.common.injection.Injector.inject(Injector.java:71)
        com.alibaba.chaosblade.exec.common.aop.BeforeEnhancer.beforeAdvice(BeforeEnhancer.java:57)
        sun.reflect.GeneratedMethodAccessor40.invoke(Unknown Source)
        sun.reflect.DelegatingMethodAccessorImpl.invoke(DelegatingMethodAccessorImpl.java:43)
        java.lang.reflect.Method.invoke(Method.java:498)
        java.com.alibaba.jvm.sandbox.spy.Spy.spyMethodOnBefore(Spy.java:193)
        com.example.controller.DubboController.hello(DubboController.java)
        sun.reflect.GeneratedMethodAccessor46.invoke(Unknown Source)
        sun.reflect.DelegatingMethodAccessorImpl.invoke(DelegatingMethodAccessorImpl.java:43)
        java.lang.reflect.Method.invoke(Method.java:498)
        org.springframework.web.method.support.InvocableHandlerMethod.invoke(InvocableHandlerMethod.java:219)
        org.springframework.web.method.support.InvocableHandlerMethod.invokeForRequest(InvocableHandlerMethod.jav
a:132)
        org.springframework.web.servlet.mvc.method.annotation.ServletInvocableHandlerMethod.invokeAndHandle(Servl
etInvocableHandlerMethod.java:104)
        org.springframework.web.servlet.mvc.method.annotation.RequestMappingHandlerAdapter.invokeHandleMethod(Req
uestMappingHandlerAdapter.java:745)
        org.springframework.web.servlet.mvc.method.annotation.RequestMappingHandlerAdapter.handleInternal(Request
MappingHandlerAdapter.java:686)
        org.springframework.web.servlet.mvc.method.AbstractHandlerMethodAdapter.handle(AbstractHandlerMethodAdapt
er.java:80)
        org.springframework.web.servlet.DispatcherServlet.doDispatch(DispatcherServlet.java:925)
        org.springframework.web.servlet.DispatcherServlet.doService(DispatcherServlet.java:856)
        org.springframework.web.servlet.FrameworkServlet.processRequest(FrameworkServlet.java:936)
        org.springframework.web.servlet.FrameworkServlet.doGet(FrameworkServlet.java:827)
        javax.servlet.http.HttpServlet.service(HttpServlet.java:635)
        org.springframework.web.servlet.FrameworkServlet.service(FrameworkServlet.java:812)
        javax.servlet.http.HttpServlet.service(HttpServlet.java:742)
        org.apache.tomcat.websocket.server.WsFilter.doFilter(WsFilter.java:52)
        org.springframework.web.filter.CharacterEncodingFilter.doFilterInternal(CharacterEncodingFilter.java:88)
        org.springframework.web.filter.OncePerRequestFilter.doFilter(OncePerRequestFilter.java:107)
</pre><p><b>Note</b> The full stack trace of the root cause is available in the server logs.</p><hr class="line"
/><h3>Apache Tomcat/8.5.38</h3></body></html>bash-4.4#
bash-4.4#
bash-4.4# blade  destroy 283b2e437399612d
{"code":200,"success":true,"result":"command: jvm throwCustomException --debug false --exception java.lang.Except
ion --help false --methodname hello --classname com.example.controller.DubboController"}
bash-4.4#
bash-4.4#  curl http://localhost:8080/dubbo/hello?name=dubbo
Hello dubbo, response from provider: 172.17.0.2:20880
bash-4.4#
```

图 2-33　模拟应用本身异常的过程

2. Chaos Mesh

Chaos Mesh 是一个开源的云原生混沌工程平台，提供了丰富的故障模拟类型，具有强大的故障场景编排能力，能够方便用户在开发测试以及生产环境中模拟现实世界里可能出现的各类异常，帮助用户发现系统潜在的问题。Chaos Mesh 提供完善的可视化操作，旨在降低用户实施混沌工程的门槛。用户可以方便地在 Web UI 上设计自己的混沌场景，以及监控混沌实验的运行状态。

Chaos Mesh 是基于 Kubernetes CRD（Custom Resource Definition）构建的，根据不同的故障类型定义了多个 CRD 类型，并为不同的 CRD 对象实现单独的控制器以管理不同的混沌实验。Chaos Mesh 主要包含以下 3 个组件。

- Chaos Dashboard：Chaos Mesh 的可视化组件，提供了一套用户友好的 Web UI，用户可通过这些界面对混沌实验进行操作和观测。
- Chaos 控制管理器：Chaos Mesh 的核心逻辑组件，主要负责混沌实验的调度与管理。该组件包含多个 CRD 控制器，例如 Workflow Controller、Scheduler Controller 以及各类故障类型的控制器。
- Chaos Daemon：Chaos Mesh 的主要执行组件。Chaos Daemon 以 DaemonSet 的方式运行，默认拥有 Privileged 权限（可以关闭）。该组件主要通过侵入目标 Pod Network Namespace 的方式干扰具体的网络设备、文件系统、内核等。

Chaos Mesh 的整体架构如图 2-34 所示。

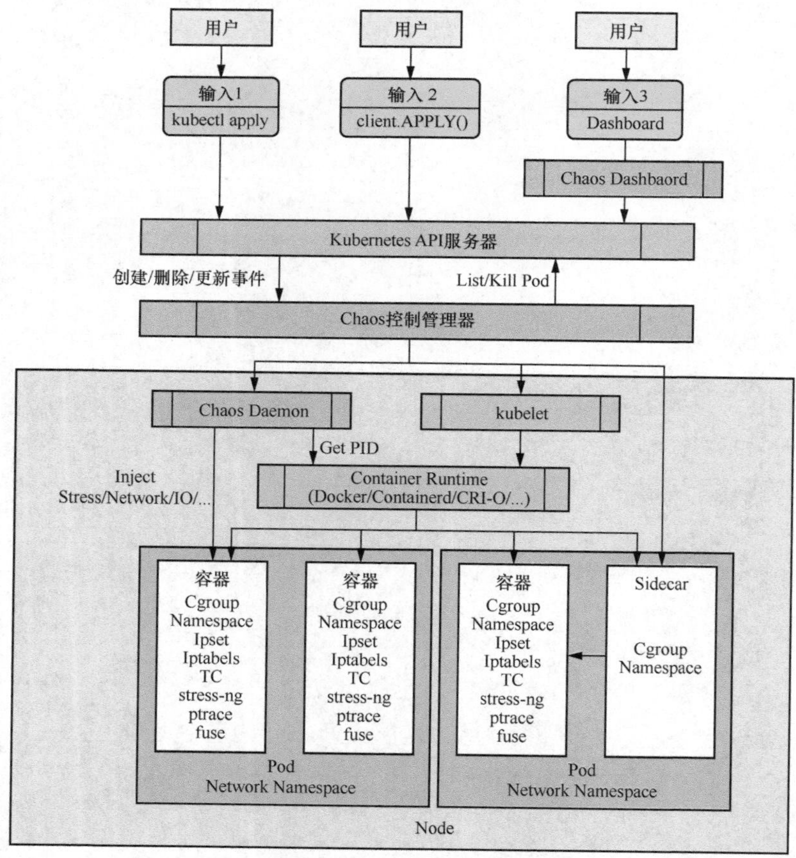

图 2-34 Chaos Mesh 的整体架构

注：图中英文为测试专用术语，为了不引起歧义，不对图中英文进行翻译。

- 用户输入和观测的部分。用户输入以用户操作为起点到达 Kubernetes API 服务器。用户不直接和 Chaos Mesh 的控制器交互，一切用户操作最终都将反映为某个 Chaos 资源的变更（比如 NetworkChaos 资源的变更）。
- 监听资源变化、调度 Workflow 和开展混沌工程的部分。Chaos 控制管理器只接收来自 Kubernetes API 服务器的事件，此类事件描述了某个 Chaos 资源的变更，例如新的 Workflow 对象或 Chaos 对象被创建。
- 具体节点故障的注入部分。该部分主要由 Chaos Daemon 负责，它接收来自 Chaos 控制管理器的指令，通过侵入目标 Pod Network Namespace 的方式执行具体的故障注入。例如设置 TC 网络规则，启动 stress-ng 进程以抢占 CPU 或内存资源等。

使用 Chaos Mesh 实施混沌实验有两种方式。一种是使用 Dashboard 新建混沌实验，然后单击“提交”按钮运行实验（如图 2-35 所示），这是最简单直接的方式。

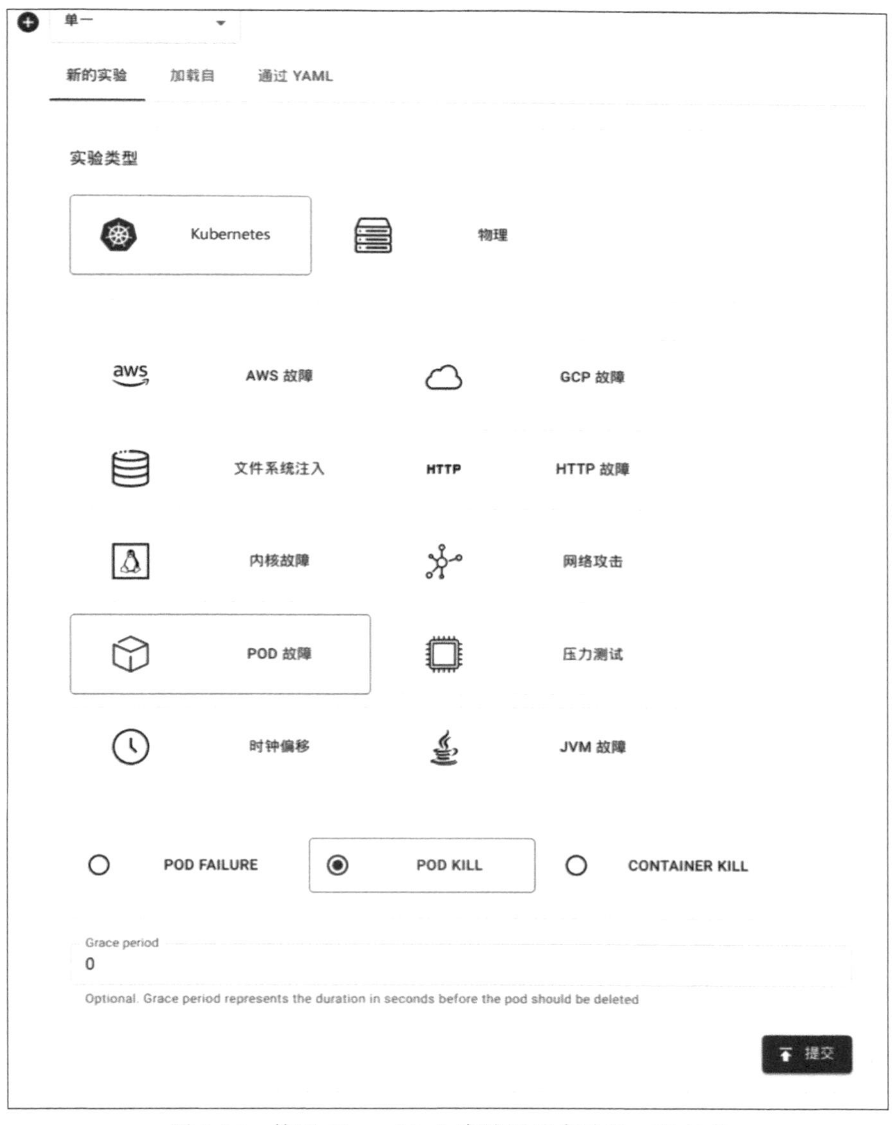

图 2-35　使用 Chaos Mesh 实施混沌实验的一种方式

另一种是先使用 YAML 文件定义混沌实验，再使用 kubectl 命令创建并运行混沌实验。比如，当需要模拟网络延时的时候，我们可以新建 network-delay.yaml 文件（如图 2-36 所示）。

```
apiVersion: chaos-mesh.org/v1alpha1
kind: NetworkChaos
metadata:
  name: network-delay
spec:
  action: delay # the specific chaos action to inject
  mode: one # the mode to run chaos action; supported modes are one/all/fixed/fixed-percent/random-
  selector: # pods where to inject chaos actions
    namespaces:
      - default
    labelSelectors:
      'app': 'web-show' # the label of the pod for chaos injection
  delay:
    latency: '10ms'
  duration: '12s'
```

图 2-36　network-delay.yaml 文件的内容

我们在图 2-36 所示的 YAML 文件中定义了一个持续 12 s 的网络延迟故障，实验目标是默认命名空间下带有 'app':'web-show' 标签的应用。接下来使用 kubectl apply -f 命令创建并运行此混沌实验。混沌实验开始后，如果需要检查混沌实验的运行情况，可以使用 kubectl describe 命令查看混沌实验对象的状态或事件；混沌实验结束后，可以使用 kubectl delete 命令删除混沌实验。混沌实验删除后，注入的故障会被立刻清除。

第 3 章　软件测试新技术（上）

3.1 流量回放

流量回放是一种历史悠久且应用广泛的软件技术，指的是将某个环境（通常为生产环境）的流量复制下来，在另一个环境（通常为测试环境）中回放的过程，如图 3-1 所示。流量回放特别适用于回归测试和服务重构的质量保障工作，也适用于性能测试和服务 Mock 的工作。

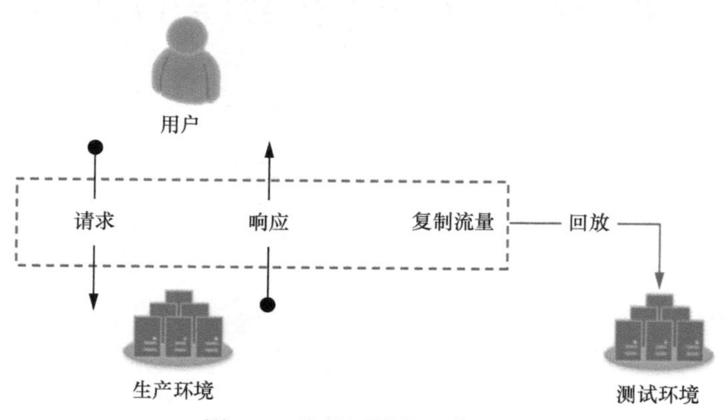

图 3-1　流量回放的工作流程

流量回放作为一种流行的软件技术，具有如下优点。

- 低代码：将生产环境的流量复制并回放至测试环境，完成对软件产品的验证工作。测试人员不用编写测试用例，也不需要维护测试脚本。
- 覆盖率高：流量回放的“素材”取自线上真实业务场景所产生的流量，因此理论上能够覆盖所有正常的业务逻辑。
- 可信度高：与“覆盖率高”类似，真实用户行为所产生的流量具备极高的可信度。

随着流量回放技术的不断发展，诞生了不少成熟的流量回放方案。我们先通过表 3-1 了解一下这些方案在引流方式和实现方式上的区别，以及它们各自的优缺点。

表 3-1　流量回放方案的比较

引流方式	实现方式	优点	缺点
Nginx 层流量复制	安装相应的 Nginx 模块，通过 Lua 脚本实现流量复制	安装和部署较为简单	需要额外开发脚本，且对资源有一定占用
基于业务代码层的引流	将业务代码的调用封装成请求对象，异步写入缓存中，引流工具通过读取缓存中的请求，在其他环境中回放	扩展性好，可定制化程度高	需要额外开发引流工具，且对服务有一定的性能影响
基于访问日志回放	线上系统记录访问日志，引流工具通过解析日志，在其他环境中回放	采用离线方式，对线上影响小	需要额外开发日志解析工具，解析的开销较大
基于 TCP/IP 层的引流	TCPCopy、GoReplay 等工具支持	安装和部署较为简单	仅适合无状态的业务，且需要对业务请求进行过滤

上述流量回放方案各有千秋，基于这些方案也诞生了不少工具和框架，比较前沿的有基于

TCP/IP 层的引流的 GoReplay 和 Diffy、基于业务代码层的引流的 jvm-sandbox-repeater，以及介于以上两者之间的基于 Service Mesh 的流量回放技术。在本节中，我们将分别对这些工具和框架的原理、实现方式和应用方式进行剖析。

3.1.1 使用 GoReplay 和 Diffy 进行流量回放

GoReplay 是一款开源的、基于 TCP/IP 层的引流的流量回放工具，使用 Go 语言编写而成，功能非常强大，不仅具备流量回放的基本功能，还提供很多附加功能。主要功能简要介绍如下：

- 支持流量的放大和缩小，以及频率限制；
- 支持根据正则表达式过滤流量，以便单独测试某个（或某些）服务；
- 支持修改 HTTP 请求头，比如替换 User-Agent 或者增加某些 HTTP Header；
- 支持将请求记录到文件中，以备回放和分析；
- 支持与外部系统集成，比如与 ElasticSearch 集成，存入流量并进行实时分析。

GoReplay 一般被部署至两处：一处作为监听部分，通常被部署在生产环境中，用于录制流量；另一处作为回放部分，通常被部署在测试环境或预发环境中，用于回放流量。录制的流量可以被分发到多个环境中进行回放，也可以以不同的速率进行回放。

下面深入介绍 GoReplay 的更多细节。图 3-2 展示了 GoReplay 的工作流。GoReplay 通过监听端口的方式获取并记录线上服务的流量，它本身不会拦截请求，而是在对请求进行复制后才做处理。也可以通过自定义中间件的方式，对流量执行过滤、分析等操作。最后，将加工完毕的流量在测试环境中回放。这套流程不仅可以实时进行，也可以异步进行（也就是将录制的流量保存在文件中，供离线回放）。

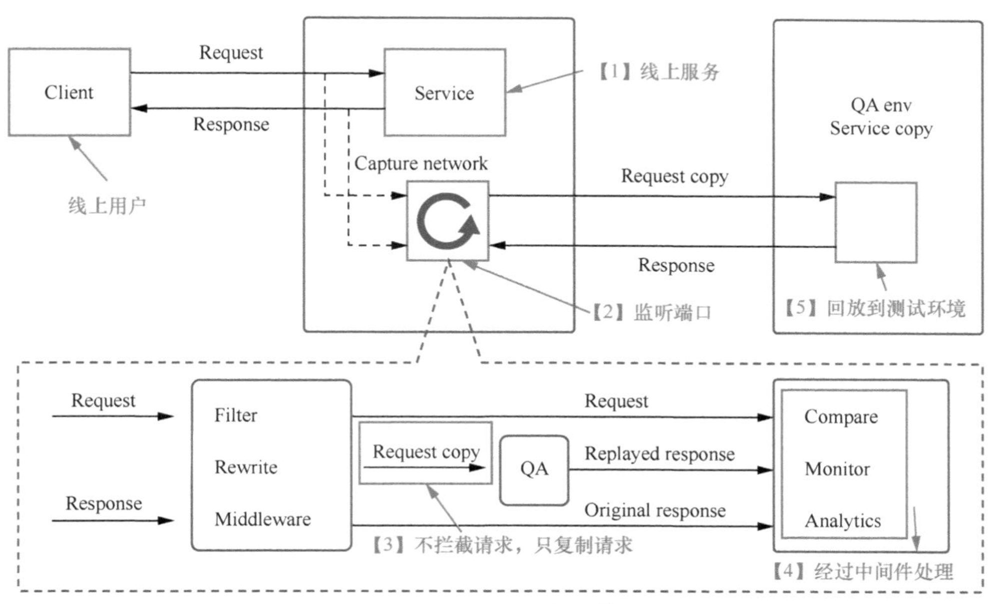

图 3-2 GoReplay 的工作流

注：图中英文为测试专用术语，为了不引起歧义，不对图中英文进行翻译。

在理解了 GoReplay 的工作流后，基于 GoReplay 并以流量回放的方式进行回归测试。对于传统的回归测试，我们一般需要编写测试用例，涵盖足够的验证点，再执行这些测试用例得到结果。相信细心的读者会发现，流量录制的工作就相当于准备测试用例，而流量回放的工作就相当于执行测试用例。除了这两项工作，我们还缺少验证点的设置，此时就需要进行流量比对，以达到验证的目的。接下来，我们引入 Diffy 这个工具，讲解流量比对的细节。

一般来说，对于同一个请求，如果在不同环境中执行后，得到的响应体的内容是完全一致的，就可以认为验证成功；如果不一致，则不能简单得出验证失败的结论。实际情况下，会有各种各样的“噪声”影响比对的结果，例如响应体中的时间戳、自增值、随机值等，都是正常的不一致字段，我们需要将这些字段排除，否则它们就会影响验证的结果。

依靠人工设置白名单的方式进行去噪是一个先入为主的想法，但它只适合系统简单、服务接口数量不多的情况。如果系统复杂，人工成本就会直线上升。我们希望通过一种自动化的方式完成去噪的工作，在这里，我们将介绍如何通过 Diffy 工具进行自动化去噪。

Diffy 是一款开源的测试工具，能够进行流量的比对和去噪，它的噪声识别原理非常简单，如图 3-3 所示。如果同一个请求在同一环境（或两个对等的环境）中，两次执行得到的响应体中的某个字段不一致，我们就认为它们是正常的不一致，将其设置为噪声。

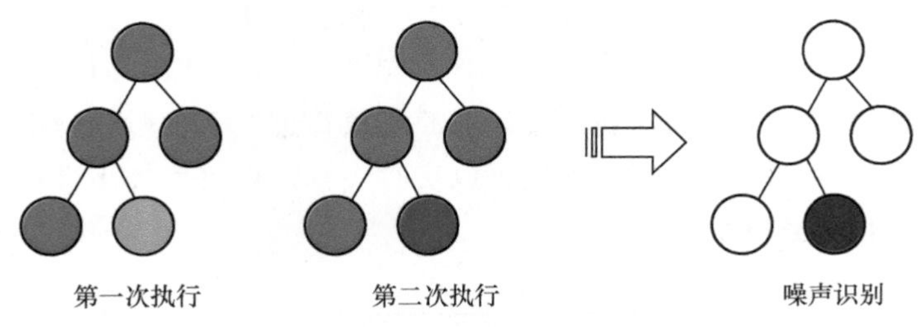

图 3-3　Diffy 的噪声识别原理

图 3-4 展示了 Diffy 的工作流程，Diffy 作为前置代理，在最前端控制请求的走向，将请求分发到不同环境和不同版本的服务中，以实现噪声过滤和对比功能。其中，在 primary 环境和 secondary 环境中部署稳定版本的服务，用来排除噪声，如果同一个请求在这两个环境中的执行结果存在差异，其中就可能包含噪声；而在 candidate 环境中部署待测版本的服务，执行请求并与去噪后的结果进行比对，如果仍存在差异，我们就认为发现了服务缺陷。

将 Diffy 与 GoReplay 联合起来使用，便可真正实现基于流量回放进行回归测试的全流程。

GoReplay 是基于 TCP/IP 层的引流的流量回放工具，对应用服务几乎没有侵入性，维护成本也比较小。不过它的缺点也是很明显的。首先，TCP/IP 层的录制粒度太粗，虽然我们可以对流量进行加工，但是作用域仅限于流量本身，不够灵活；其次，TCP/IP 层的回放对测试数据有很高的要求，如果数据不一致，也会导致回放失败；最后，在大多数情况下，TCP/IP 层的回放不支持“写请求”（除非是幂等的写请求），因为写请求会修改数据，导致多次回放的结果不一致。于是，我们就要考虑有没有办法规避上述这些问题，同时不引入新的问题。接下来我们将要介绍的 jvm-sandbox-repeater 就是一种可行的解决方案。

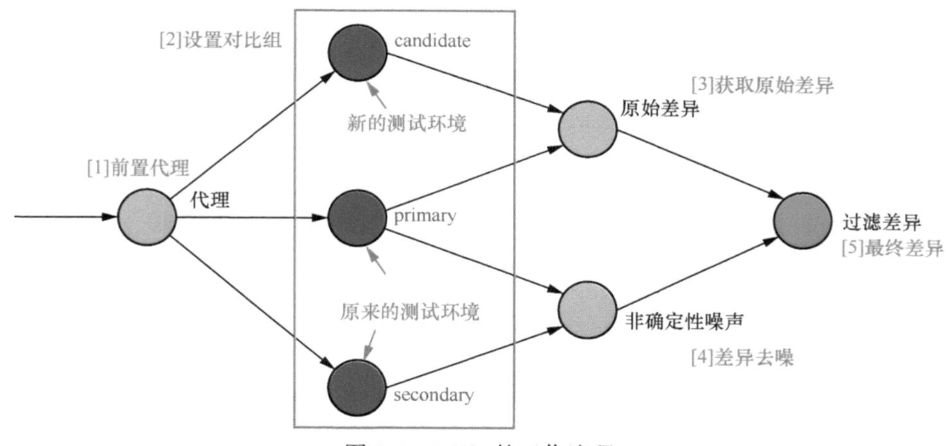

图 3-4 Diffy 的工作流程

3.1.2 使用 jvm-sandbox-repeater 进行流量回放

jvm-sandbox-repeater（以下简称 repeater）是基于 JVM-Sandbox（以下简称 Sandbox）的一个支持 Java 语言的流量回放框架，它在 Sandbox 的基础上封装了录制回放的基础协议、数据上报以及插件定制等功能，并通过插件又衍生出多协议的流量回放、子调用 Mock 等拓展点，是一款十分优秀的生态型工具。

repeater 最大的特点是能够在不侵入应用服务的前提下动态增强服务，实现回放时的细粒度 Mock，这样就能解决数据依赖和写请求回放的问题。因此，我们可以将其视为一种更精细的基于业务代码层的回放方案。下面我们来看一下 repeater 具体是怎么做的。

图 3-5 的左侧展示了录制的过程，repeater 作为代理被连接到目标服务进程，它能够识别请求链路中经过的各个节点，如调用数据库、操作 Redis、写数据至消息队列以及调用其他服务等。在经过这些节点时，repeater 会记录调用参数和返回数据。以调用数据库为例，调用参数就是 SQL 语句，返回数据就是查询到的结果信息。将这些采集到的信息按顺序存放至上下文中，并推送到消息队列中备用。

图 3-5 的右侧展示了回放的过程，与传统流量回放直接回放请求不同，repeater 实际上是将刚才保存的上下文按顺序回放，在此期间遇到中间节点则直接返回结果。我们仍以调用数据库为例，当回放链路经过数据库调用时，repeater 会将上下文中存放的数据库输出结果直接返回，而不会实际调用数据库，变相达到 Mock 的效果，从而能够支持写请求的回放。最后，repeater 能够对最终结果进行比对，输出报告。

此外，repeater 还提供了“子调用 Mock”功能，可以将任意一个（或一些）节点视为一个黑盒，在回放时直接返回上下文中记录的返回值，相当于对某一段链路进行了 Mock，这非常适合绕开一些服务逻辑。例如，用户登录是流量回放时非常令人头疼的一个流程，录制流量中的用户登录状态和鉴权信息，在回放时往往是失效的，这会造成回放失败。我们可以利用 repeater 的子调用 Mock 功能，将登录中的鉴权逻辑设置为子调用，永远返回 true，这样请求在回放时就不会被阻塞了。

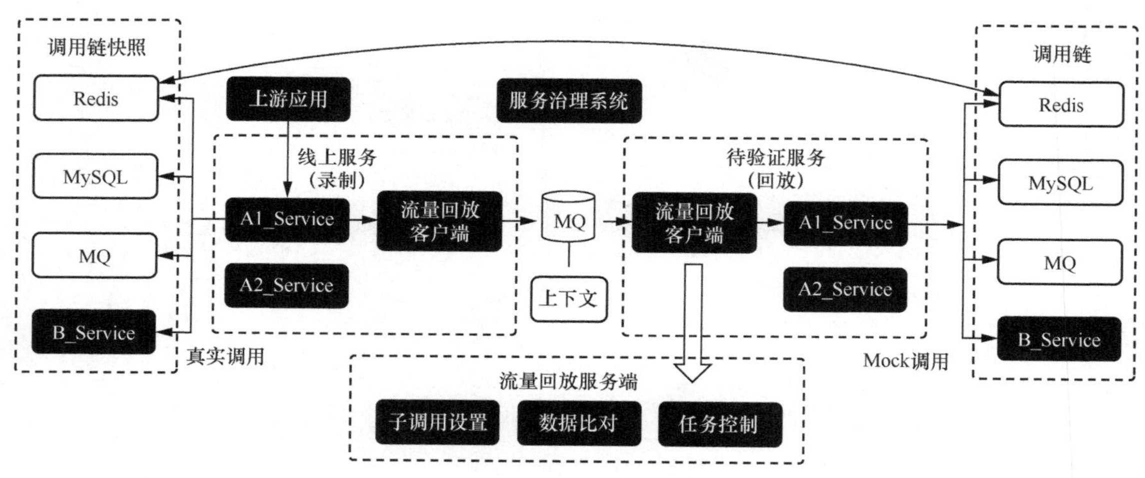

图 3-5 jvm-sandbox-repeater 的工作流程

repeater 为我们提供了强大的流量回放功能，不过由于它是一种基于 JVM 的解决方案，因此只能在使用 Java 等语言编写的服务上使用。有没有一种与语言无关，同时具备 repeater 核心功能的流量回放方案呢？下面我们将要介绍的基于 Service Mesh 的流量回放方案就是一个选择，这也是目前最为前沿的流量回放方案之一。

3.1.3 基于 Service Mesh 进行流量回放

我们希望流量回放方案不依赖某具体语言，但录制和回放的粒度又能够细致到服务调用层面。在很长一段时间里，这是一个“鱼和熊掌不能兼得”的问题，Service Mesh 的出现为我们提供了新的武器。

简单地说，Service Mesh 就是微服务时代的 TCP/IP，它使各个模块（微服务）能够以语言无关的方式相互通信。如图 3-6 所示，Service Mesh 通过 Sidecar（边车）模式，与业务代码进程共享一个代理，这个代理除了负责服务发现和负载均衡，还负责动态路由、容错限流、监控度量和安全日志等功能，这些功能与业务逻辑无关，属于跨横切面关注点（Cross-Cutting Concerns）的范畴，而传统的 TCP/IP 层则继续负责网络传输中通用的流量控制逻辑。Service Mesh 在最上层还提供了统一的运维入口（集中式的控制面板），所有的单机代理组件都通过和控制面板的交互来进行网络拓扑策略的更新和单机数据的汇报。

Service Mesh 具有如下优点：

- 将应用服务的业务逻辑和流量控制逻辑彻底解耦，只需要关注业务逻辑即可；
- 做到了真正的语言无关，服务可以用任意语言编写，只需要与 Service Mesh 通信即可；
- 无侵入，对服务应用透明。

我们可以基于 Service Mesh 实施流量回放，由于所有应用程序（也包括中间件）交互的流量都会流经 Sidecar，因此具体的实现方案就是在 Sidecar 里面做文章（分别对流量录制和流量回放进行定制），如图 3-7 所示。

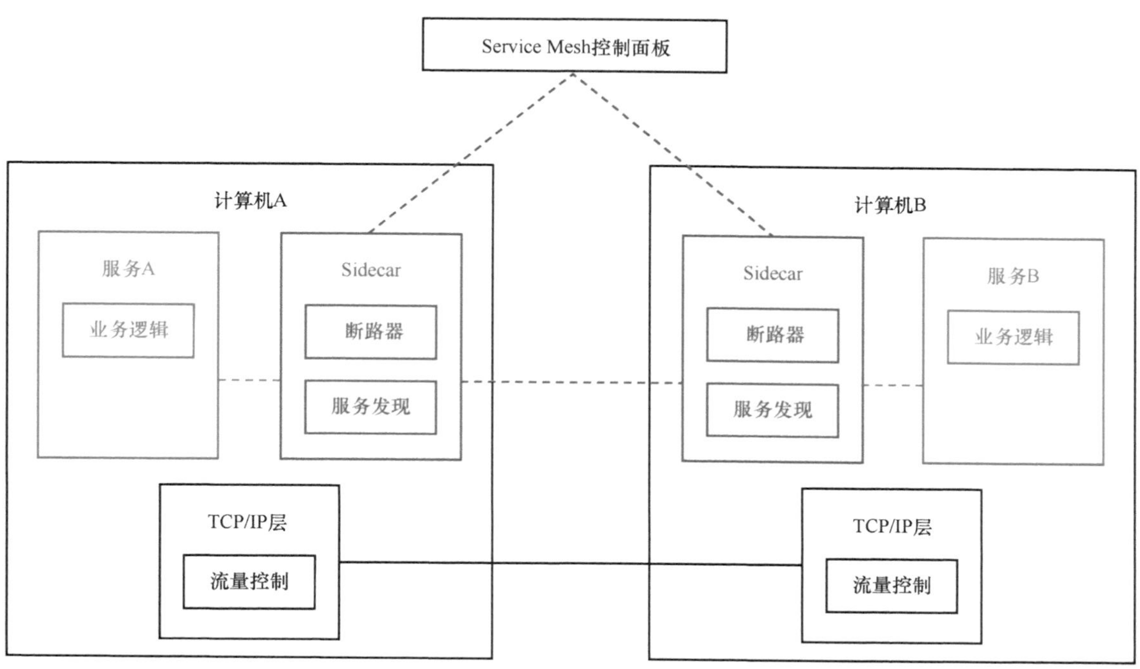

图 3-6 Service Mesh 的基本构成

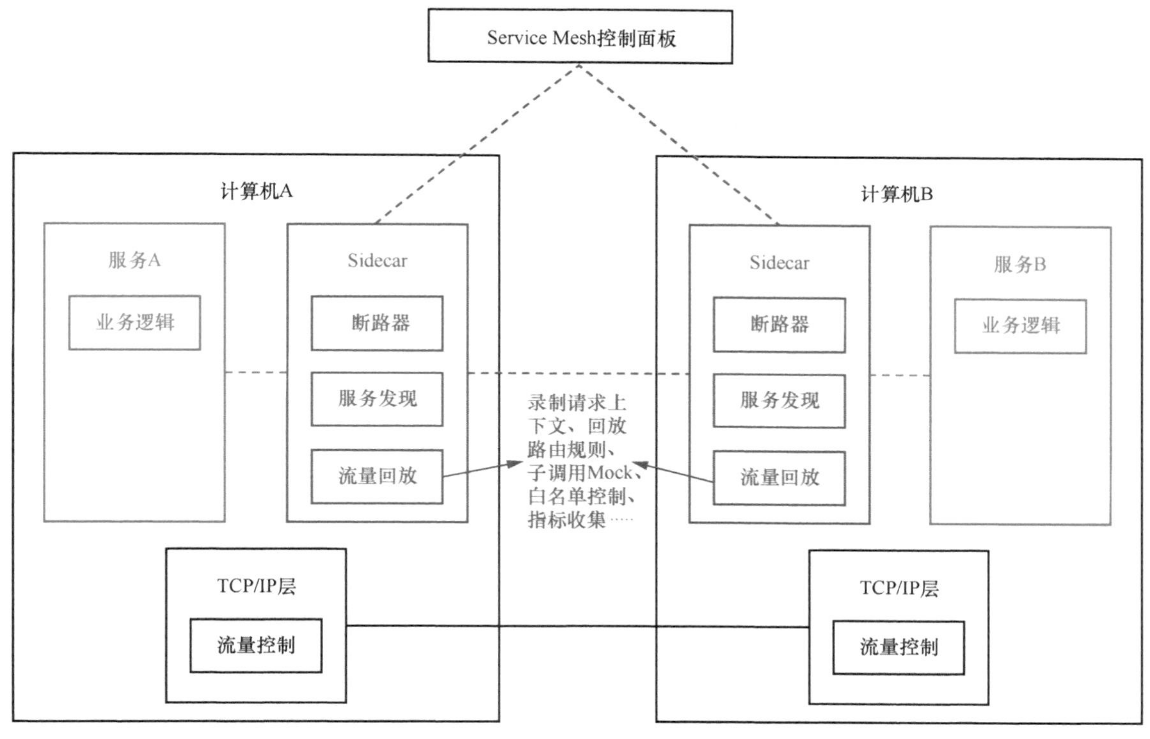

图 3-7 基于 Service Mesh 的流量回放方案

对于流量录制的定制，主要工作是将请求链路中经过的各个节点的入口参数和返回数据记录下来。但由于 Sidecar 分散在每个服务节点上，因此在录制时需要同时记录请求的唯一标记，以便串联上下文。

对于流量回放的定制，主要工作是根据流量类型（服务调用、中间件调用等）决定是将流量路由至目标服务，还是直接返回 Mock 结果。同时，子调用 Mock 的功能也可以在流量回放的定制中实现，并且可以附带加入一些白名单控制、指标收集等工作。

Service Mesh 的代表性框架有 Linkerd、Envoy、Istio 等，我们可以根据实际情况，选择合适的工具定制流量回放的功能。

最后，我们对本节讲解的 3 种流量回放方案进行一下对比，以帮助读者更好地理解它们的特点，如表 3-2 所示。

表 3-2　3 种流量回放方案的对比

流量回放方案	是否与语言无关	接入成本	定制成本	局限性
使用 GoReplay 和 Diffy 进行流量回放	是	低应用服务无感	低，基本不需要定制插件	一般仅支持读请求，且依赖数据
使用 jvm-sandbox-repeater 进行流量回放	否，只支持基于 JVM 的语言	较高	中，可能需要定制插件	仅支持基于 JVM 的语言
基于 Service Mesh 进行流量回放	是	低应用服务无感	高，需要基于开源工具进行二次开发	无成熟实现方案，需要投入成本进行定制

3.1.4 总结

流量回放作为一种历史悠久的软件技术，在互联网领域得到了广泛的应用。本节着重解读了流量回放在软件测试领域的实践，还通过对 GoReplay、Diffy、jvm-sandbox-repeater 以及 Service Mesh 的介绍，由浅入深地剖析了流量回放中的各种问题和解决方案。

3.2 精准测试

我们身处“VUCA”[易变性（Volatility）、不定性（Uncertainty）、复杂性（Complexity）与模糊性（Ambiguity）] 时代，软件产品的规模越来越大，复杂度越来越高。与此同时，软件开发和测试的周期却需要做到尽可能短，以支撑高频试错，为企业赢得商机。在不断膨胀的软件规模下，想要达到更快的反应速度，就需要精细化理念的支持，映射到软件测试的工作中，就是进行更精准的测试工作。

也许你在日常工作中遇到过这样的难处，公司软件系统的迭代速度快，当某个功能变更时，你并不清楚这一变更的影响范围有多大，于是在验证功能时为了保险起见，需要执行全量的回归测试。在系统规模不大的时候，每次都执行全量回归测试的代价不是显著的痛点，但随着规模逐渐增大，这种粗放式测试的弊端就会逐渐显现，可能一个很小的代码改动，都需要经过长时间的测试才能验证通过。

这就引发了我们的思考——有没有一种方法能够精确地找到每次功能变更所影响的范围呢？这样我们只需要执行这些范围内对应的测试用例，并以此提升测试用例的执行效率和可信度即可，这就是精准测试诞生的背景。

3.2.1 精准测试的技术实现

精准测试的实现方式比较多样，但思路是类似的，就是设法建立测试用例与被测系统代码之间的追溯机制。这种追溯机制可以是正向的——将测试用例和它运行时经过的代码轨迹匹配起来，也可以是逆向的——通过分析源代码的变更范围来推荐合适的测试用例。下面我们基于Java语言，介绍精准测试的实现细节。

1. 正向追溯机制

具体来说，当执行一个测试用例时，我们需要记录它所经过的服务源代码（类、方法）的轨迹，并收集入库，最终形成一个用例知识库。

针对Java代码，我们可以使用JaCoCo这一工具完成代码轨迹的抓取工作。JaCoCo以植入探针的形式检测代码轨迹，它支持两种挂载模式：on-the-fly模式和offline模式。前者通过-javaagent参数启动代理程序，代理程序会在ClassLoader装载一个类之前将探针插入.class文件，探针不改变原有方法的行为，只记录代码是否已经执行；后者则在执行测试之前先对文件进行插桩，生成插过桩的类或JAR包，在这些插过桩的类或JAR包上执行测试，生成覆盖率信息并保存到文件中，最后统一处理，生成报告。

在大多数情况下，我们推荐使用on-the-fly模式挂载JaCoCo，这样更加方便和简单，也不用提前插桩。此外，记录代码轨迹的工作只需要在测试环境中实施，而无须将JaCoCo挂载到生产环境中。在使用on-the-fly模式的情况下，我们只需要修改JVM的启动命令，即可支持这种差异化的挂载方式。

挂载完毕后，JaCoCo就会开始收集代码轨迹。JaCoCo支持以两种模式导出代码轨迹数据。

（1）文件模式：在JVM停止时（即服务结束时）将代码轨迹数据导出到本地文件中。

（2）TCP Server模式：开放一个TCP端口，在服务运行时随时获取代码轨迹数据。

我们推荐使用TCP Server模式导出代码轨迹数据，原因很简单，我们不可能在每个测试用例执行完毕后，都通过停止服务的方式来获得代码轨迹数据，这会影响他人的开发和测试工作。TCP Server模式提供了一种灵活的、不影响服务运行的代码轨迹数据导出方式，我们只需要在JVM命令中加入相关参数即可。下面这个示例在本地开放了6300端口来收集代码轨迹数据。

```
    java -javaagent:/tmp/jacoco/lib/jacocoagent.jar=includes=*,output=tcpserver,port=6300
,address=localhost,append=true -jar demo-0.0.1-SNAPSHOT.jar
```

我们可以通过这个端口随时获取代码轨迹信息，示例命令如下，它所生成的jacoco.exec文件就是记录代码轨迹的原始文件。

```
    java -jar jacococli.jar dump --address 127.0.0.1 --port 6300 --destfile ./jacoco.exec
--reset
```

在得到代码轨迹的原始文件后，我们可以利用JaCoCo中的jacococli.jar工具包所提供的report方法来开展相关的解析工作。以下是一个示例命令，将<.class文件地址>和<源代码地址>替换为真实的地址即可执行。

```
    java -jar jacococli.jar report ./jacoco-demo.exec --classfiles <.class文件地址>
--sourcefiles <源代码地址> --html report --xml report.xml
```

执行完毕后，当前目录下就会生成 XML 格式（也可以指定为 HTML 或 CSV 格式）的结果文件，我们可以从中获取变更的类和方法。

至此，我们通过 JaCoCo 实现了测试用例和代码轨迹的匹配，这些匹配关系需要持久化到数据库中，作为用例知识库备用。

2. 逆向追溯机制

在建立用例知识库的基础上，我们需要通过代码静态解析和代码变更分析两大技术，实现逆向追溯机制。

代码静态解析，顾名思义，就是不用执行代码就可以获得代码的结构信息。对于面向对象程序设计语言，代码静态解析常见的做法是通过抽象语法树（Abstract Syntax Tree，AST）对代码进行抽象，分析每个类都有哪些方法，以及这些方法所对应的行数。

具体来说，针对 Java 语言，我们可以使用 Eclipse JDT 提供的一组访问和操作 Java 源代码的 API，其中一个重要组成部分是 Eclipse AST，它提供了 AST、ASTParser、ASTNode、ASTVisitor 等类，通过这些类可以获取、创建、访问和修改抽象语法树。将解析出来的代码结构信息持久化到数据库中备用，作为代码结构库。

代码变更分析的过程很简单，基于源代码的变更信息分析出变更的类名和具体的变更行号就可以了。因此，代码变更分析在本质上就是对变更信息进行解析的过程，在此过程中不需要运行目标代码。

我们以 Git 代码仓库为例，如下方代码所示，Git 采用的是优化过的合并格式 diff（unified diff），前两行表示变更前后的文件信息和哈希值，第 3 行和第 4 行中的 --- 表示变更前的文件，+++ 表示变更后的文件。

第 5 行中的 @@ 表示代码变更的起始和结束位置，减号表示第一个文件（即 a/foo1），2 表示第 2 行，9 表示连续 9 行，合起来表示变更内容位于第一个文件从第 2 行开始的连续 9 行。同样，“+2,9”表示变更后，变更内容位于第二个文件（即 b/foo1）从第 2 行开始的连续 9 行。

从第 6 行开始一直到最后一行，则是变更的具体内容。每一行最前面的标志位，空表示无变更，减号表示第一个文件删除的行，加号表示第二个文件新增的行。

```
diff --git a/foo1 b/foo1
index 5c9a54c..36ac082 100632
--- a/foo1
+++ b/foo1
@@ -2,9 +2,9 @@
test
test
test
-test
+flag
test
test
test
test
test
```

掌握规律后，我们可以编写脚本，分析出变更的类名和具体的变更行号，将其作为输入传递至代码结构库，得到变更的具体方法，再将变更的具体方法输入用例知识库，就可以得到匹配的测试用例了，如图 3-8 所示。这样我们就完成了精准测试的逆向追溯。

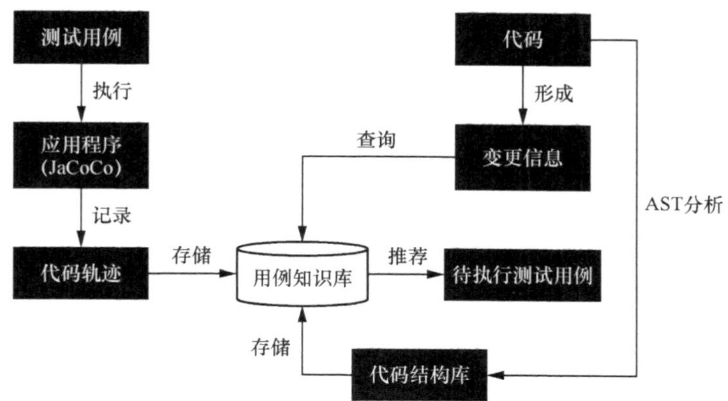

图 3-8　精准测试的正向追溯与逆向追溯

3.2.2 精准测试的前沿探索

随着软件测试工作精细化程度的不断提高，精准测试技术也在不断地发展和迭代。下面介绍精准测试的一些比较前沿的研究方向。

1. 并行代码轨迹采样

在 3.2.1 节，我们已经介绍了使用 JaCoCo 记录代码轨迹的方法，这也是目前业界普遍采用的做法。不过开源版本的 JaCoCo 存在一个明显的不足，即它是以服务为维度记录代码轨迹的，无法识别流量的来源，因此当有多个测试用例同时执行并需要记录代码轨迹时，或有多人同时调用同一个服务时，JaCoCo 无法分辨出测试用例（或某个测试行为）与代码轨迹的映射关系。

对于这个不足，传统的规避方法是单独隔离出一个测试环境，串行地执行测试用例，从而保证每次记录代码轨迹时没有受到干扰。显然，这种方式是非常低效的，尤其当用例规模较大时。

对此，目前业界的研究方向主要集中在对 JaCoCo 进行二次开发改造，改造的思路是在 JaCoCo 探针的基础上，通过字节码插桩技术，附上请求维度的唯一标识。这样我们就将 JaCoCo 基于服务维度的代码轨迹采样机制，转换为基于请求维度的代码轨迹采样机制，从而解决了 JaCoCo 不支持并行采样的问题。

当然，这种方式也有一定的副作用，它生成了更多字节码，会在一定程度上影响服务的性能。不过，代码轨迹采样在测试环境中即可完成，因此这一副作用通常是可以接受的。

2. 微服务架构代码轨迹采样

随着微服务架构日益盛行，服务的总量越来越大，可能一次请求调用会经过多个服务，如何在进行代码轨迹采样时，将多个服务的代码轨迹匹配起来呢？我们可以仿照并行代码轨迹采样的思路，在请求中附上唯一的链路标识，具有相同链路标识的请求就表示在同一条链路上，

将同一条链路上所有请求执行的代码都和测试用例关联起来，便形成微服务链路级别的用例知识库。

这一做法可行的前提是有一个链路追踪系统来帮助我们生成唯一的链路标识，并保证这一标识在链路中的各请求之间传递时能透传下去。幸运的是，链路追踪系统是微服务架构的必备基础组件，因此在绝大多数情况下，我们可以基于它增强 JaCoCo 的功能。

3. 实时代码轨迹染色

我们已经介绍了一些代码轨迹采样的方法，这些方法的共性是需要在某个时间点导出并解析结果，即采样和结果输出是异步的。在实践中，如果能做到实时地获取结果，并以一种形象的方式（代码轨迹染色）展示出来，将极大地方便调试、排障和代码走读等工作，利于精准测试的外延。

针对服务端的实时代码轨迹染色，最大的挑战在于数据隔离和结果的输出效率。数据隔离通过上面提到的植入唯一的链路标识的方式可以解决，但结果的输出效率挑战仍然存在。

最有效的解决方案是将 JaCoCo 的结果输出改造为流式传输的方式，与外部服务器通过长连接的方式传输数据，这样的实时性是最高的。如果觉得这种改造方式的难度太大，也可以通过不断地向 JaCoCo 的 TCP Server 发出请求，获取准实时的数据，这种方式相对简单。

在实现了代码轨迹的（准）实时采样后，我们可以将其以代码轨迹染色的形式呈现在前端界面上，方便使用者查看，甚至可以将其与 IDE 集成。基于 Go 语言的 VS Code（全称为 Visual Studio Code）实时染色插件 Goc Coverage 就是一个非常优秀的案例，感兴趣的读者不妨参阅学习。

3.2.3 总结

精准测试是软件测试技术发展到一定程度的产物，也是随着精细化管理而衍生出来的一种测试思想，通过在代码轨迹和测试用例之间建立关联，可以实现用例的精准推荐和代码轨迹的展示等。本节还介绍了精准测试的一些前沿探索，期望能为读者带来更多启发。

3.3 模糊测试

3.3.1 模糊测试介绍

模糊测试是渗透测试中最为常用的一种测试方法，在业界被公认为强制发掘安全漏洞的利器。它是一种构造大量非法或随机的输入来让软件系统暴露问题的艺术和科学，也是通过向应用提供非预期的输入并监控输出中的异常来发现软件故障的方法。所以它并不是很多人眼中那种简单的随机测试，而是有规律可循，并且可以建立模型的专项测试。

模糊测试能发现多种不同类型的安全漏洞，其中包括 SQL 注入、目录遍历 / 弱访问控制、弱认证、弱回话管理、缓冲区溢出、XSS（Cross Site Scripting，跨站脚本）攻击、远程代码注入、远程命令执行、DoS（Denial of Service，拒绝服务）攻击等各种常见的安全漏洞。比如针对 SQL 注入，我们可运用模糊测试构建大量常规或变异的注入字符串，使用它们对被测系统进行攻击，并通过脚本过滤特定的返回值，从而判断被测系统是否存在 SQL 注入漏洞。上述方法同样适用于命令注入和代码注入。

对于目录遍历 / 弱访问控制、弱认证、弱回话管理、缓冲区溢出等安全漏洞，模糊测试也是针对特定的安全漏洞来构建大量攻击字符串，比如用各种已知文件名或目录名访问服务器，用各种密码字典尝试登录，用各种不同的 session id（会话 id）重用会话等，从而达到发现安全漏洞的目的。

其中模糊测试的方法可以分为 5 类：

- 预生成测试用例；
- 随机生成输入；
- 手工协议变异测试；
- 自动协议生成测试；
- 基于 AI 的变异测试。

预生成测试用例是指通过分析规则，弄清楚规则支持的数据结构和可接受的值的范围，然后根据规则生成用于测试边界条件或者违反规则的测试用例。

随机生成输入是一种成本较低的方法，即随机生成各种不同的输入数据来进行测试，但这种方法效率最低。

手工协议变异测试是指人工通过动态的方法，一边分析软件系统，一边进行各种变异测试，比如输入不正确的数据，或者诱发一些不正常的行为来使软件出错。这种方法往往最有效，特别适用于基于服务器的软件系统。

自动协议生成测试主要是指通过编写代码或者使用特定的工具，基于规则自动生成测试用例并自动执行测试。

基于 AI 的变异测试则是指通过 AI 学习软件的各种行为或 I/O，自动学习规则并自动生成测试用例。

模糊测试工具分为如下 3 类。

- 本地模糊测试工具：通过本地工具对本地的软件系统进行模糊测试，比如命令行模糊测试器、环境变量模糊测试器、文件格式模糊测试器等。
- 远程模糊测试工具：通过网络工具来测试网络上打开端口监听的应用，比如网络协议模糊测试器、Web 应用模糊测试器、Web 浏览器模糊测试器等。
- 内存模糊测试工具：通过对进程执行一次快照操作，在生成快照后快速向进程输入变异数据，来发现进程存在的问题，主要适用于无法通过前两种模糊测试工具来进行测试的软件系统。

3.3.2 模糊测试实施步骤

模糊测试实施步骤如下。

第一步，在做模糊测试前需要确定“攻击面”和“攻击向量”，并针对“攻击面”和“攻击向量”进行优先级分类。优先级可以根据 OWASP Top 10 等社区制定的危险等级来确定，也可以根据项目威胁建模的风险等级来确定。在确定优先级以后，在资源允许的情况下至少要把高优先级的“攻击面”和“攻击向量”都测试一遍。如果有多余的资源，还可以对中等优先级的“攻击面”和“攻击向量”进行测试。

“攻击面”（attack surface）是指可以执行并进行攻击的代码，比如邮件服务器的协议解析器和客户端程序的处理代码。而“攻击向量”（attack vector）是指执行攻击的方法，比如发送一封电子邮件、发送一个 HTTP POST 请求等。

第二步，生成有效的测试数据。由于模糊测试中最为关键的部分就是数据生成，因此测试数据的好坏直接关系到模糊测试的有效性。数据生成可以分为以下 3 类。

- 生成变异数据。变异数据就是对被测系统的正常测试数据进行特定的改变。这种特定的改变一般不会改变测试数据的结构，而是改变测试数据的类型、值、长度等。可以手动生成变异数据，也可以自动化生成变异数据。
- 模型生成数据。模型生成数据是指通过分析系统的数据模型，构建一套基于系统数据模型的测试数据生成系统或工具，然后自动生成测试数据来做自动化模糊测试。
- 随机生成数据。当需要快速进行模糊测试，或者数据模型很难构建时，就可以直接通过随机的方法来生成测试数据。不过这种方法可能构建出不符合数据结构或数据模型的测试数据，导致测试数据的有效性很差，直接影响模糊测试的有效性和测试效率。不过，使用这种方法有可能找到一些难以发现的漏洞。

第三步，对测试结果和日志进行分析，从中找到可能存在漏洞的用例数据；然后深入研究，并确认这个用例攻击的有效性。对于有效攻击用例，需要根据其危险程度生成不同级别的安全漏洞卡，然后交给开发人员进行修复。

在模糊测试的整个流程中，自动化的目的主要是加速测试用例的执行以及日志过滤等工作，减少大量重复的手动工作。除了自动化，测试人员仍然需要做大量的攻击面风险分析和选取、攻击向量制定、测试数据模型构建以及日志分析等工作。其中对于一些常规的攻击面和攻击向量，存在一些通用的数据模型或数据，它们可以在大量的安全社区中找到。但是对于系统特有的攻击面和攻击向量，则需要测试人员通过深入了解业务需求、业务和技术架构以及数据流图等之后自行定制。

3.3.3 模糊测试实例

实例 1：寻找服务器系统中的 SQL 注入漏洞

假设你是一个服务器系统的管理员，你忘记了管理员密码。你想要尝试通过发现一个 SQL 注入漏洞来重置或者找到管理员密码。

首先我们通过 Chrome 打开 Web 系统的登录界面，然后通过 Chrome 开发者工具获得登录的 POST 请求数据包；分析 POST 请求数据包并确定数据包结构，通过 WebFuzz 构造模糊数据并发送登录数据，比如“UserName=[SQL]&sPassword&btnLogin=Log+In”。通常应该提示非法用户，并返回一些模糊请求，比如“There was an error while attempting to log in: Error=80040E14 ErrorMessage=IDispatch error #3091 Description=[Microsoft][ODBC SQL Server Driver][SQL Server][Unclosed quotation mark before the character string]”。看起来这些模糊数据被成功提交到了数据库，所以应该存在 SQL 注入漏洞。

实例 2：模糊测试 Android 手机上的 Chrome

Chrome 是 Android 系统中的默认浏览器，所以如果它存在安全问题，那么大量的 Android 手机也就存在安全问题。Chrome 一直在发展和演化，被不停地加入新功能，而新功能存在漏洞的可能性往往比旧功能更大。所以我们在这个实例中选取了 HTML5 的类型数组，比如 Uint8Array、Float64Array，作为攻击面；然后随机生成测试数据，比如“x=new Float64Array({length: 0x24924925})”；搭建 HTTP 服务器，以提供包含这些测试数据或数据生成代码以及 JavaScript 代码的页面，并通过模糊测试工具 BrowserFuzz 运行 Chrome 来访问包含测试数据的页面。最后使用 adb 调用 logcat，获取系统日志以监控崩溃日志，通过分析崩溃日志，就有可能发现 Chrome 的缓冲区溢出等安全漏洞。

3.3.4 展望

模糊测试通过特定的测试方法和测试工具，可以发现程序代码中隐藏的、很难通过常规测试方法发现的问题和漏洞，这在现实中的意义是非常大的。现在大量的模糊测试主要是在软件开发的测试阶段实施的，甚至不少模糊测试是在软件系统发布上线以后，由专门的安全测试工程师在产品环境下实施的。这其实极大延长了问题和漏洞被发现的时间，不仅拉长了软件研发的周期，也增大了软件由于这些问题和漏洞而产生损失的概率。

我们应该依据测试左移的概念，将模糊测试左移到软件开发的前期，使模糊测试的各种不同类型的工作得以嵌入软件开发的全生命周期。比如：在分析阶段，我们通过分析软件系统是不是有可能存在大量的攻击面，来确定是不是需要实施模糊测试；在设计阶段，通过分析软件架构等各种技术和业务细节，确定攻击面、攻击向量、数据类型等，并设计好模糊测试方案；在编码阶段，可以对某些重点的、复杂的模块，基于单元级别进行全自动的模糊测试，例如进行内存模糊测试；在测试阶段，基于已经设计好的模糊测试方案，实施大规模的模糊测试；在维护阶段，持续关注软件系统可能存在的新漏洞，例如第三方组件出现的新漏洞，并尝试新的模糊测试方法和工具。如果有多余的资源，还可以在特定的环境中针对发布的软件版本实施持续的模糊测试。

大量的商用模糊测试工具的问世，说明业界对模糊测试的需求很大，并且随着商用模糊测试工具的发展，也一定会倒逼开源模糊测试工具进一步发展。未来可以将模糊测试与其他技术和方法组合起来使用，比如将源代码分析技术和模糊测试组合起来使用，从而更为高效和精确地实施模糊测试，节约模糊测试的时间成本。模糊测试工具未来需要进一步集成到各大测试平台中，从而提供统一的模糊测试基础设施，节约测试成本。总之，模糊测试未来可期。

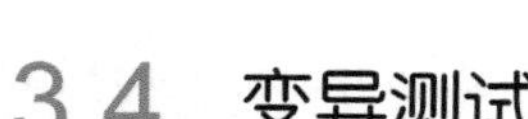

3.4 变异测试

3.4.1 单元测试代码覆盖率的局限性

很多时候，我们会用单元测试执行后的代码覆盖率来衡量测试的充分性和完整性。问题是有很多测试用例，它们同时有很高的白盒覆盖率，是否代码覆盖率真的就万无一失了呢？

显然不是。如图 3-9 所示，测试执行后的代码覆盖率已经 100% 了，但是代码中的问题并没有暴露出来，这样的测试用例缺乏对于缺陷的发现能力，容易导致测试用例不少，测试覆盖率很高，但是缺陷依旧不能被发现的窘境。

```
def only_correct_data (a, b, c):
    return (a/(b-c))
```

```
def test_only_correct_data(self):
#only tests with data that leads to correct results
self.assertEqual(only_correct_data(1,2,3),–1)
self.assertEqual(only_correct_data(2,3,1)1)
self.assertEqual( only_correct_data(0,2,3),0)
```

图 3-9　测试的代码覆盖率不等于测试的有效性的例子

这个例子暴露出来的问题就是测试的代码覆盖率不等于测试的有效性，那么测试的有效性又应该如何来衡量呢？这就是变异测试（mutation testing）需要解决的问题及其存在的价值。

3.4.2 变异测试的基本概念

首先解释一下变异测试的基本概念。变异测试是一种基于错误注入的测试方式，具体来讲，就是人为地在代码中注入错误，然后观察现有的测试用例是否能够发现这些错误。如果能够发现，则说明测试用例是有效的；如果不能发现，则说明测试用例需要进一步完善和补充。

这不就是混沌工程的理念吗？没错，变异测试在本质上就是代码级的混沌工程。

3.4.3 变异测试是新技术吗

变异测试并不是什么新技术，变异测试的概念早在 1971 年就已经由 Richard Lipton 提出，1980 年出现了第一个变异测试的工具，它的提出要比混沌工程早得多。

在学术界，变异测试的研究已经持续了很长时间，研究的焦点主要集中在变异算子以及等价变异体的分析上。

但是工业界对变异测试的关注度一直很低，甚至很多测试人员压根不知道什么是变异测试，这背后的原因主要是变异测试只有在单元测试已经做得比较完备的基础上才能体现出价值，加之单元测试流程不够规范，这也就制约了变异测试在工业界的实践。

3.4.4 实施变异测试的步骤

简化后的变异测试实施步骤如图 3-10 所示。

变异算子S
测试用例代码T
被测源代码P
变异体生成
变异体源代码P'
在变异体上执行测试用例
补充和修正测试用例
开始
是否有变异体存活?
是
否
结束

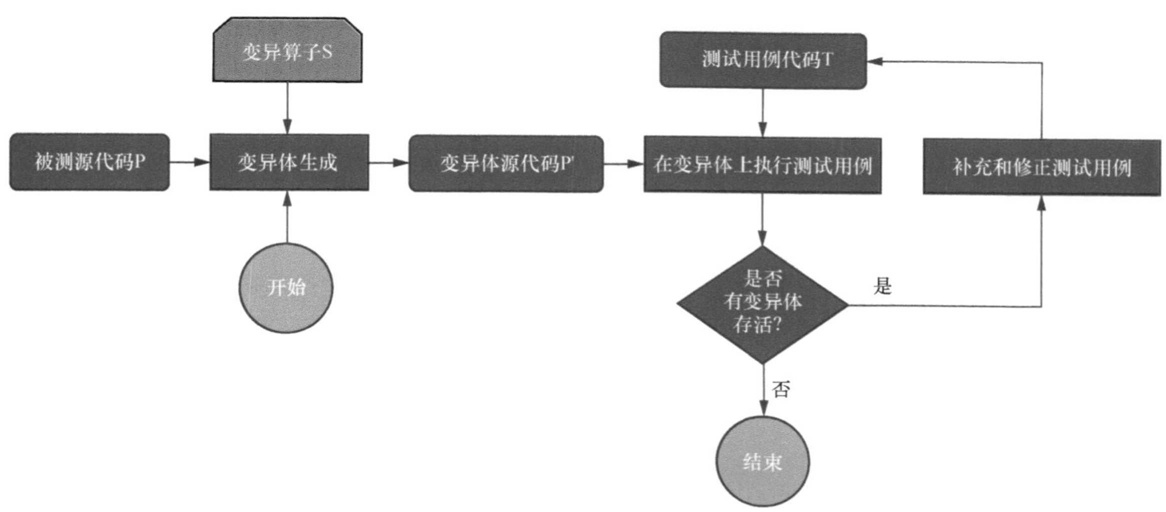

图 3-10 简化后的变异测试实施步骤

首先，我们有被测源代码 P 以及对应的测试用例代码 T，随后在被测源代码 P 上，用变异算子 S 生成变异体源代码 P'，这个过程称为变异体生成。简单来说，其实就是对被测源代码进行“合乎语法的微小改动”，这种微小改动就是所谓的变异算子，比如将原本的加法运算改成乘法运算，或者将原本的逻辑与运算改成逻辑或运算。之后分别使用相同的测试用例代码 T 对被测源代码 P 和变异体源代码 P' 进行测试，最后比较测试结果。

- 如果两次测试结果都是通过，则说明变异注入的错误并不能被测试用例代码 T 感知，这种情况下变异体能够存活，也就说明测试用例代码 T 的有效性在此类变异上存在问题，需要对测试用例进行补充和修正。
- 如果两次测试结果不同，比如在被测源代码 P 上执行测试通过，而在变异体源代码 P' 上执行测试不通过，则说明变异注入的错误能够被测试用例代码 T 感知，测试用例代码 T 能够清除此次变异，其有效性在此类变异上没有问题。

如果这么解释还是觉得比较抽象的话，我们不妨使用变异测试工具 MutPy（基于 Python）举个例子。被测源代码是一个简单的乘法函数（如图 3-11 所示）。测试用例代码对该乘法函数的正确性进行了验证（如图 3-12 所示）。测试用例代码执行后的代码覆盖率是 100%。

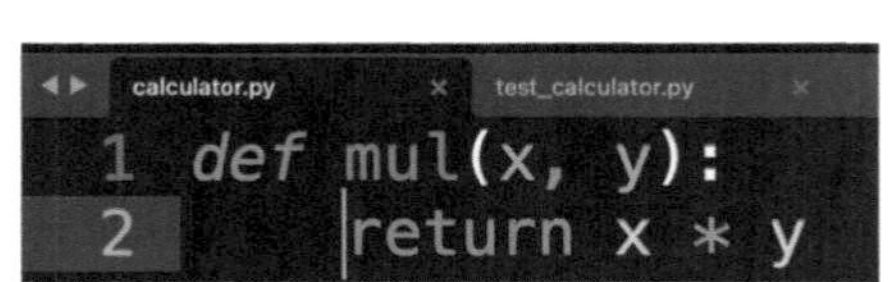

calculator.py
test_calculator.py
def mul(x, y):
return x * y

图 3-11 被测源代码

from unittest import TestCase
from calculator import mul
class CalculatorTest(TestCase):
def test_mul(self):
self.assertEqual(mul(2, 2), 4)

图 3-12 测试用例代码

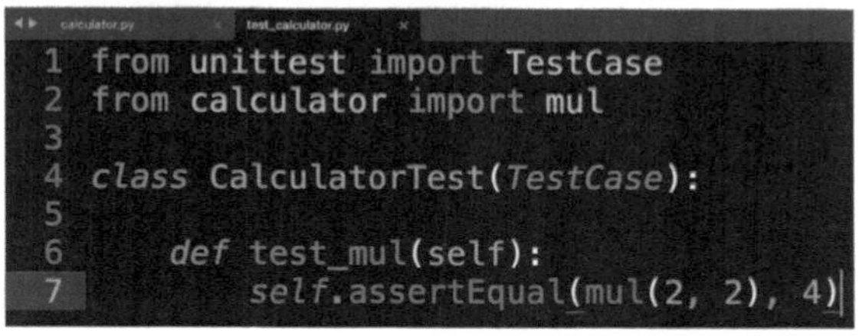

接下来使用 MutPy 发起变异测试，具体做法是在 calculator.py 和 test_calculator.py 所在的目录下执行以下命令。

```
$ mut.py --target calculator --unit-test test_calculator -m
```

变异测试执行后的结果如图 3-13 所示，一共用到了 4 个变异算子——分别把乘法（*）换成了除法（/）、取余（//）、幂（**）和“直接返回”。可以看到，其中的幂（**）变异存活了下来，而其他 3 个变异都被清除，最后的变异得分是 75%。这就说明这个测试用例是无法发现幂变异的，所以需要对测试用例进行修正，这里最简单的方式就是把测试用例中的 2*2=4 换成 2*3=6，这样再执行一遍变异测试就能清除所有的变异。

有了主观感受之后，我们再来看一下变异算子 S 的定义。变异算子是在符合语法规则的前提下，根据原有代码产生极小差别代码（变异体）的转换规则。这些变异算子有一整套的定义。图 3-14 列出了常用变异算子的定义和缩写，上面的例子就用到了算术运算符替换（AOR）和语句删除（SDL）。

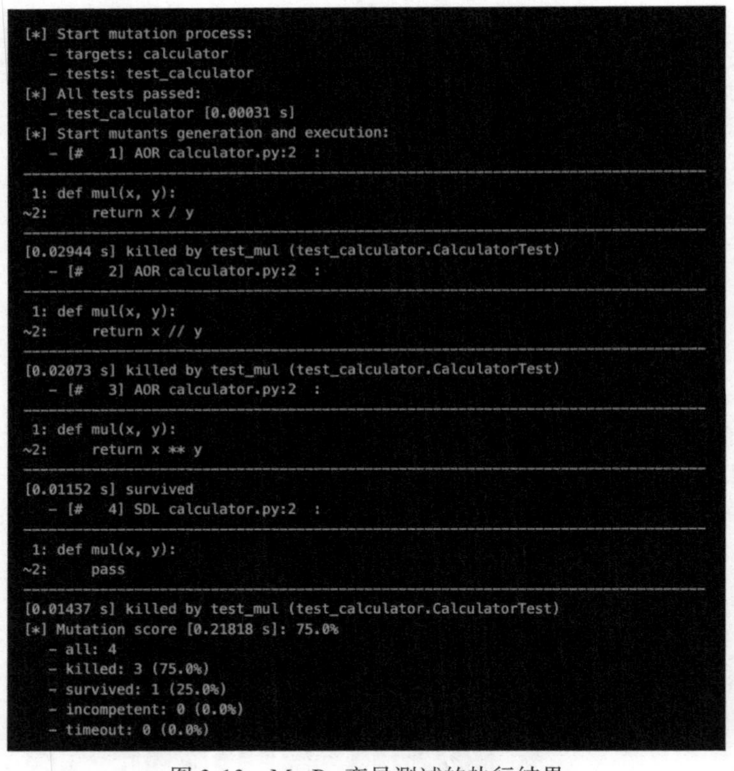

图 3-13　MutPy 变异测试的执行结果

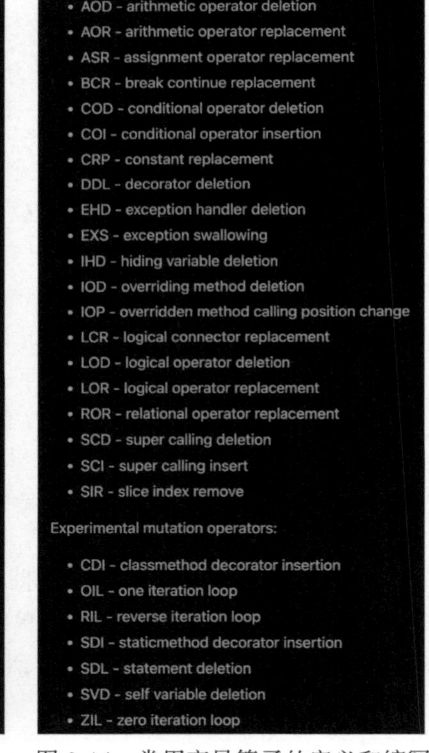

图 3-14　常用变异算子的定义和缩写

3.4.5　主流变异测试工具用法简介

了解了变异测试的基本概念后，下面向大家介绍一些目前比较主流的变异测试工具。变异测试工具其实不少，但其中很多是学术界的产物，很难在工业界实际落地与应用。这里挑选 3 款在工业界有实际应用价值的变异测试工具给大家做简单的介绍。

1. Pitest

Pitest 是目前针对 Java 的主流变异测试工具，功能比较强大，属于可以应用于真实世界的变异测试工具。

Pitest 不仅使用简单，执行性能优越，而且给出了变异覆盖率指标。Pitest 甚至可以和代码覆盖率同时使用。在图 3-15 所示的 Pitest 的覆盖率报告中，浅绿色的代码行表示已经被测试用例覆盖（比如第 125 行和第 126 行），深绿色的代码行表示已经被变异测试覆盖（比如第 123 行，第 123 行最左边的 3 代表这一行已经覆盖了 3 种变异），浅粉红色的代码行表示没有被测试用例覆盖（比如第 130 行），深粉红色的代码行表示没有被变异测试覆盖（比如第 127 行和第 128 行，这两行最左边的 1 代表这一行需要覆盖 1 种变异）。

122 // Verify for a ".." component at next iter
123 3 if ((newcomponents.get(i)).length() > 0
124 {
125 newcomponents.remove(i);
126 newcomponents.remove(i);
127 1 i = i - 2;
128 1 if (i < -1)
129 {
130 i = -1;
131 }
132 }
133 }

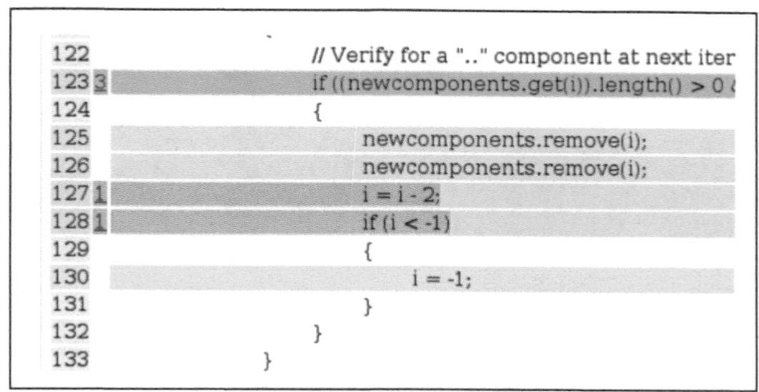

图 3-15　Pitest 的覆盖率报告（包含代码覆盖率和变异覆盖率）

由于 Pitest 比较实用，这里给大家举一个完整的实操案例，以帮助大家更好地掌握 Pitest。图 3-16 所示是被测代码，图 3-17 所示是一开始的测试用例代码。

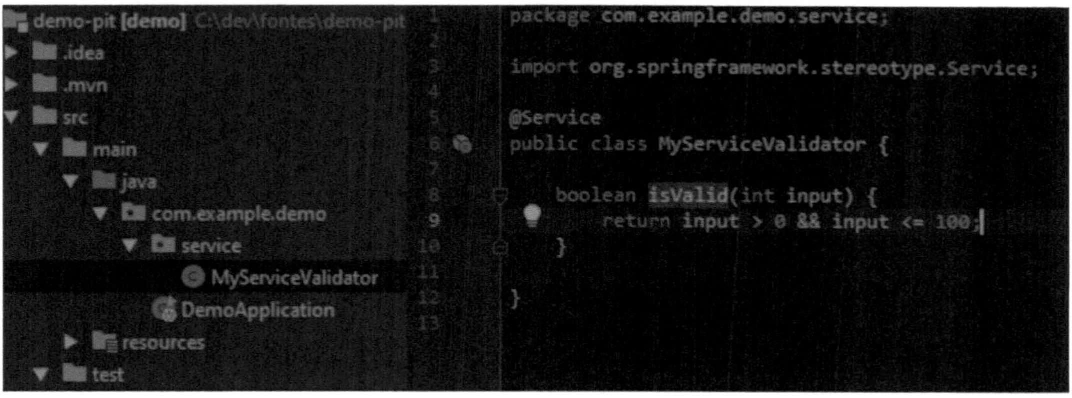

demo-pit [demo] C:\dev\fontes\demo-pit
.idea
.mvn
src
main
java
com.example.demo
service
MyServiceValidator
DemoApplication
resources
test
package com.example.demo.service;
import org.springframework.stereotype.Service;
@Service
public class MyServiceValidator {
boolean isValid(int input) {
return input > 0 && input <= 100;
}
}

图 3-16　被测代码

可以发现，图 3-17 中的单元测试有很明显的问题，作为测试居然没有任何断言（assert），同时最后一个单元测试的语义也是错的，这样的测试用例的有效性是完全不符合要求的。但是，这种明显不符合要求的单元测试覆盖率可以达到 100%，如图 3-18 所示，这再次印证了测试的代码覆盖率不等于测试的有效性。

```
▸ .idea
▸ .mvn
▾ src
  ▾ main
    ▾ java
      ▾ com.example.demo
        ▾ service
            MyServiceValidator
          DemoApplication
    ▸ resources
  ▾ test
    ▾ java
      ▾ com.example.demo
        ▾ service
            MyServiceValidatorTes
          DemoApplicationTests
▸ target
  .gitignore
  demo.iml
  HELP.md
  mvnw
  mvnw.cmd
  pom.xml
External Libraries
```

```java
import org.junit.Before;
import org.junit.Test;
import org.mockito.InjectMocks;
import org.mockito.MockitoAnnotations;

public class MyServiceValidatorTest {

    @InjectMocks
    private MyServiceValidator myServiceValidator;

    @Before
    public void init() {
        MockitoAnnotations.initMocks( testClass: this);
    }

    @Test
    public  void fiftyReturnsTrue() {
        myServiceValidator.isValid( input: 50);
    }

    @Test
    public void twoHundredReturnsFalse() {
        myServiceValidator.isValid( input: 200);
    }

    @Test
    public void minus10ReturnsTrue() {
        myServiceValidator.isValid( input: -10);
    }
```

图 3-17　测试用例代码

← → C ⌂ ⓘ Arquivo | C:/dev/fontes/demo-pit/target/site/jacoco/com.example.demo.service/index.html

demo > com.example.demo.service

com.example.demo.service

Element	Missed Instructions	Cov.	Missed Branches	Cov.	Missed	Cxty	Missed	Lines	Missed	Methods	Missed	Classes
MyServiceValidator		100%		100%	0	4	0	2	0	2	0	1
Total	0 of 12	100%	0 of 4	100%	0	4	0	2	0	2	0	1

图 3-18　单元测试覆盖率为 100%

此时，如果用 Pitest 执行变异测试，得到的 Pitest 覆盖率报告就能反映出问题了，如图 3-19 所示。

Package Summary

com.example.demo.service

Number of Classes	Line Coverage		Mutation Coverage	
1	100%	2/2	0%	0/5

Breakdown by Class

Name	Line Coverage		Mutation Coverage	
MyServiceValidator.java	100%	2/2	0%	0/5

图 3-19　Pitest 覆盖率报告

从中可以看出，虽然代码覆盖率是100%，变异覆盖率却是0%。为此，我们需要对测试用例中的代码进行改进，改进后的测试用例代码如图3-20所示，其中不仅增加了测试用例的断言，还同时修正了最后一个测试用例的语义错误。

```
demo-pit [demo] C:\dev\fontes\demo-pit
  .idea
  .mvn
  src
    main
      java
        com.example.demo
          service
            MyServiceValidator
          DemoApplication
      resources
    test
      java
        com.example.demo
          service
            MyServiceValidatorTes
          DemoApplicationTests
  target
  .gitignore
  demo.iml
  HELP.md
  mvnw
  mvnw.cmd
  pom.xml
External Libraries
Scratches and Consoles
```

```java
package com.example.demo.service;

import org.junit.Before;
import org.junit.Test;
import org.mockito.InjectMocks;
import org.mockito.MockitoAnnotations;

import static org.assertj.core.api.Java6Assertions.assertThat;

public class MyServiceValidatorTest {

    @InjectMocks
    private MyServiceValidator myServiceValidator;

    @Before
    public void init() {
        MockitoAnnotations.initMocks( testClass: this);
    }

    @Test
    public  void fiftyReturnsTrue() {
        assertThat(myServiceValidator.isValid( input: 50)).isTrue();
    }

    @Test
    public void twoHundredReturnsFalse() {
        assertThat(myServiceValidator.isValid( input: 200)).isFalse();
    }

    @Test
    public void minus10ReturnsTrue() {
        assertThat(myServiceValidator.isValid( input: -10)).isFalse();
    }
```

图3-20 改进后的测试用例代码

再次用Pitest执行变异测试，得到的Pitest覆盖率报告如图3-21所示。此时变异覆盖率达到60%，结合具体的Pitest覆盖率详情（如图3-22所示），我们发现在第9行代码的5种变异中，有两个边界值条件存活了，这说明当前的测试用例并没有考虑边界值场景。

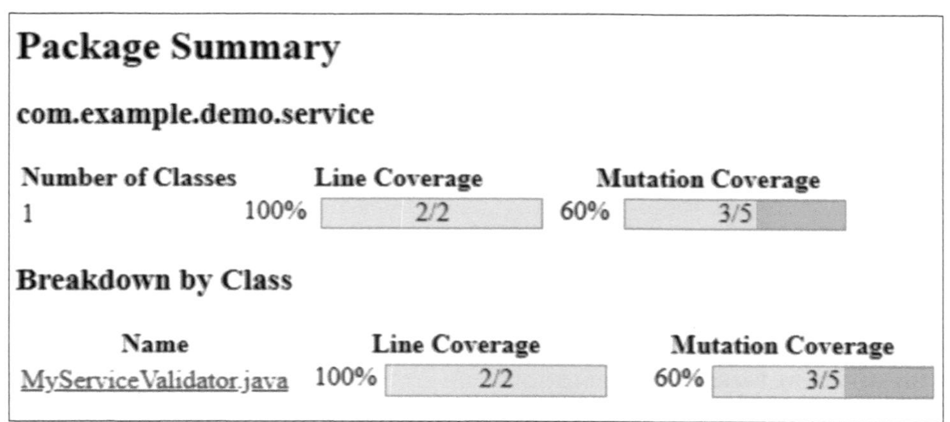

图3-21 改进测试用例后的Pitest覆盖率报告

为此，再次改进测试用例，把0和100这两个边界值场景纳入测试范围，增补两个测试用例，如图 3-23 所示。再次用 Pitest 执行变异测试，最终的 Pitest 覆盖率报告如图 3-24 所示，此时变异覆盖率达到 100%。至此，测试用例的有效性问题被彻底修复。

MyServiceValidator.java

```
package com.example.demo.service;

import org.springframework.stereotype.Service;

@Service
public class MyServiceValidator {

    boolean isValid(int input) {
5       return input > 0 && input <= 100;
    }

}
```

Mutations

```
9   1. changed conditional boundary → SURVIVED
    2. changed conditional boundary → SURVIVED
    3. negated conditional → KILLED
    4. negated conditional → KILLED
    5. replaced return of integer sized value with (x == 0 ? 1 : 0) → KILLED
```

图 3-22　Pitest 覆盖率详情

```
@Test
public void hundredReturnsTrue(){
    assertThat(myServiceValidator.isValid(100)).isTrue();
}

@Test
public void zeroReturnsFalse(){
    assertThat(myServiceValidator.isValid(0)).isFalse();
}
```

图 3-23　增补两个测试用例

Project Summary

Number of Classes	Line Coverage	Mutation Coverage
1	100% 2/2	100% 5/5

Breakdown by Package

Name	Number of Classes	Line Coverage	Mutation Coverage
com.example.demo.service	1	100% 2/2	100% 5/5

图 3-24　最终的 Pitest 覆盖率报告

2. Stryker Mutator

Stryker Mutator（如图 3-25 所示）是针对 JavaScript、C# 和 Scala 的变异测试工具，使用方式和原理与 Pitest 大同小异，具体可以参见 Stryker Mutator 官网，这里就不展开介绍了。

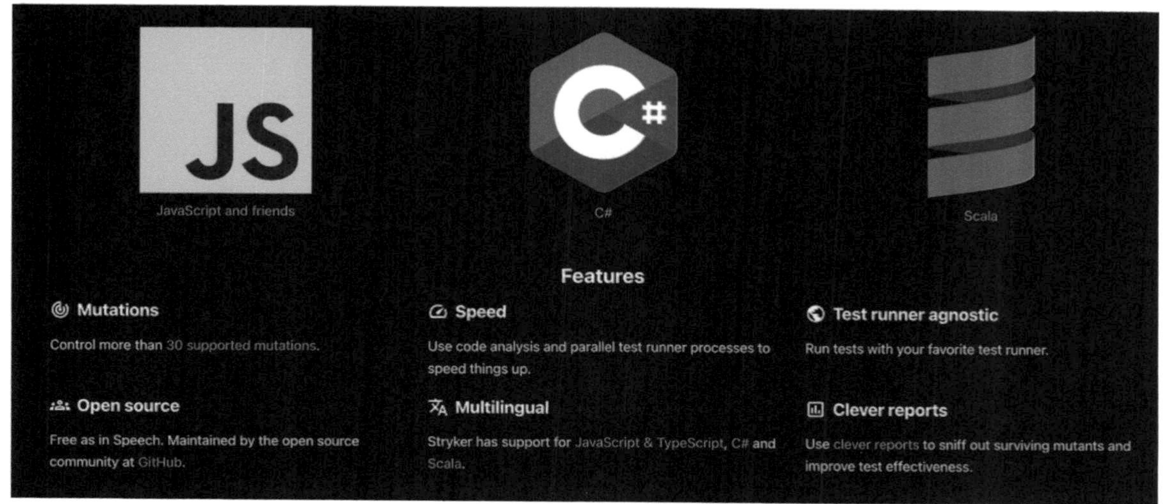

图 3-25　Stryker Mutator

3. MuDroid

MuDroid 对 Android 应用程序的变异测试提供全程支持，包括变异体自动生成、变异测试自动执行、变异结果分析和测试结果报告生成等。这个工具最大的特点是提供变异测试服务化的功能，并且提供非常易用的报告界面（如图 3-26 所示）。

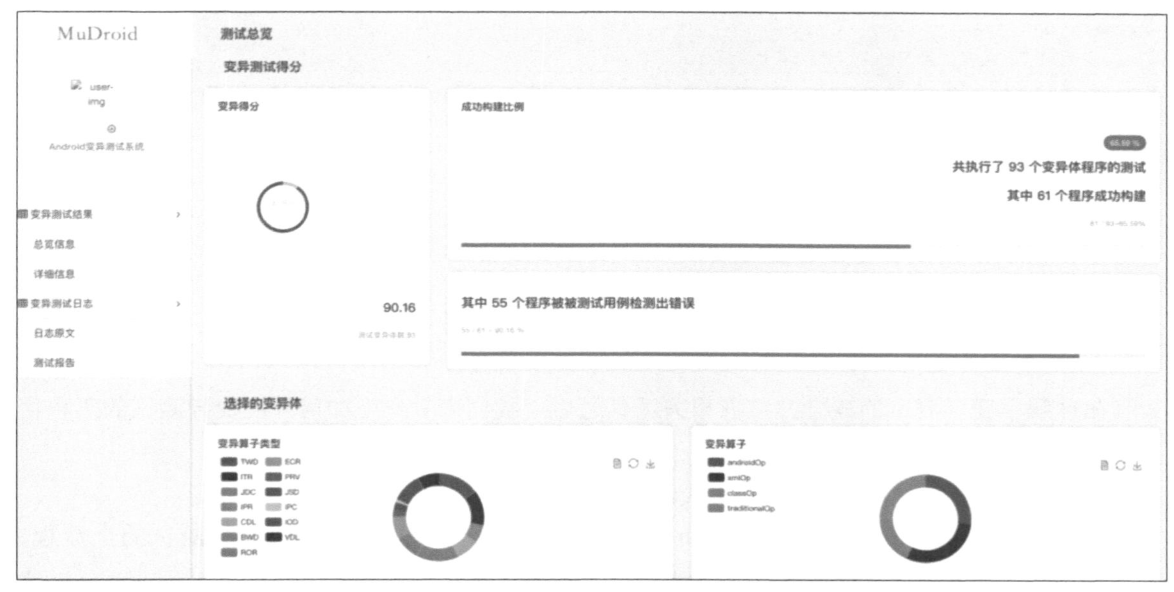

(a)

图 3-26　MuDroid 变异测试报告

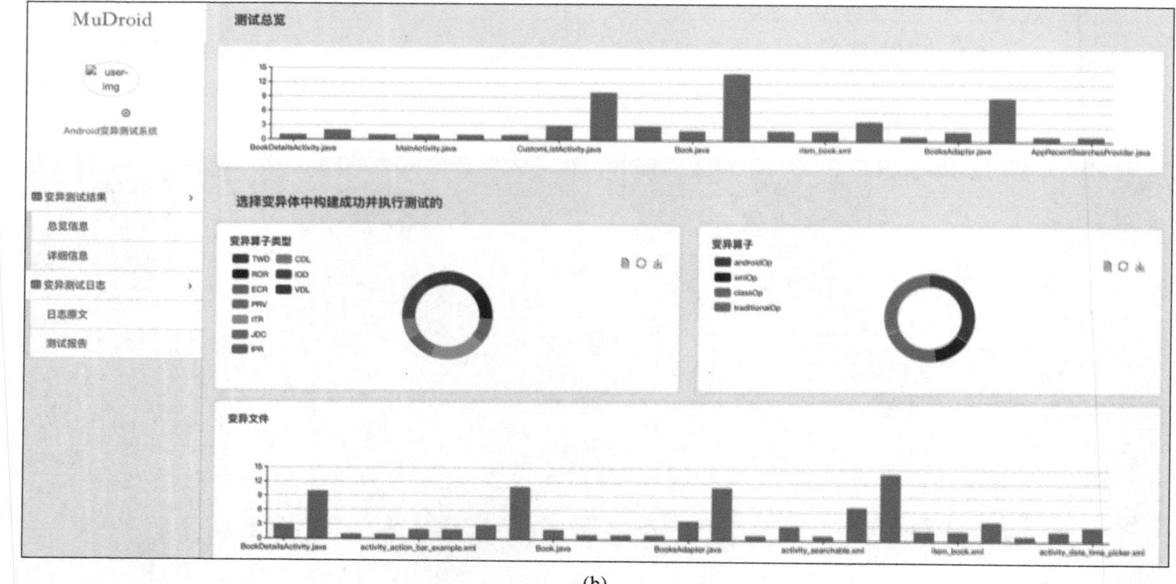

(b)

MuDroid

Android变异测试系统

变异测试结果
总览信息
详细信息
变异测试日志
日志原文
测试报告

测试报告

ID	文件名	变异算子类型	变异算子	时间	是否执行成功
1	RecyclerBooksAdapter.java	androidOp	IPR	31.04	
2	RecyclerBooksAdapter.java	androidOp	IPR	28.967	
3	CustomListActivity.java	androidOp	IPR	31.172	
4	CustomListActivity.java	androidOp	IPR	29.224	
5	DateTimePickerActivity.java	androidOp	ECR	30.416	
6	DateTimePickerActivity.java	androidOp	ECR	27.494	
7	DialogExampleActivity.java	androidOp	ECR	1.433	
8	DialogExampleActivity.java	androidOp	ECR	1.468	
9	DialogExampleActivity.java	androidOp	ECR	31.016	
10	DialogExampleActivity.java	androidOp	ECR	29.528	
11	DialogExampleActivity.java	androidOp	ECR	1.412	
12	DialogExampleActivity.java	androidOp	ECR	1.485	

(c)

图 3-26　MuDroid 变异测试报告（续）

3.4.6　变异测试的工程化实践

在理解了变异测试的概念并掌握相关工具之后，我们来看一下如何开展变异测试的工程化实践（如图 3-27 所示）。建议读者先看一下图 3-27 中的主要流程，再往下阅读。

图 3-27 中展示了以下 6 个关键实践。

- 通过 CI（Continuous Integration，持续集成）流水线的集成完成变异测试的全流程，实现单元测试的有效性评估与持续改进。
- 变异测试可以用流水线调度实现并发执行，缩短变异测试执行时间，这对大型的软件项目尤为关键。

- 变异测试衡量的是单元测试的有效性，单元测试尚未覆盖的代码没有用武之地，所以变异测试的范围可以和单元测试的覆盖相结合，只在有单元测试覆盖的代码上实现变异，提升变异测试的投入产出比，避免变异体过多。
- 变异测试可以和精准测试相结合，变异体可以根据代码变更的 Code Diff 来生成，实现变异测试的精准化。
- 在工程实践中，不能以完全清除变异体为目标，因为这样做的成本很高，所以需要进行变异分门禁计算，通过变异分门禁来判断测试有效性达标的情况。变异分门禁需要根据代码的使用热度、频繁变更度、变异覆盖率和 Code Diff 来进行综合计算。
- 测试用例的增补和修改可以实现智能化，采用自动修复测试用例加人工确认的方式，进一步提升效率。比如，3.4.5 节的 Pitest 例子中的边界值测试用例就能实现自动修复。

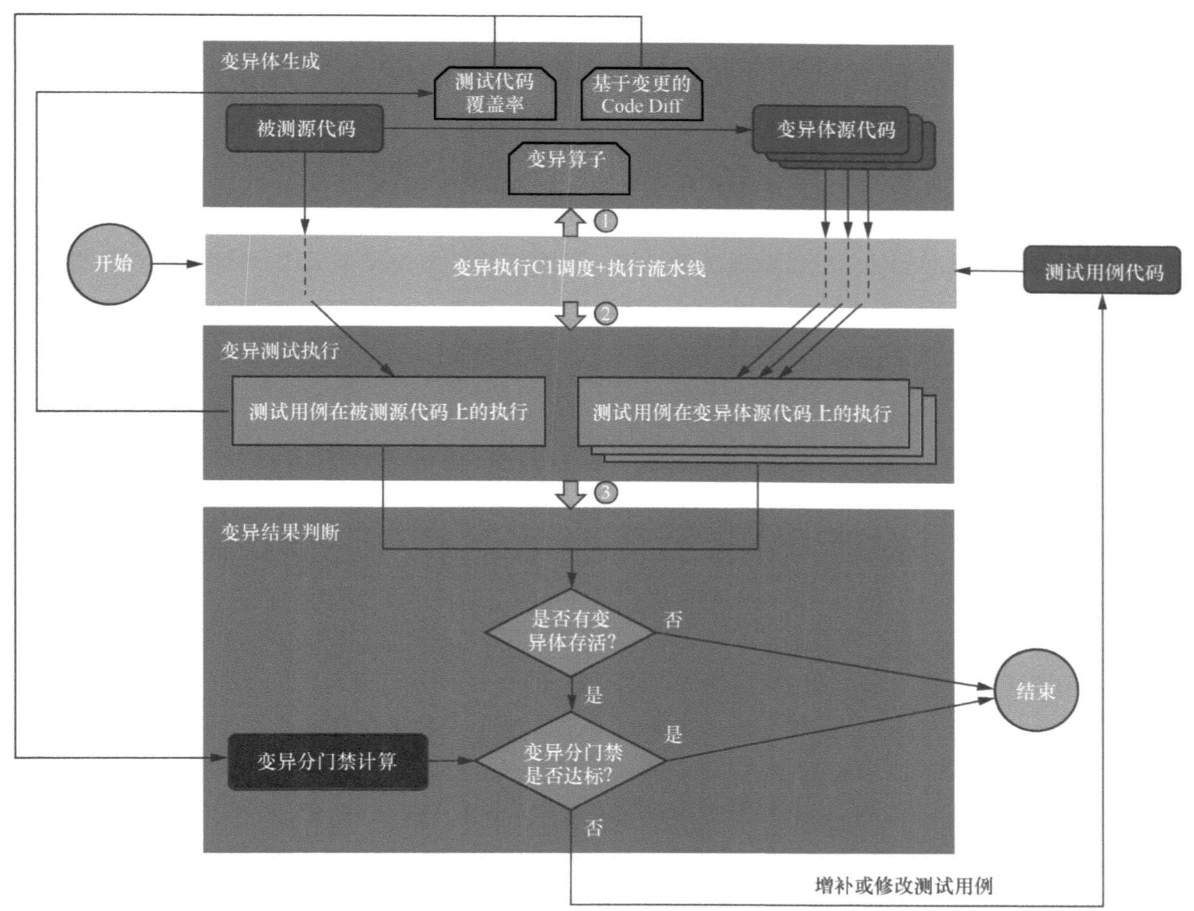

图 3-27　变异测试的工程化实践

3.4.7 变异测试在接口测试中的应用与探索

变异测试依赖单元测试，如果单元测试做得不好，变异测试就无从谈起。那么在其他的测试类型中，是否也可以使用变异测试来对测试本身的有效性进行评估呢？

其中最有价值的探索就是在接口测试中引入变异测试的理念。随着微服务架构的不断普及，接口测试用例的数量一直在持续增长，如何评判和优化接口测试用例的有效性成为一个十分关键的问题，而变异测试恰好可以解决这个问题。但是在变异测试落地的过程中会遇到很多新问题，其中关键的问题是单元测试不需要部署环境就可以直接运行，而接口测试需要部署服务，并且每个变异体都需要单独部署，这就需要一系列配套的技术和工程实践来解决这些问题，比如使用 AOP（Aspect-Oriented Programming，面向切面编程）的 JVM-Sandbox 动态构造变异体，使用 JVM HotSwap 机制实现热部署，使用基于容器化的特性环境实现基础部署等。

3.5 服务虚拟化

3.5.1 服务虚拟化介绍及面对的问题

服务虚拟化是一种模拟特定软件组件服务的方法，主要用来帮助软件开发和测试工程师获取一些很难访问或不能访问的依赖服务的功能，从而完成开发和测试工作。因为是通过虚拟化（virtualized）依赖服务来完成功能的，所以称为服务虚拟化（service virtualization）。

虽然微服务越来越流行，但是仍有不少人不喜欢微服务，甚至抵制它们。其中最主要的原因就是微服务实现成本高、难度大。就实现难度而言，微服务有一些不易解决的问题，其中包括以下 3 个与测试数据和测试环境有关的问题。

问题一：测试环境被多个团队共同使用

在大规模的微服务系统中，某些核心服务很多时候会被多个团队共同调用，并且它们可能也有多个依赖服务。而当一个服务的某个测试环境被多个团队（服务）共同使用的时候，主要存在以下两个难点。

（1）同一测试数据可能会被不同的团队修改。有些团队通过创建多个测试环境来解决这个问题，但是这样做的成本很高。对于很多技术强大的互联网公司来讲，可以通过 Docker 等技术手段来降低一些成本；但是对于很多小型企业来讲，高成本的多个测试环境很难实施。

（2）同一测试数据可能被其他团队占用，所谓“占用”就是测试数据一旦不小心被某个人使用，这个人就可能在按自己的场景使用，这时候你去使用很可能会受到影响，得不到自己想要的结果。

问题二：准备测试数据需要花费大量时间

当测试一些业务不是很复杂的系统时，准备测试数据也许不是一件困难的事情。但是在一些传统行业的复杂系统中，比如在银行、保险、通信等行业的复杂系统中，准备测试数据是一件非常困难的事情。笔者曾经测试过一个保险系统，在测试环境中准备一套测试数据甚至需要几小时。由于整个系统的业务非常复杂，数据库设计也非常复杂，而且这个系统是遗留系统，几乎没有人懂得如何直接操作数据库来准备测试数据，因此测试数据必须由系统创建。系统本身是基于 Mainframe 的，而且 UI 全部是 Console 下的 UI，操作十分烦琐和复杂，导致创建一套测试数据需要花费很长时间。很多银行和保险公司的核心系统直到现在仍保留着这样的模式。所以在这样的传统行业的遗留系统中，测试数据的准备是一个非常大的问题。此外，在很多系统中，测试数据一旦使用了，其状态就会改变，从而不能重复使用。再次测试就需要重新创建测试数据，这也是一个常见的较为严重的问题。

问题三：服务部署或网络等导致测试环境不稳定以及版本不匹配

服务部署或网络等导致测试环境不稳定以及版本不匹配也是我们经常会遇到的问题。如图 3-28 所示，对于一些稳定而没有什么变化的系统，也许这不是一个问题；但是对于一些正在开发、有大量修改或本身不稳定的系统，这个问题就十分常见。

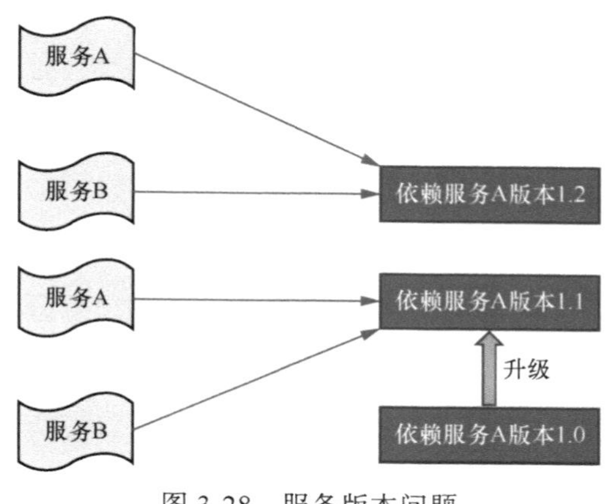

图 3-28　服务版本问题

3.5.2 解决方案

可以使用服务虚拟化技术来解决 3.5.1 节提及的问题。图 3-29 是服务虚拟化的简单示意图。

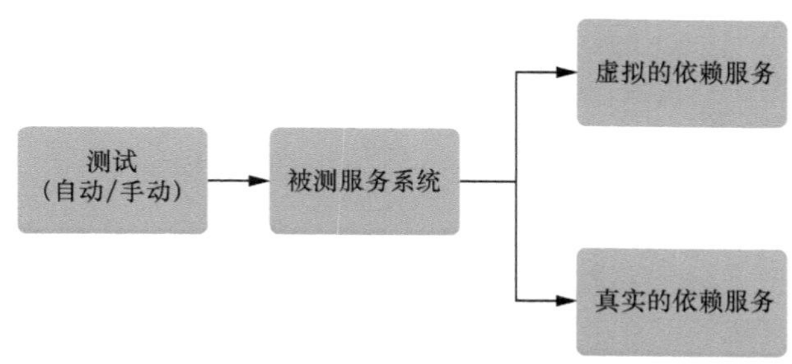

图 3-29　服务虚拟化的简单示意图

可以看出，服务虚拟化和传统的服务 Stub 或 Mock 很类似，但其实前者在 Stub 和 Mock 的基础上扩展并演化出了更多体系化的功能，从而创建了一个真正的服务，因此得名服务虚拟化。

首先，为了方便管理和使用，服务虚拟化一般是一个中心化的服务，并且是基于代理（proxy）模型的。其次，服务虚拟化最好是非侵入式的，这样就不需要改动被测服务系统的代码或配置，而只需要改动被测系统的代理配置。最后，服务虚拟化需要支持各种不同类型的功能和灵活的配置，从而实现各种不同类型的虚拟化服务，以及完成复杂的虚拟化功能。常见的虚拟化功能有以下 6 种。

1. 录制服务

如图 3-30 所示，录制服务是非常常用的一个功能。作为一个基本的功能，它需要能够拦截下所有通过它的网络请求，并将请求数据记录下来，最终存储成文件，以便修改和重复使用。

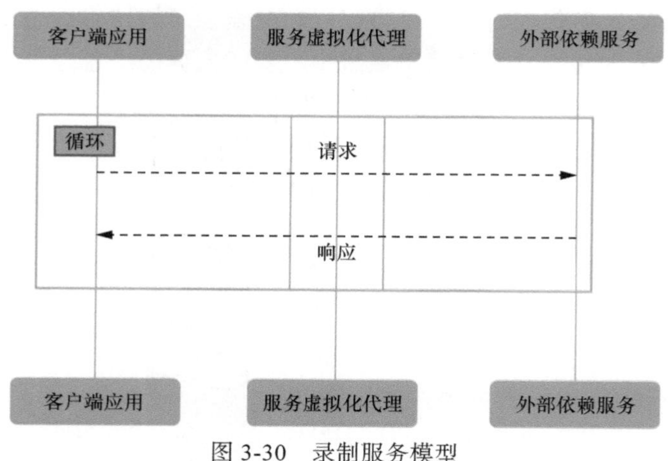

图 3-30　录制服务模型

2. 模拟服务

如图 3-31 所示，模拟服务可以理解成标准的 Stub 服务。它可以模拟特定的网络服务，比如通过录制服务保存下来的请求数据来进行模拟。此外，它还需要支持特定的规则匹配器，以便只在收到特定请求数据包的时候返回特定的响应数据包。

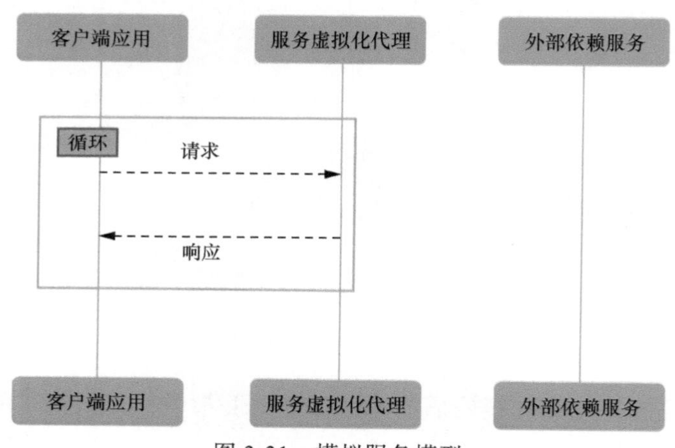

图 3-31　模拟服务模型

3. 模拟穿透服务

如图 3-32 所示，模拟穿透服务是一个比较特殊的服务，也是很多项目中非常常用的一个服务。它特殊的地方在于可以让部分请求获得虚拟响应，而让其他部分请求获得真实响应。因此，我们通过改变测试数据本身，可以确定使用的是实际依赖系统还是虚拟依赖系统。

有时候，在同一个测试环境里，在既需要虚拟数据，又需要真实数据的情况下，模拟穿透服务是最佳解决方案。因为只有这样才能以最低的成本实现既可以测试真实数据，又可以测试虚拟数据。

为什么需要模拟穿透服务呢？因为很多时候测试环境不稳定，大规模的回归测试不能依赖于外部服务，只能依赖于虚拟数据。但是我们仍然必须测试一些真实的外部服务，为什么呢？因为担心外部服务升级。可能升级之后，服务的请求和响应的 Schema 变了，就会产生 bug。

现实中对于一些重要的场景，我们依然使用真实的外部服务进行测试，这样就算外部服务的Schema变了，测试也可以在第一时间发现。

所以，模拟穿透服务是一个经典且实用的服务虚拟化功能。

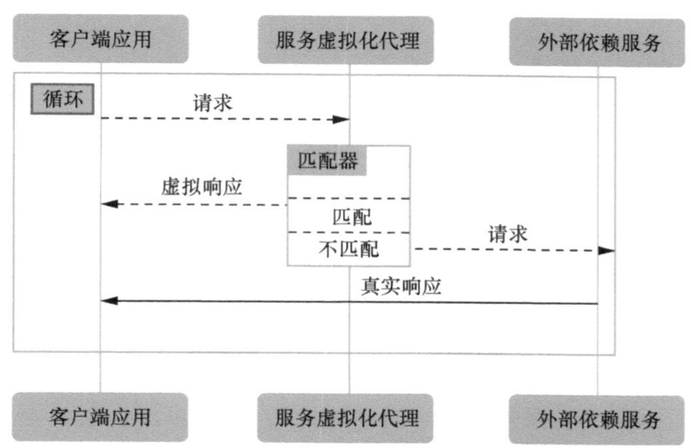

图 3-32　模拟穿透服务模型

4. 模拟修改服务

如图 3-33 所示，模拟修改服务主要实现的是根据不同的情况返回动态的响应数据。

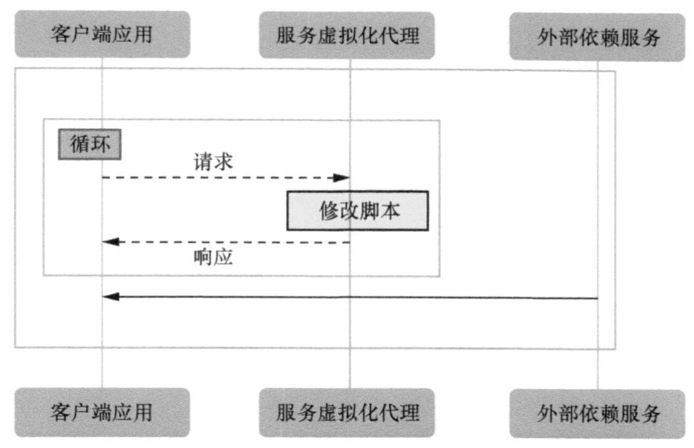

图 3-33　模拟修改服务模型

所以这时候，服务虚拟化代理需要提供一种中间插件。可以额外开发一个中间插件，将其嵌入代理服务，当收到某个请求后，可以对这个请求进行加密、解密，以及进行特定的判断，之后再返回一个特定的响应。

5. 穿透修改服务

如图 3-34 所示，穿透修改服务需要等到收到真正的请求后，才能将请求转换为特定的内容，并发送给外部依赖服务。外部依赖服务则返回响应，之后再返回到特定的模式，以实现特定状态的虚拟化。

穿透修改服务能够模拟一个请求中被加了某些东西，以产生一些特定的用例，或者更改真实响应中的某些数据等。

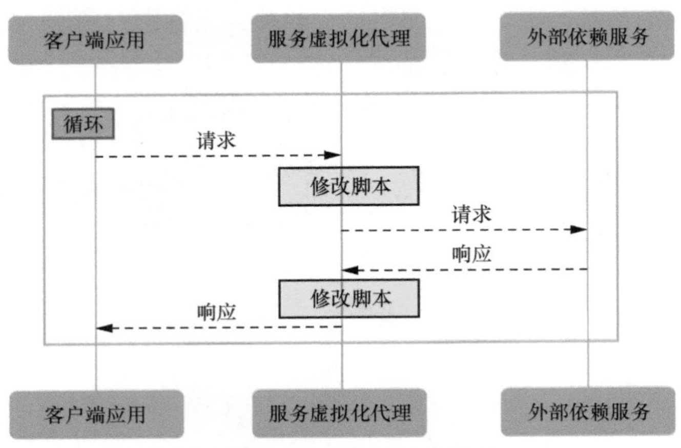

图 3-34　穿透修改服务模型

6. 差异化服务

如图 3-35 所示，差异化服务相当于一个变异版的契约测试方案。当测试被测系统的 API 时，它会将依赖服务的返回数据保存起来。当下一次执行相同的测试用例时，它会对上一次的和本次的依赖服务返回的数据进行比较。

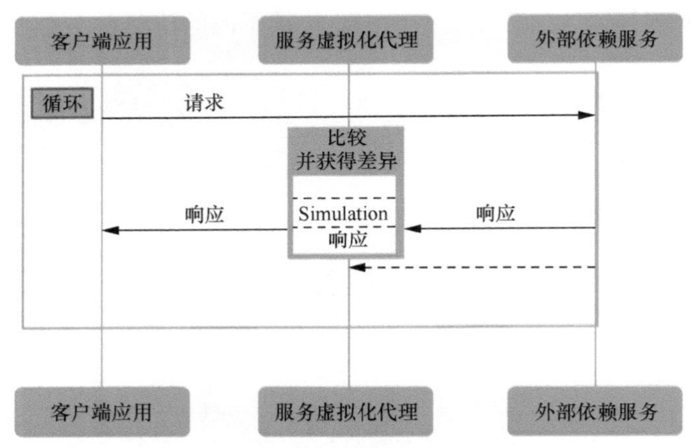

图 3-35　差异化服务模型

如果本次存储的 Schema 和上一次存储的 Schema 有差异，那么代理服务会报警，并显示两次存储的 Schema 不一样的地方。这就相当于做了一部分被测系统和依赖系统之间的一种被动的契约测试，虽然不属于一个完整的契约测试方案，但是至少做了单边的契约测试。

对于以上 6 种常见的虚拟化功能，商用和开源领域已有相应的工具实现了其中的部分甚至全部功能。例如，开源领域的 Hoverfly 就很好地实现了这 6 种虚拟化功能。

3.5.3　服务虚拟化实例——Hoverfly

1. Hoverfly 简介

Hoverfly 是一个开源、免费（基于 Apache 2）的服务虚拟化工具，其生成的虚拟数据是可以复用的 JSON 格式的 Simulation。Hoverfly 是基于 Go 语言开发的，轻巧、高效。Hoverfly 支持通过 Python 和 Java 进行扩展，也支持通过 REST API 来对它进行控制。Hoverfly 提供模拟网络延迟、随机错误和限定速率的功能，但是支持的协议有限，暂时只支持 HTTP 和 HTTPS。

Hoverfly 最重要的特性是支持 6 种工作模型，它们分别是 Capture 模型、Simulate 模型、Spy 模型、Synthesize 模型、Modify 模型、Diff 模型，分别对应录制服务、模拟服务、模拟穿透服务、模拟修改服务、穿透修改服务、差异化服务。这 6 种工作模型基本可以实现服务虚拟化的各种功能。

具体来说，通过 Capture 模型可以获取在手工测试和系统正常使用的情况下，各种服务的交互数据，再进行分析和修改，就可以获得更多类型的数据；通过 Spy、Synthesize、Modify 和 Simulate 等模型，则可以对这些数据进行不同类型的服务虚拟化。不同的团队可以根据基础类型数据，快速定制自己的私有虚拟数据集，还可以根据不同版本的服务，定制不同版本的虚拟数据集，从而隔离不同版本服务之间的数据，避免不同团队之间的测试数据发生冲突。

2. Hoverfly 实例

如图 3-36 所示，这是一个被测真实项目脱敏之后的架构，其中有一个被测服务系统（被测 API 服务），它会调用另外 6 个外部特定领域 API（相当于它的依赖服务）。

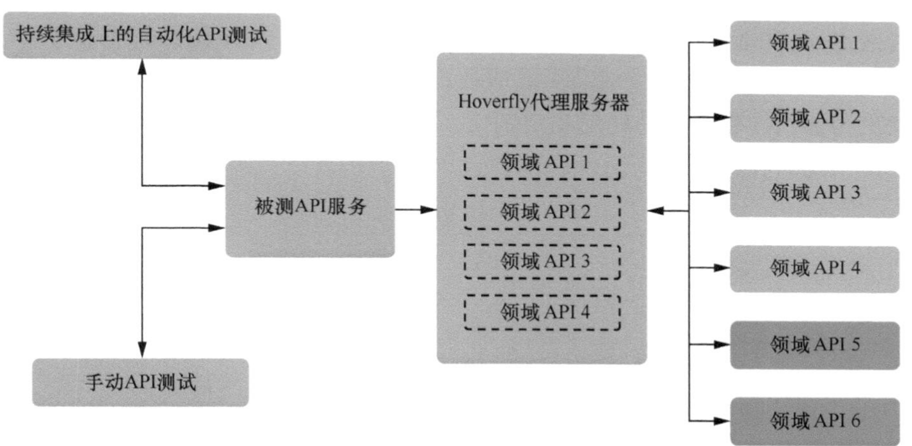

图 3-36 一个被测真实项目脱敏之后的架构

为了在项目中实施服务虚拟化，首先将 Hoverfly 代理服务器架设在被测 API 服务与领域 API 之间。根据真实情况，我们只虚拟其中 4 个领域 API，因为领域 API 5 和 API 6 当时非常稳定，而且数据也比较固定，没有什么变化。部分手动测试用例和自动化测试用例会用到 Hoverfly 中的虚拟 API 以及虚拟数据。最后把整个 Hoverfly 的流程都放到持续集成上，即录制和编写 Simulation，录制、编写好 Simulation 之后，把 Simulation 放到 Git Repo 里，Jenkins 流水线直接从 Git Repo 里拉取 Simulation。

根据图 3-37 可知，每次将 Simulation 录制、编写好之后，只要把 Simulation 提交到 Git Repo，Jenkins 流水线就会主动拉取 Simulation，拉取之后直接上传到 Hoverfly 的机器上，并直接导入 Simulation 到 Hoverfly 的 Instance（实例）上。所以只需要关注 Simulation，就可以完成所有工作。

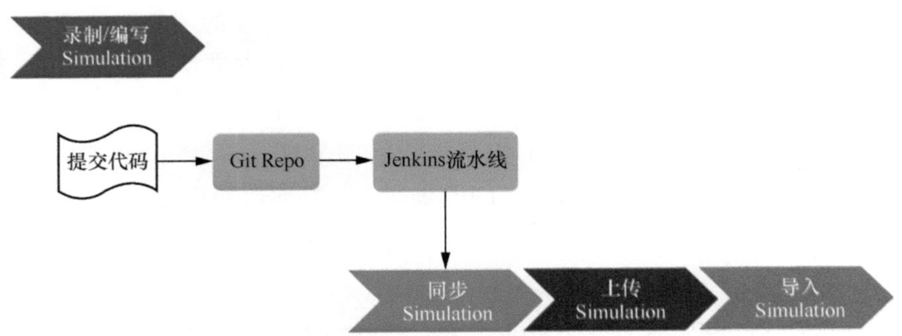

图 3-37　Hoverfly 与 Jenkins 流水线集成

另外，在测试环境和测试数据都不稳定的情况下，可以使用真实的测试数据对 API 进行小规模的集成测试，而使用虚拟数据对 API 进行大规模的回归测试。但是，如果被测环境非常稳定，测试数据非常容易创建且非常稳定，那么在独享的情况下，可以不使用上述所讲的任何服务虚拟化技术。

3.5.4 总结

随着传统 Stub 和 Mock 服务技术的发展，以及微服务系统开发中各种服务测试相关的问题和需求的增加，服务虚拟化应运而生。服务虚拟化是对 Stub 和 Mock 服务技术的提升和系统化，功能更为强大，也更容易使用和定制化，以便满足服务测试的各种新需求，以及解决微服务系统中新出现的各种问题。

第 4 章　软件测试新技术（下）

4.1 全链路压测

全链路压测是阿里巴巴在“双十一大促”活动的稳定性保障工作中总结出来的一种性能测试技术。它是基于线上真实环境和实际业务场景，通过模拟海量的用户请求，来对整个系统的容量进行评估的一种手段。

全链路压测背后的逻辑是，对未来可能产生的流量峰值而言，任何预防性的稳定性保障手段，都不如把实际峰值场景模拟出来直接进行观测。这就好比建造防洪设施，预计能抵挡千年一遇的洪水，但能否达到这个目标，是需要经历多次洪水考验才能证明的。全链路压测就是通过模拟这场千年一遇的洪水，来验证服务系统能否承载预估的流量峰值。

全链路压测的有效性在“双十一大促”活动的稳定性保障工作中得到了充分验证，自 2013 年全面推行全链路压测后，“双十一大促”活动的稳定性得到了大幅提升。全链路压测堪称性能测试的珠穆朗玛峰，实施难度较大，涵盖范围较广，主要有以下 6 项重点工作。

- 压测数据隔离：为了保证线上压测所产生或影响到的任何数据，不会对真实数据造成影响，也不会影响到真实用户的使用体验，需要将压测数据与真实数据严格隔离。
- 压测模型构建：压测模型需要尽可能与真实场景保持一致，以确保压测结果的可信度。
- 应用服务改造：应用服务需要进行一定的改造，以确保压测流量能够顺畅通行，贯通链路。
- 压测流量制造：有别于单链路压测只需要制造局部流量，全链路压测需要制造大规模的整体流量。
- 风险控制：由于全链路压测是在生产环境中实施的，因此需要通过各种手段控制风险，避免影响线上服务的可用性和稳定性。
- 组织协作：全链路压测的各项工作涉及公司的多个部门，如何协调和合作既是重点也是难点，需要通过制度和规范进行约束。

4.1.1 压测数据隔离

数据是软件系统的核心资产，压测数据隔离是全链路压测建设过程中最重要，也是必不可少的工作。常见的压测数据隔离方式有两种，分别是逻辑隔离和物理隔离。

我们先来讨论逻辑隔离，逻辑隔离是通过在数据实体内打标的方式来区分真实数据和压测数据的。举个例子，如下方代码所示，针对用户这个数据实体，我们可以设置一个用户类型字段，其中，枚举值为 0 代表普通用户，枚举值为 1 代表压测用户。应用服务可以根据这个字段来识别压测用户，继而决定是否需要设置相应的隔离逻辑。

```
enum UserType {
    NORMAL = 0,    //普通用户
    PERF = 1,      //压测用户
}
```

逻辑隔离实现简单，容易理解，但是侵入性比较强，需要变更数据结构。当然，它最大的

风险在于压测数据和真实数据是被写入同一张数据表的，一旦我们遗漏了某些压测数据的隔离逻辑，就会导致极大的数据污染风险，数据修复也比较麻烦。

接下来我们讨论物理隔离。物理隔离是指将所有压测数据写入一个独立的数据区域，这个数据区域与真实的数据库（或数据表）在物理上是完全隔离的，从而最大限度规避了数据污染的风险。要做到物理隔离，软件系统需要具备两项基本能力：压测流量打标和透传，以及影子表的支持。

先说压测流量打标和透传，不同于逻辑隔离在数据实体内打标，物理隔离需要在流量中打标，以区分真实请求和压测请求。具体的做法是，在用户 HTTP 请求的 Header 中置入一个特殊的压测标识，在流量进入内网后，由相关中间件确保流量在各服务间流转时，这一标识始终能够完整透传，最终被传递至数据层。

在这一过程中有两点需要格外留意。首先，在请求协议转换的时候，即使压测标识的存放位置发生了改变，也要保证压测标识能够透传。例如，HTTP 流量进入内网后变成了 RPC 流量，此时需要将用户 HTTP 请求的 Header 中的压测标识转移至 RPC 请求的上下文中。其次，当请求经过异步化的中间件（如消息队列）时，压测标识也应当传递无误。例如，针对消息队列，当带有压测标识的生产者推送消息时，我们需要将压测标识转存至数据中，以免丢失；当异步服务消费数据时，再将压测标识恢复至请求体或上下文中继续传递。

具备了压测流量打标和透传的能力后，我们再来探讨影子表的支持。通俗地说，影子表就是一张与原数据表结构一致且独立的新数据表，同时，我们还要保证两者的数据规模是一致的，否则会影响压测结果的可信度。

影子表的建立可以参照以下流程：

- 针对某张真实表建立相应的影子表，表名可以通过增加前缀或后缀进行区分，例如真实表为 User，影子表则可以设定为 TUser；
- 对真实表的数据进行脱敏，部分 ID 类字段需要进行偏移，以免字段长度增加后与真实表的数据发生冲突，例如真实表中的订单号都是以 1 开头的，那么影子表中的订单号可以偏移为以 2 开头；
- 将脱敏和偏移后的数据全量导入影子表中；
- 进行完整性检查（检查数据量、表结构等），确保数据无误。

上述流程中的各个环节，可以在数据库中间件或独立平台上实现并串联。

最后，我们通过表 4-1，直观地对比一下逻辑隔离和物理隔离的特点。

表 4-1　逻辑隔离和物理隔离的特点

隔离类型	逻辑隔离	物理隔离
中间件改造量	小，几乎不需要改造	大，需要支持压测标识的透传和影子表
业务侵入性	大，会影响表结构的设计	小，对数据实体没有侵入
数据清洗难度	大，需要根据每个数据实体的压测标识单独制定清洗规则	小，压测数据全部位于影子表中
可扩展性	弱，各数据实体均需要设计压测标识	强，流量标识为统一形式
安全性	弱，压测数据与真实数据存放在同一区域，有一定数据安全隐患	强，压测数据与真实数据分开存储

4.1.2　压测模型构建

压测模型构建是全链路压测的一大难点，如何低成本地梳理出尽可能贴近真实业务场景的压测模型，对压测结果的可信度至关重要。我们先列举一些常见的反例，以便读者对压测模型的重要性有一个直观的了解。

- 压测用户 ID 集中在数据表的某一区段内，导致压测时命中同一个数据表分片，引发单片过热问题。
- 压测用户账户中领取的优惠券数量过少，导致对营销服务的压测结果偏优；类似地，优惠券数量过多，也将导致对营销服务的压测结果偏劣。
- 压测商户缺失部分属性，导致部分批量查询接口返回商户数据时，返回体偏小，压测结果偏优。
- 压测用户中超级会员的占比偏小，导致对会员服务的压测结果偏优。
- 压测商户中上架的商品数量过少，导致压测时针对单个商品的减库存操作过于频繁，继而导致减库存锁竞争激烈，影响服务性能。

这些反例的共性是，压测数据的内容或分布与真实情况不一致，引发压测场景（对下游链路的调用量和比例关系、调用的方式等）不一致，最终导致压测结果的可信度不佳，这是我们需要避免的。

下面我们介绍几种常见的构建压测模型的方法，这些方法各有适用范围，灵活应用能够事半功倍。

1. 线上日志回放

线上日志回放是一种将线上日志视为压测模型的方法。线上日志的内容由于是由用户真实行为产生的，因此非常贴近真实场景。不过，它的缺点也很明显，直接回放线上日志可能会污染数据，还可能会影响用户，甚至可能引发一些安全方面的问题。因此，我们一般只在读请求上应用线上日志回放，并且需要对日志做一定的加工，大致分为 3 步：

（1）通过日志系统的 Open API 或其他对接渠道，抓取目标请求信息（请求地址、请求头、请求体等），建议在典型业务期（如高峰期）连续抓取一段时间的信息，再将信息统一存放至某存储区域；

（2）对抓取到的请求信息进行加工，包括鉴权信息的替换、用户敏感数据的脱敏或偏移、根据压测需求对某些字段进行修改等；

（3）将处理完毕的请求信息重整为可执行的压测脚本。

市面上已有的一些开源工具可以完成上述步骤，例如 GoReplay 就是一个非常优秀的工具，我们在 3.1.1 节已经对它进行了介绍，读者不妨回顾一下。

2. 链路聚合技术

线上日志回放比较适合单请求（主要是读请求）的压测模型构建，但针对全链路压测，我们还需要链路级别的压测模型构建方法。传统的做法是依靠人工梳理出压测链路，先将链路中的各实体替换为压测实体（如压测用户、压测商户等），再根据实际情况调整链路中各接口的调用关系和调用比例，形成最终的压测模型。

在这一过程中，人工梳理压测链路极易出错，即便企业有完善的链路追踪系统，也依然需要人工逐条分析系统所展示的链路信息，如果服务链路纷繁复杂，就很容易遗漏。链路聚合就是针对这一痛点而发展出来的技术，它可以有效地协助人们加强链路分析的完整性，提高覆盖度。

具体的做法可以参考以下步骤。

（1）采样：通过链路追踪系统，从面向用户的接口开始进行采样，得到大量的链路信息。

（2）过滤：过滤掉一些不关心的链路，如调用量较低的链路，或涉及较多非关键服务的链路。

（3）去重：根据调用接口的层级关系和参数值进行初步去重，即层级关系和参数值完全相同的链路只保留一条。

（4）聚合：在去重后得到的结果集中，根据调用接口的层级关系和参数类型对链路进行聚合，尽可能识别出同一类链路。

（5）分析：针对聚合得到的链路分类结果，人工筛选并得出最终采纳的压测链路。

链路聚合技术除了能帮助我们尽可能完整和高效地识别出全链路压测所涉及的链路，还能解决链路更新滞后的问题。在微服务体系中，大量的服务处于不断迭代和更新的状态，服务之间的调用关系和调用方式随时可能发生改变，压测模型也需要适时地进行调整，仅靠口口相传的方式更新模型，显然极为低效。我们可以使用链路聚合技术建立链路基线，定期采集链路信息做对比，并输出对比结果（链路中各接口的层级关系变化、调用量变化等），以便人们能第一时间更新压测模型，保证压测模型与真实场景的一致性。

链路聚合技术也是一种用户行为分析技术，它能够通过采集线上用户真实行为所产生的数据，为压测模型的构建提供参考。因此，链路聚合技术是非常重要的压测模型构建技术。

3. 新场景的压测模型构建

无论是线上日志回放，还是链路聚合技术，针对的都是已经存在的业务场景所涉及的调用链路，但如果我们即将举行一场大促活动，涉及新的接口、新的链路，或是原有链路的调用关系和调用比例在未来会发生改变，我们又该如何应对呢？

首先，对于一个新的业务场景，我们最早得到的信息往往是业务需求和业务指标。随后，技术团队基于业务需求制定相应的技术方案。有了技术方案后，我们就可以梳理出压测链路，包括涉及的接口、调用关系、数据等。

有了这些基础的链路信息之后，我们还需要计算压测指标，压测指标的来源是业务指标。例如，在“双十一大促”活动期间，网站首页将会设置多场“红包雨”活动，预计将发放 10 万个面值 3 元的红包和 2 万个面值 10 元的红包，预计带来网站首页 20% 的 PV（Page View，页面浏览量）增长，以及短期 10% 的单量增长，GMV（Gross Merchandise Volume，商品交易总额）预计上涨 8%。

上面例子中提到的 PV、单量、GMV 等都是业务指标，类似的业务指标还有 UV（Unique Visitor，独立访客量）、DAU（Daily Active User，日活跃用户数）、转化率等。这些业务指标在全链路压测的压测模型中无法直接使用，我们需要将它们转换为压测指标，即接口的调用量、并发量、吞吐量、QPS/TPS 等指标。换算时应根据业务特点灵活考虑，我们为此总结了以下要点：

- 业务流量一般不是全天均匀分布的，需要考虑业务峰谷特征以及活动时段特点；
- 由于各接口之间的调用比例不尽相同，估算链路流量时要考虑到扩散比，即流量从上游传递至下游时，调用量可能会被放大；
- 对于共用的服务链路，不要忽略背景流量，即目标流量 = 日常业务流量 + 大促活动流量。

将上述方法结合起来，我们便可完成新场景的压测模型构建。

4.1.3 应用服务改造

构建压测模型的原则是尽可能贴近真实业务场景，然而压测工作的局限性会破坏这一原则。例如，我们的压测用户数量是有限的，单个用户反复下单会被风控系统拦截；我们也不可能将每笔压测订单都真正支付完成，这样就无法对支付系统的容量进行评估，等等。要突破这些局限性，就需要对应用服务做适当的改造，主要包含以下 3 点。

- 解除限制：对压测实体或压测数据适当解除一些限制，以便压测流量能够反复执行。比较常见的限制有风控系统的限制、业务高频操作的限制、促销活动的限制等。
- 隔离数据：数据隔离的一些逻辑也可以前置到应用服务层面来实现，降低后期隔离的成本。例如，针对大数据报表的数据隔离工作，就可以在将压测数据写入数据仓库时进行，这样后续所有基于数据仓库的业务逻辑便都不用改造了。
- Mock 测试：对于一些不便真实调用的场景，比如上面提到的支付场景，可以采用 Mock 的方式返回虚假数据，但需要模拟合理的响应时间，以免造成对调用方的容量评估偏差。

4.1.4 压测流量制造

在全链路压测的过程中，我们需要制造大规模的压测流量，还要结合企业实际情况，考虑流量制造的便捷性和成本。

如果企业的业务规模不大，建议直接使用开源工具进行流量制造。市面上成熟的开源工具有 JMeter、nGrinder、Gatling、Locust 等，虽然这些工具的功能略有差异，但大多是经过大量实战验证的工具，具备制造大规模流量的基本能力，读者可以参照表 4-2 进行选择。

表 4-2　流行的开源流量制造工具对比

工具	实现语言	部署方式	施压方式	分布式压测	社区活跃度	脚本编写形式	可扩展性
JMeter	Java	C/S	BIO	支持	非常活跃	所见即所得，亦可通过插件录制	支持通过插件扩展
nGrinder	Java/Python	B/S	未知	支持	不活跃	使用 Jython/Groovy 编写，亦可通过插件录制	支持通过插件扩展
Gatling	Scala	C/S	AIO	支持	较活跃	使用 DSL 编写，亦支持录制，还支持通过 HAR 文件生成脚本	支持通过插件扩展
Locust	Python	C/S 和 B/S	事件驱动	支持	较活跃	使用 Python 编写	支持 Python 脚本扩展

如果企业的业务规模较大，需要压测工具来支持制造超大规模的流量，或有大量的定制化需求，则比较适合使用自研工具或基于开源工具做二次开发。自研或二次开发的重点可以参考以下几点。

- 规模化：优化流量制造模式，在成本可控的情况下，提升大规模流量的制造能力。
- 平台化：建立 SaaS 化的压测平台，管理所有压测资源，所有员工都可以在这个平台上协作。

- 标准化：统一流量制造的过程和方式，提供一站式服务，压测执行记录和结果信息可以便捷地分享给其他员工。
- 低代码：降低流量制造的成本，不用（或少量）编写代码或脚本即可制造符合需求的大规模流量。

我们可以根据企业的实际情况，选择合适的开源工具，或选择合适的方向自研工具，以支撑压测流量的制造需求。

4.1.5 风险控制

全链路压测是一项在生产环境中实施的高危工作，除了我们前面提到的数据风险，在压测的过程中也有不少风险点，因此需要有严格规范的操作流程。下面我们给出一个较为通用且比较安全的压测流程，如图 4-1 所示。

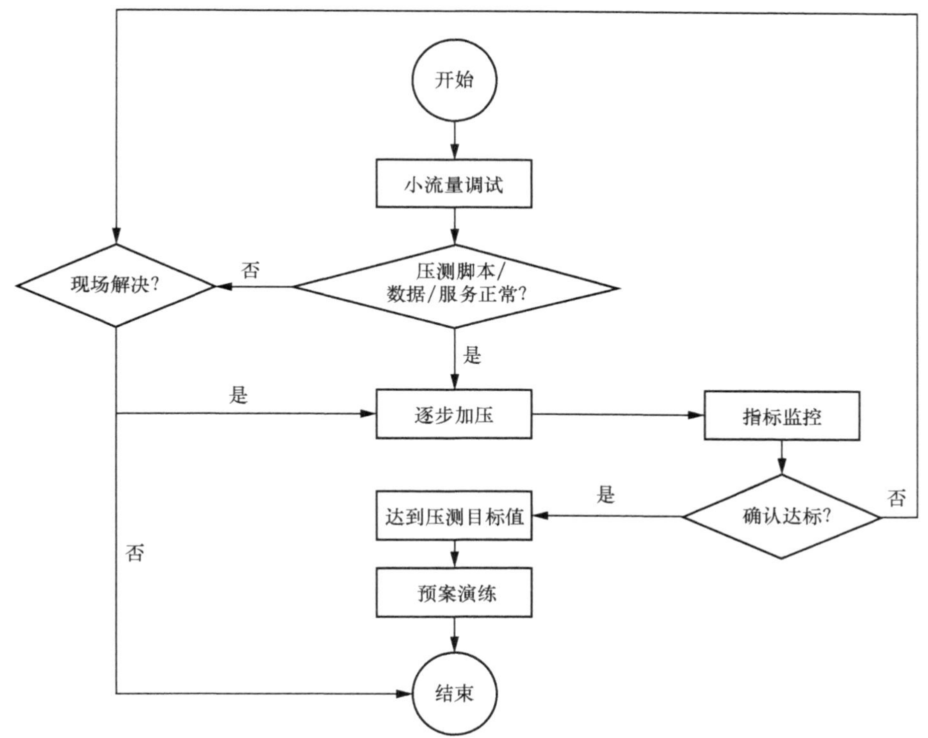

图 4-1　一个较为通用且比较安全的压测流程

在这个流程中，全链路压测是循序渐进的，逐步对目标服务施加压力，这时我们需要严密监控各项指标，在确保无风险的情况下才能继续施压。在达到压测目标值后，可以进行限流验证等预案演练工作。

最后，我们再列举一些常见的容易导致压测过程产生风险的反例，希望读者能引以为鉴：

- 在对系统容量没有足够了解的情况下，直接加压到较高的目标值，很容易导致服务直接宕机；
- 压测时只关注压测量，不关注服务监控指标，无法及时应对已经产生的风险；

- 没有制定止损预案，压测过程中出现意外情况时手忙脚乱；
- 对目标业务不熟悉，尤其是上下游链路，把生产环境作为试验场；
- 盲目自信，风险意识弱，对已有苗头的风险置若罔闻，引发严重后果。

4.1.6 组织协作

全链路压测的实施，除了技术方面的工作点，组织协作也是非常重要的环节。全链路压测工作涉及的团队较多，如何确保这些团队能够紧密协作，快速推进全链路压测的各项工作，形成机制并有效地运作下去，是大有学问的。

首先，在全链路压测的改造阶段，一些企业会遇到业务团队无法排期支持的问题，导致推动困难。笔者认为，全链路压测是需要自上而下推动的，同时需要有一些机制来保障能够落地。全局项目制就是不错的做法，这是一种针对跨团队大型项目的推动机制，由 CTO 或技术高层直接牵头和授权，对公司内部需要推动的技术改造类项目，进行必要性和优先级评定。业务团队必须在约定时间内满足公共团队的技术改造需求，公共团队则需要提供合理的方案，并保证进行及时、有效的支持。

其次，在全链路压测的执行阶段，需要制定一些制度来规范各团队间的协作方式。一项比较典型的实践是“全链路压测值守制度”，该制度规定在全链路压测期间，核心链路的技术人员和运维人员必须现场值守，其余技术人员可以远程值守。值守人员需要密切关注业务指标，如果出现服务可用性问题或资损问题，及时报告压测团队暂停压测。如果压测过程中出现服务瓶颈，则执行一些降级操作并观察效果，此时值守人员也应配合操作。如果值守人员未有效值守导致线上问题，则需要承担连带责任。

最后，在全链路压测结束后，还需要对压测发现的问题进行跟踪和解决，此时应该建立压测问题等级制度，根据压测时发现问题的严重程度划定不同的等级，每个等级对应不同的解决时限要求，越严重的问题，越需要快速解决，或至少有临时措施。我们可以定期统计问题解决的时长达标率，将其作为所有技术团队绩效考评的一个参考标准。

通过建立有效机制和规范流程，联动和管理多个团队之间的工作，便能够将全链路压测的价值真正发挥出来。

4.1.7 总结

全链路压测是性能测试的“珠穆朗玛峰”，从技术实现到组织协作，各个环节都需要解决很多问题。本节讲解了全链路压测的 6 项重点工作，涵盖压测数据隔离、压测模型构建、应用服务改造、压测流量制造、风险控制和组织协作，全方位、多角度剖析了全链路压测的全貌。

4.2 安全测试新技术

在黑客攻击软件系统的行为出现之前，软件行业没有安全测试这个概念。但是在好奇心和金钱等的驱使下，一部分人开始通过各种技术手段对软件进行攻击，从而获得非法信息，并从中获利，这部分人被称为黑帽。需要说明的是，黑帽用来代指进行网络入侵、使用计算机病毒等的恶意攻击者，他们可能是一些拥有黑客水平的专业人士，也可能是一些只会使用攻击工具和脚本的孩子。而黑客是指十分热衷钻研计算机技术，水平高超，在普通程序员眼里差不多无所不能的资深专家。

为了阻止黑帽对软件系统的攻击，可以采取的措施一般有两种。第一种就是在软件系统前面加设一层护盾，对于 Web 服务器可以加装 WAF（Web Application Firewall）或入侵检测系统，对于本地应用可以加装病毒扫描软件或者加固或加壳。第二种就是对软件系统做安全测试，从而发现并修复软件系统的漏洞，减少被攻击的可能，增加攻击的难度，降低软件系统由于安全漏洞而带来的损失。业界把这种专业的、负责的安全测试者称为白帽，与黑帽相对。

虽然白帽和黑帽做着互相针对的工作，不过他们使用的技术、技巧和方法是相似的，很多时候甚至是相同的，所以软件安全测试也可以理解为白帽对系统进行的无害的安全攻击。

软件安全测试的目标就是通过安全攻击验证被测软件系统是否满足安全需求，而安全需求需要在软件设计的过程中或者开发之前定义好，从而让开发人员能将安全需求内建到开发过程中，并尽可能防止不满足安全需求的安全漏洞产生。当软件开发完进入测试阶段的时候，这些安全需求就是安全测试中最重要的攻击面和攻击向量。下面是一些安全需求的例子：

- 所有用户都必须在通过认证授权后才能获取“机密数据”；
- 互联网用户不能直接搜索数据库里面的数据；
- 所有用户存储到数据库中的数据都必须经过安全验证。

4.2.1 安全测试的基本方法

攻击面（attack surface）和攻击向量（attack vector）是软件安全领域的两个专业术语。攻击面是指被攻击软件系统中的一个或多个攻击点，本质上就是被攻击系统中可以执行并进而受到攻击的代码，比如邮件服务器的协议解析器和客户端程序的处理代码等。在找到可以攻击的攻击面以后，还需要确定攻击向量，攻击向量就是执行攻击的方法，比如发送一封电子邮件或者发送一个 HTTP POST 请求等。Common Attack Pattern Enumeration and Classification 就是一个总结了很多软件系统的攻击面和攻击向量的模型库。

安全测试首先需要找到并确定攻击面和攻击向量，获取攻击面和攻击向量一般会采用威胁建模的方法。在确定攻击面和攻击向量之后，我们就可以通过各种安全攻击的方法、工具以及实践对被测系统进行测试。

4.2.2 安全测试的效果度量

当完成安全测试之后，还需要对测试结果进行度量，以确定安全测试的有效性。度量的指标包括以下 4 个关键项。

1. 发现的安全漏洞的数量

这是最重要的安全测试指标，安全漏洞的数量在一定程度上决定了安全测试的有效性。理论上，安全漏洞发现得越多，证明安全测试的有效性越高。但是反过来，安全漏洞发现得少，

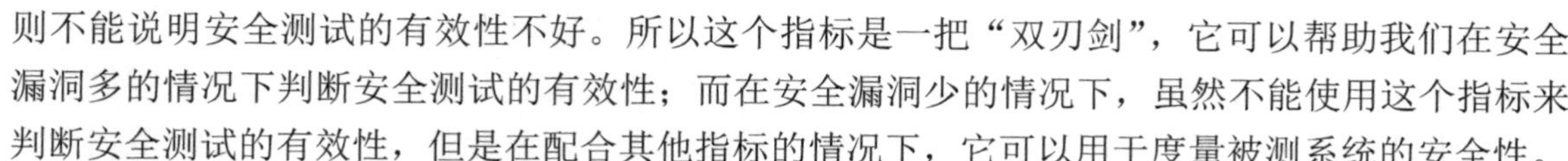

则不能说明安全测试的有效性不好。所以这个指标是一把“双刃剑”，它可以帮助我们在安全漏洞多的情况下判断安全测试的有效性；而在安全漏洞少的情况下，虽然不能使用这个指标来判断安全测试的有效性，但是在配合其他指标的情况下，它可以用于度量被测系统的安全性。

2. 发现的安全漏洞的危险级别

这是另一个十分重要的安全测试指标，其中安全漏洞的危险级别越高，安全测试的有效性越高。安全漏洞的危险级别可以由公司内部的安全专家来制定，也可以根据一些安全社区或咨询公司定义的级别来确定，比如参考 OWASP Top 10 定义的级别（如图 4-2 所示），或者参考 CWE Top 25 定义的级别（如图 4-3 所示）。

A1:2017-注入	在将不受信任的数据作为命令或查询的一部分发送到解析器时，会产生诸如SQL注入、NoSQL注入、OS注入和LDAP注入等注入缺陷。攻击者的恶意数据可以诱使解析器在没有适当授权的情况下执行非预期命令或访问数据
A2:2017-失效的身份认证	通常，通过错误使用应用程序的身份认证和会话管理功能，攻击者能够破译密码、密钥或会话令牌，或者利用其他开发缺陷来暂时性或永久性地冒充其他用户的身份
A3:2017-敏感数据泄露	许多Web应用程序和API都无法正确保护敏感数据，例如财务数据、医疗数据和PII数据。攻击者可以通过窃取或修改未加密的数据来实施信用卡诈骗、身份盗窃或其他犯罪行为。未加密的敏感数据容易受到破坏，因此需要对敏感数据进行加密，包括传输过程中的数据、存储的数据以及浏览器的交互数据等
A4:2017-XML外部实体(XXE)	许多较早的或配置错误的XML处理器评估了XML文件中的外部实体引用。攻击者可以利用外部实体窃取使用URI文件处理器的内部文件和共享文件、监听内部扫描端口、执行远程代码和实施拒绝服务攻击
A5:2017-失效的访问控制	未对通过身份认证的用户实施恰当的访问控制。攻击者可以利用这些缺陷访问未经授权的功能或数据，例如访问其他用户的账户、查看敏感文件、修改其他用户的数据、更改访问权限等
A6:2017-安全配置错误	安全配置错误是最常见的安全问题，通常是由不安全的默认配置、不完整的临时配置、开源云存储、错误的HTTP标头配置以及包含敏感信息的详细错误信息造成的。因此，我们不仅需要对所有的操作系统、框架、库和应用程序进行安全配置，而且必须及时修补和升级它们
A7:2017-跨站脚本(XSS)	当应用程序的新网页中包含不受信任的、未经恰当验证或转义的数据时，或者当使用可以创建HTML或 JavaScript的浏览器API更新现有的网页时，就会出现XSS缺陷。XSS缺陷让攻击者能够在受害者的浏览器中执行脚本，并劫持用户会话、破坏网站或将用户重定向到恶意站点
A8:2017-不安全的反序列化	不安全的反序列化会导致远程代码执行。即使反序列化缺陷不会导致远程代码执行，攻击者也可以利用它们来执行攻击，包括重播攻击、注入攻击和特权升级攻击
A9:2017-使用含有已知漏洞的组件	组件（例如库、框架和其他软件模块）拥有和应用程序相同的权限。如果应用程序中含有已知漏洞的组件被攻击者利用，就可能造成严重的数据丢失或服务器接管。同时，使用含有已知漏洞的组件的应用程序和API可能会破坏应用程序防御、造成各种攻击并产生严重后果
A10:2017-不足的日志记录和监控	不足的日志记录和监控，以及事件响应缺失或无效的集成，将使攻击者能够进一步攻击系统、保持持续性或转向更多系统，以及篡改、提取或销毁数据。大多数缺陷研究显示，缺陷被检测出来的时间超过200天，并且通常通过外部检测方检测，而不是通过内部流程或监控检测

图 4-2　OWASP Top 10 定义的级别（2017）

3. 安全测试的成本

除了安全测试的有效性以外，安全测试的成本也非常重要。因为很多软件产品在开发时，安全测试的成本是非常有限的，所以安全测试很难覆盖所有的攻击面和攻击向量。根据安全测试的成本，可以大概地度量安全测试的覆盖率。

Rank	ID	Name	Score	KEV Count (CVEs)	Rank Change vs. 2021
1	CWE-787	Out-of-bounds Write	64.20	62	0
2	CWE-79	Improper Neutralization of Input During Web Page Generation ('Cross-site Scripting')	45.97	2	0
3	CWE-89	Improper Neutralization of Special Elements used in an SQL Command ('SQL Injection')	22.11	7	+3 ▲
4	CWE-20	Improper Input Validation	20.63	20	0
5	CWE-125	Out-of-bounds Read	17.67	1	-2 ▼
6	CWE-78	Improper Neutralization of Special Elements used in an OS Command ('OS Command Injection')	17.53	32	-1 ▼
7	CWE-416	Use After Free	15.50	28	0
8	CWE-22	Improper Limitation of a Pathname to a Restricted Directory ('Path Traversal')	14.08	19	0
9	CWE-352	Cross-Site Request Forgery (CSRF)	11.53	1	0
10	CWE-434	Unrestricted Upload of File with Dangerous Type	9.56	6	0
11	CWE-476	NULL Pointer Dereference	7.15	0	+4 ▲
12	CWE-502	Deserialization of Untrusted Data	6.68	7	+1 ▲
13	CWE-190	Integer Overflow or Wraparound	6.53	2	-1 ▼
14	CWE-287	Improper Authentication	6.35	4	0
15	CWE-798	Use of Hard-coded Credentials	5.66	0	+1 ▲
16	CWE-862	Missing Authorization	5.53	1	+2 ▲
17	CWE-77	Improper Neutralization of Special Elements used in a Command ('Command Injection')	5.42	5	+8 ▲
18	CWE-306	Missing Authentication for Critical Function	5.15	6	-7 ▼
19	CWE-119	Improper Restriction of Operations within the Bounds of a Memory Buffer	4.85	6	-2 ▼
20	CWE-276	Incorrect Default Permissions	4.84	0	-1 ▼
21	CWE-918	Server-Side Request Forgery (SSRF)	4.27	8	+3 ▲
22	CWE-362	Concurrent Execution using Shared Resource with Improper Synchronization ('Race Condition')	3.57	6	+11 ▲
23	CWE-400	Uncontrolled Resource Consumption	3.56	2	+4 ▲
24	CWE-611	Improper Restriction of XML External Entity Reference	3.38	0	-1 ▼
25	CWE-94	Improper Control of Generation of Code ('Code Injection')	3.32	4	+3 ▲

图 4-3　CWE Top 25 定义的级别（2022）

4. 安全漏洞修复的成本

安全漏洞修复的成本是安全测试有效性的又一个重要指标，因为一般情况下，修复成本越高，说明安全漏洞越复杂。结合安全漏洞的优先级，可以有效地制定安全漏洞的修复计划，并在一定程度上度量安全测试的有效性。

除了以上这些关键指标，不同的团队还可以根据自己的情况制定一些度量指标，比如攻击面的覆盖率和优先级、用户满意度等。不管使用什么度量方法，最终的目的都是辅助团队进行安全测试，并度量安全测试的有效性。

4.2.3　软件安全漏洞的分类

软件安全漏洞不仅是度量安全测试有效性最重要的指标，也是制定软件安全测试策略和进行测试用例设计的重要指导信息。软件安全漏洞可以分为两大类（如图 4-4 所示）。

底层基础系统漏洞是指操作系统、数据库、CPU 内核等底层基础系统的漏洞。这类漏洞基本上很难被中低水平的安全测试人员发现，并且几乎不能被这些底层基础系统供应商以外的

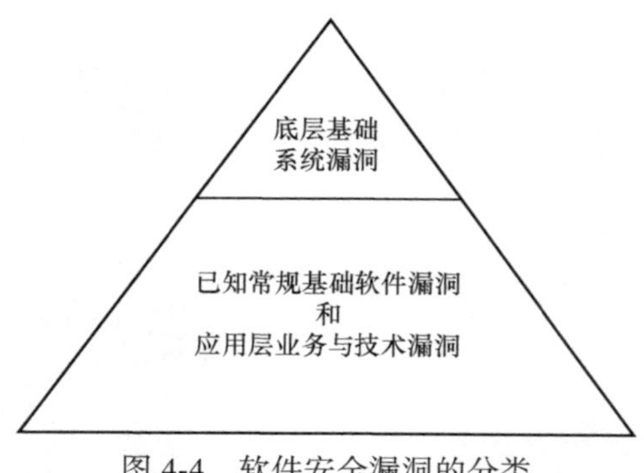

图 4-4　软件安全漏洞的分类

人所修复，所以绝大部分这类漏洞只能等待供应商的补丁。不过这类漏洞一般能被供应商及时发布的补丁修复，所以及时更新各种基础系统是修复这类漏洞的最好方法。这类漏洞相较于已知常规基础软件漏洞和应用层业务与技术漏洞明显较少。

然后是已知常规基础软件漏洞和应用层业务与技术漏洞。这类漏洞不仅数量多，而且危害巨大。但是这类漏洞中的大部分可以由软件开发商自行发现和修复。比如 OWASP Top 10 和 CWE Top 25 中的多种类型的技术漏洞，都可以通过各种不同类型的安全测试（比如第三方依赖安全扫描、系统动态扫描、安全功能测试等）来发现，并且其中大部分技术漏洞是可以由开发人员自行修复的。

应用层业务与技术漏洞本质上属于业务安全的范畴。其中的业务逻辑漏洞是指由于业务在设计时考虑不全而产生的流程或逻辑上的漏洞，如用户找回密码缺陷（攻击者可重置任意用户密码）、短信漏洞（攻击者可无限制利用接口发送短信、恶意消耗企业短信资费、骚扰用户等）。由于业务逻辑漏洞与业务问题贴合紧密，常规的技术安全测试无法有效检测出来，因此大多数情况下需要人工根据业务场景及特点进行分析检测。

4.2.4 安全测试的分类

当前大量的安全测试主要是指手动或者使用某些工具对软件系统进行安全扫描、渗透测试等。由于渗透测试和安全扫描需要特定的知识以及丰富的经验和技术，而使用特定的工具来进行安全扫描和渗透测试也需要特殊的技能，因此安全测试只有少量专业人员才可以做。其实常规的安全测试可以借助大量的工具以自动化的方式进行，并且可以集成到 CI 服务器上，让开发团队中的所有人员都可以在 CI 流水线完成之后第一时间发现软件系统的常规安全漏洞，而不必等到上线前由安全专家来发现安全漏洞并修复。

1. 静态代码扫描

通过人工评审来发现代码中的安全漏洞的成本非常高，并且随着项目代码规模的增加，评审难度和成本也随之增加。所以可以利用静态代码扫描工具自动地对代码进行扫描，在静态代码层面上发现各种漏洞，其中包括安全漏洞。自动化扫描工具还可以集成到 CI 服务器上，随着流水线进行自动扫描，以保证每天提交的代码都能经过安全检查，从而实现快速反馈，降低漏洞发现的成本和修复成本。

比如，可以使用 Fortify 统一扫描 Android、iOS 和 Web 系统的所有代码。但是因为 Fortify 等类似的静态代码扫描工具会发现很多各种级别的安全漏洞，所以评审漏洞需要花费一些时间。如果项目成本优先，可以先只关注高危漏洞，有些低优先级的漏洞可以暂缓修复。

2. 第三方依赖扫描

当前应用依赖的第三方库或框架越来越多、越来越复杂，比如 SSL、Spring、Rails、Hibernate、.NET 以及各种第三方认证系统等，而且一般选定某个版本后，在很长一段时间内都不会主动去更新，因为更新的成本一般比较高，比如新库和新框架更改了 API 的使用方法和使用流程，就可能导致系统需要进行大规模重构。但是往往这些依赖为了添加新的功能和修复各种当前的漏洞，包括安全漏洞，会经常发布新版本。这些依赖库或框架的安全漏洞在被发现后，通常会公布到网上，导致很多人可以利用这些漏洞去攻击使用这些依赖的系统。

依赖扫描就是扫描当前应用使用到的所有依赖（包括间接依赖），并和网上公布的安全漏洞进行匹配，如果当前某个依赖存在某种危险级别（需要自己定义）的漏洞，就立即发出警告（比如阻止 CI 编译成功等）来通知开发人员或系统管理员，从而在最短的时间内启动应对措施，修复漏洞，达到防止攻击或减少损失的目的。

比如，可以使用 OWASP Dependency-Check 来自动扫描 Android 应用和 Web 服务器系统的第三方依赖库是否存在安全漏洞，然后把第三方依赖库添加到流水线中，并配置为只要检测到高危漏洞，流水线就会失败，从而阻止应用的编译和构建并发出警告（如图 4-5 所示）。

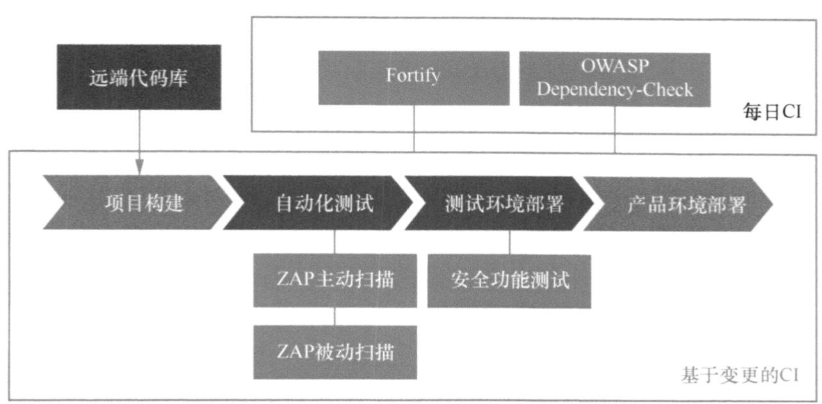

图 4-5　安全扫描与 CI 流水线的集成

持续性的自动化安全扫描能够替代人工效率最低的那部分，以达到高效扫描的目的。虽然当前绝大部分扫描工具并不能发现所有的安全漏洞，但是它们可以在投入较小的情况下持续发现大部分系统的基础安全漏洞，从而防止大部分中级和几乎所有初级黑帽的攻击。但是这样的流程不能完全省去人工，比如人工审查自动化安全测试的报告，如果有安全漏洞，还需要人工分析安全漏洞等。

3. 系统动态扫描

静态代码扫描可以发现代码中的安全漏洞，但是当软件系统的各个组件集成到一起后或者当系统被部署到测试环境后，仍然可能产生系统级别的安全漏洞，比如 XSS、CSRF（Cross-Site Request Forgery，跨站请求伪造）等安全漏洞，此时对系统进行动态扫描就可以在最短的时间内发现安全漏洞。动态扫描一般分为两种类型：主动扫描和被动扫描。

- 主动扫描的基本原理就是首先给定需要扫描的系统地址，扫描工具通过某种方式访问该系统地址，如使用各种已知漏洞模型进行访问，并根据系统返回的结果判定系统存在哪些漏洞，或者在访问请求中嵌入各种随机数据并进行一些简单的渗透测试和弱口令测试等。对于一些业务流程比较复杂的系统，主动扫描并不适用。比如一个需要登录和填写大量表单的支付系统，此时就需要使用被动扫描。

- 被动扫描的基本原理就是设置扫描工具为一个代理服务，功能测试通过这个代理服务访问系统，扫描工具可以截获所有的交互数据并进行分析，通过与已知安全漏洞进行模式匹配，从而发现系统中可能的安全缺陷。

虽然自动化扫描工具可以发现大部分基本的安全漏洞，比如 XSS、CSRF 等安全漏洞，但不能发现业务逻辑、身份认证以及权限验证等相关的安全漏洞，对于这些安全漏洞，则需要开发相应的自动化安全功能测试。

4. 安全功能测试

安全漏洞中有一部分是业务设计漏洞、流程逻辑错误或是在某些场景下没有做身份认证以及权限验证等造成的。这部分安全漏洞是很难通过静态代码扫描、第三方依赖扫描或系统动态扫描来发现的。而针对这部分安全漏洞的测试用例，则可以由业务分析人员在开展业务分析的时候进行设计，或者由开发人员在架构设计或 DDD（Domain Driven Design，领域驱动设计）事件风暴工作坊中进行设计，或者由测试人员通过威胁建模的信息进行设计，然后作为验收测试的一部分由开发人员或测试人员进行测试。也可以将这些测试用例添加到自动化测试中。最后，在项目流水线中嵌入这些自动化扫描和测试，从而保证代码提交以后可以持续地运行这些自动化扫描和测试。

5. 渗透测试

经过以上各种扫描以及安全功能测试并修复发现的中高危险级别的漏洞后，软件系统就可以达到中等级别的安全程度，从而抵御大部分中低级别黑帽的攻击。但是要抵御中高级别黑帽的攻击，还需要做渗透测试，并且做渗透测试的人员需要是中高级别的白帽。

渗透测试需要依赖测试人员大量的经验和专业的工具，以及对被测系统的深入了解和分析。传统的渗透测试将被测系统当作一个黑盒来进行测试。但是如今软件系统的复杂度越来越高，成本控制也越来越严，所以为了提升渗透测试的效率，测试人员需要在开始测试前对系统进行深入的了解，其中包括业务流程、软件架构、基础软件的信息、威胁建模的信息，以及已经做过的各种安全测试的信息等，这样可以大量节约渗透测试的调查时间，帮助测试人员更快地找到更容易攻击的攻击面和攻击向量。

渗透测试人员一般会通过使用漏洞库对系统进行扫描，或者通过模糊测试的方法攻击系统，并结合系统的各种详细信息筛选攻击面和攻击向量，然后尝试继续对系统进行攻击，并尝试获取未授权数据，或者通过提升权限来控制系统等。

以上这些安全测试方法只能找到大部分的安全漏洞金字塔中的“已知常规基础软件漏洞和应用层业务与技术漏洞”，仍有少部分难以发现的或者不在漏洞库中的漏洞发现不了。对于“底层基础系统漏洞”则几乎发现不了，只有少量的底层基础系统漏洞可能会被资深的渗透测试安全专家发现。

4.2.5 不同类型项目的安全测试

不同类型的项目，安全测试的相关实践也是有所不同的，一般可以分为服务端系统安全测试和客户端系统安全测试，而它们的攻击面和攻击向量也是有区别的。

服务端系统安全测试的攻击面主要是服务端的各种服务及其操作系统中的各种基础软件，使用的主要攻击向量就是网络访问。其中一些攻击类型如下：

- SQL/Command 注入攻击；
- 会话重用；
- 内存溢出；
- DoS/DDoS（Distributed Denial of Service，分布式拒绝服务）攻击。

客户端系统安全测试的攻击面主要是本地文件系统和内存系统以及应用本身的代码（包括源代码、中间代码以及二进制代码）等。其中一些攻击类型如下：

- 认证失窃；
- 会话劫持；
- 敏感数据泄露。

安全测试领域还有一个比较特殊的子领域——社会工程学。它是社会学和计算机安全的一个交叉领域，主是指通过人与人之间的合法交流，使特定的人受到特定的心理影响或欺骗，然后自愿或无意地泄露一些机密信息，让攻击者可以入侵其计算机系统的行为。利用社会工程学进行攻击的类型如下：

- 钓鱼攻击；
- 中间人攻击；
- 弱密码攻击。

4.2.6 DevSecOps：从安全测试到安全工程

1. 传统软件安全开发体系面临的挑战

在传统的基于瀑布模型的研发模式下，有很多软件安全开发的管理体系和理论方法，其中比较知名的有安全构建成熟度模型（Building Security In Maturity Model，BSIMM）、软件保证成熟度模型（Software Assurance Maturity Model，SAMM）和安全开发生命周期（Security Development Lifecycle，SDL）模型。其中由微软主导的 SDL 模型（如图 4-6 所示）最知名，其方法论和实践已经成为一些行业事实上的标准，国内外各大 IT 公司和软件厂商都在基于这套理论和实践，结合自身的实际研发情况来进行研发安全的管控。但是 SDL 模型本身并未关注运维阶段的安全实践，微软为了弥补这一不足，后期推出了运维安全保障（Operational Security Assurance，OSA）模型。

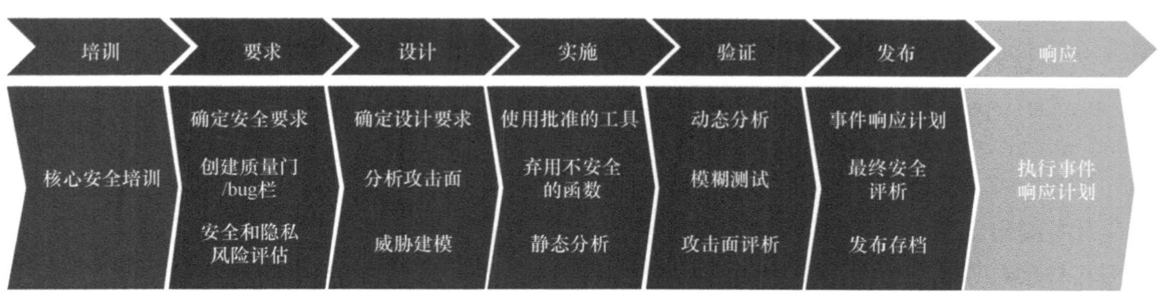

图 4-6 微软的 SDL 模型

SDL 模型的工作机制设计是高度适配瀑布模式的，其在研发和测试之外定义了专门的安全角色，通过软件研发流程各个环节上的安全活动，使安全验证工作能够嵌入软件研发过程的各个环节，以降低软件产品中出现安全漏洞的风险。

但是，随着瀑布模式的淡出和 DevOps 模式的兴起，SDL 模型中的一些问题被不断放大，已经很难适应 DevOps 模式下的安全诉求，主要问题体现在以下两个方面。

（1）敏捷开发过程中设计环节的弱化使安全活动失去了切入点。

现代软件开发在敏捷思想的影响下，越来越提倡小步快跑、代码先行、代码即设计的理念，企业很多时候会直接采用最小化可行产品（Minimum Viable Product，MVP）的精益创业方法来快速迭代产品。在这种模式下，原本研发环节的各个阶段（比如设计、开发和测试阶段）都被弱化了，或者说边界变得模糊了，此时安全人员根本无法参与设计阶段，也无法进行传统的针对设计方案的威胁建模和风险分析消除等工作。

（2）DevOps 模式下的高速交付频率让安全活动无从下手。

敏捷开发过程的发布频率基本是以周为单位的，但是在 DevOps 模式（如图 4-7 所示）下，通过高效 CI/CD 流水线的能力，可以轻松实现完全的按需发布。极端情况下，代码在递交后的几分钟就可以自动发布到生产环境。在这种发布频率下，SDL 模型已经完全处于瘫痪状态，SDL 模型定义的各种安全活动根本找不到开展的时机，这俨然已经成为当下软件安全的最大隐患。

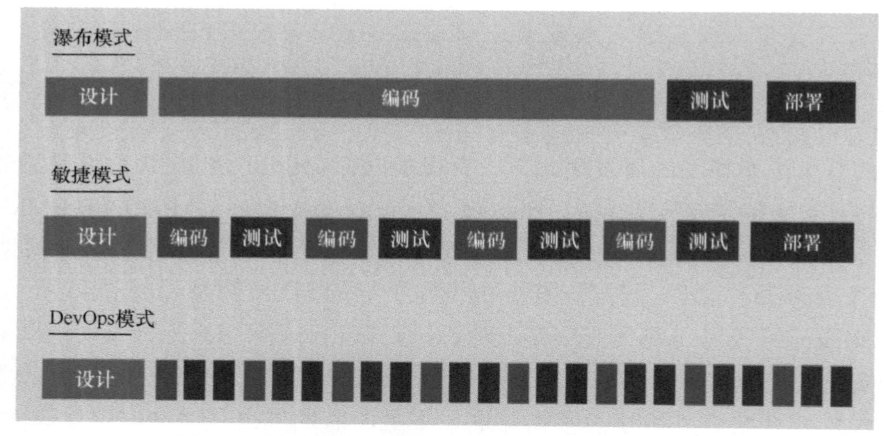

图 4-7　瀑布模式、敏捷模式、DevOps 模式的对比

正是由于上述这些问题，DevOps 模式下的 SDL 模型实际上已经名存实亡，SDL 模型已无法适应这种新的模式。为此，微软正式提出了“Secure DevOps”的理念与相关实践，而“Secure DevOps”本质上就是 DevSecOps 的具体实现。

2. 新技术对软件安全开发提出的挑战

与此同时，微服务架构的普及、容器技术的广泛使用以及云原生技术的发展，也对软件的安全开发提出了更多、更高的要求。我们先来看看微服务架构。微服务架构已经成为现在软件架构的标配，微服务在带来便利的同时也带来很多挑战，比如微服务的治理成本一直居高不下、测试成本成倍增长、测试环境搭建困难等。从安全的视角出发，你会发现微服务对安全更是提出了很多全新挑战，比如攻击面分析困难，单个微服务的攻击面可能很小，但是整个系统的攻击面可能很大，并且不容易看清攻击的发起点；相较于传统的三层结构 Web 网站，数据流分析难以应用在微服务架构中，因为不容易确定信任边界等；此外，除非使用统一的日志记录和审计机制，否则想要审计系统中众多的微服务，也是一件非常困难和高成本的事情。

我们再来看看以 Docker 为首的容器技术，容器技术一方面推动了微服务的快速发展，另一方面则改变了传统运维的理念和方法。Docker 的广泛使用同样给软件安全带来了很多全新的挑战。首先是资产识别问题，原本的资产识别粒度是基于虚拟机的，现在需要针对容器，而容器本身的灵活度大大高于虚拟机，能够支持快速地创建和销毁容器；其次，容器本身也会引入新的安全风险，内核溢出、容器逃逸、资源拒绝服务、镜像有漏洞、密钥泄露等都需要我们给予额外的关注；最后，很多安全系统也需要对容器进行适配，比如某些基于主机的入侵检测系统（Host-based Intrusion Detection System，HIDS）可能无法直接支持容器，需要进行改造适配。我们最后来看看云原生技术。云原生技术深刻改变了我们进行系统架构和设计的思维模式。云原生本身就包含很多安全维度的诉求，这一领域值得探索和研究的空间非常大。

3. DevSecOps 概念的诞生与内涵

由此可见，随着 DevOps 研发实践的不断普及，传统的软件安全开发体系已经力不从心。随着软件发布速度和发布频率的不断提高，传统的应用安全团队已经无法跟上软件发布的步伐以确保每个发布都是安全的。为了解决这个问题，组织需要在整个软件研发全生命周期中持续构建安全性，以便 DevOps 团队能够快速、高质量地交付安全的应用。越早地将安全性引入工作流，就能越早地识别和补救安全弱点和漏洞。这一概念属于左移范畴，旨在将安全测试转移给开发人员，使他们能够几乎实时地修复代码中的安全问题。亚马逊首席技术官 Werner Vogels 也持有相同的观点，他认为软件安全需要每个软件工程师的参与，软件安全不再仅仅是安全团队的责任，而是整个组织所有人的一致目标和责任，只有这样才能更好地对研发过程中的安全问题进行管控。这并不是推脱责任的说辞，而实际上对安全团队的思维方式、介入时机、组织形式和安全能力建设等提出了更高的要求。但是，在当前情况下，想让每个软件工程师在安全意识和安全能力上都达到专业安全人员的要求在短期内是不现实的。因此，如何将安全要求和安全能力融合到 DevOps 过程中，从而通过安全赋能，让整个组织既能够享受到 DevOps 带来的快捷，又能够较好地管控安全风险，就成了一个十分重要的问题。为了解决这个问题，DevSecOps 和与此相关的实践由此诞生。2012 年，Gartner 通过研究报告“DevOpsSec: Creating the Agile Triangle”提出了 DevSecOps 的概念。在这份研究报告中，确定了安全专业人员需要积极参与 DevOps 计划并忠于 DevOps 的精神，以及拥抱团队合作、协调、敏捷和共同承担责任的理念。也就是说，完全遵循 DevOps 的思想，将安全无缝集成到其中，使之升级为 DevSecOps。2016 年，Gartner 公开了一份名为“DevSecOps: How to Seamlessly Integrate Security Into DevOps”的研究报告，更加详细地阐述了 DevSecOps 的理念和一些实践。DevSecOps 是应用安全（AppSec）领域的术语，意为通过在 DevOps 活动中扩大开发团队和运营团队之间的紧密协作，将安全团队也包括进来，从而在软件开发生命周期的早期引入安全性。这就要求改变开发、安全、测试、运营等核心职能团队的文化、流程和工具（如图 4-8 所示）。基本上，DevSecOps 意味着安全成为共同的责任，而参与的每个人都有责任在 DevOps 的 CI/CD 工作流中构建安全。通过实践 DevSecOps，可以更早地、有意识地将安全性融入软件开发全生命周期中。如果组织从一开始就将安全性考虑在内，那么在软件进入生产环境之前或发布之后，发现并修复漏洞就会更容易，成本也更低。

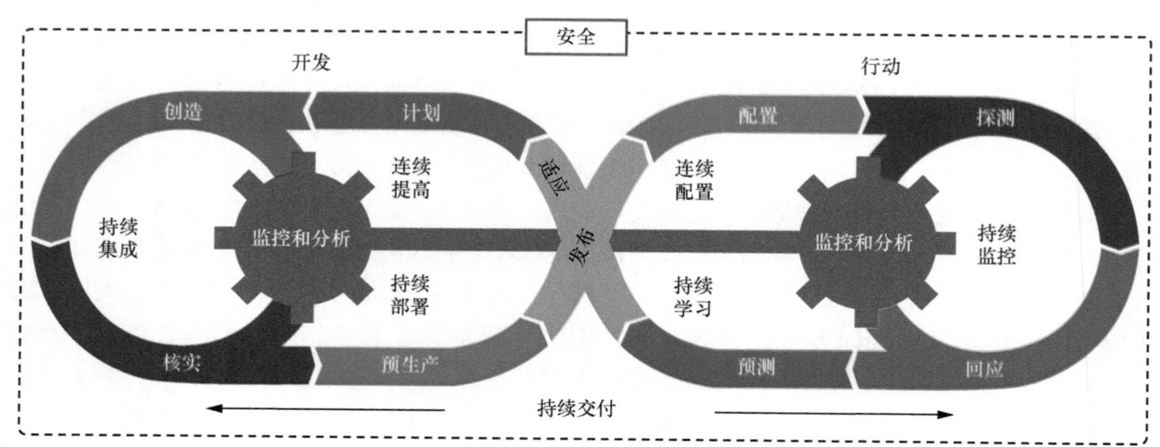

图 4-8　DevSecOps 全局

4. DevSecOps 工具

DevSecOps 工具是整个 DevSecOps 的核心。它通过扫描开发代码、模拟攻击行为，从而帮助开发团队发现开发过程中潜在的安全漏洞。从安全的角度来看，DevSecOps 工具可以划分为以下 5 类。

（1）静态应用安全测试（Static Application Security Testing，SAST）技术通常通过在编码阶段分析应用程序的源代码或二进制文件的语法、结构、过程、接口等来发现程序代码存在的安全漏洞。SAST 主要用于白盒测试，检测问题类型丰富，可精准定位安全漏洞代码，比较容易被程序员接受。但是误报多，耗费的人工成本高，扫描时间会随着代码量的增加显著延长。常见的 SAST 工具包括老牌的 Coverity、Checkmarx、FindBugs 等，比较新的工具有 CodeQL 和 ShiftLeft Inspect 等。通常来讲，SAST 的优点是能够发现代码中更多、更全的漏洞类型，漏洞点可以具体到代码行以便修复，无须区分代码最终会变成 Web 应用还是 App，不会对现网系统环境造成任何的影响等。与此同时，SAST 的缺点也不少，比如研发难度大、多语言需要不同的检测方法、误报率高、不能确定漏洞是否真的可被利用、不能发现跨代码多个系统集成的安全问题等。传统的 SAST 始终不能很好地解决误报率高的问题，并且因为研发模式的问题，研发人员在编码结束之后，还要花费非常长的时间来做确认漏洞的工作。因为其中可能很多都是误报，所以在一些行业并未得到大规模的应用，但在将 DevOps 和 CI 结合后，上述一些新的工具开始广泛利用编译过程来更精确地检测漏洞以降低误报率，并且极小的 CI 间隔也让误报率高的问题所带来的负担大大降低了。

（2）动态应用安全检测（Dynamic Application Security Testing，DAST）技术则在测试阶段或运行阶段分析应用程序的动态运行状态。它通过模拟黑帽行为对应用程序进行动态攻击，分析应用程序的反应，从而确定应用程序是否易受攻击。这种工具不区分测试对象的实现语言，采用攻击特征库来做漏洞发现与验证，能发现大部分高风险问题，因此是业界 Web 安全测试使用非常普遍的一种安全测试方案。但是此类工具由于对测试人员有一定的专业要求，大部分不能被自动化，在测试过程中产生的脏数据会污染业务测试数据，且无法定位漏洞的具体位置等，因此并不适合在 DevSecOps 体系下使用。常见的 DAST 工具既包括针对 Web 应用商用和开源的 Acunetix WVS、Burp Suite、OWASP ZAP、长亭科技 X-Ray、w3af 等，也包括一些针对 PC 或移动端 App 等的软件。这些工具的优点是从攻击者视角可以发现大多数的安全问题、准确性非常高、无需源代码、不用考虑系统内部的编码语言等。但缺点也很明显，比如需要向业务系统发送构造的特定输入，因而有可能影响系统的稳定性；因参数合法性、认证、多步操作等原因难以触发，导致有些漏洞发现不了；漏洞位置不确定，导致修复难度大；某些漏洞的修复可能非常耗费资源（如基于安卓虚拟机等）或时间（既不能影响环境运行，又要发送大量请求并且等待响应）等。

（3）交互式应用安全检测（Interactive Application Security Testing，IAST）是 Gartner 在 2012 年提出的一种新的应用程序安全测试方案，它的出发点是比较容易理解的。SAST 通过分析源代码、字节码或二进制文件，从内部测试应用程序来检测安全漏洞，而 DAST 则从外部测试应用程序来检测安全漏洞，它们各有优劣。是否存在一种方式，能够通过结合内外部来更好地执行自动化检测，以更准确地发现更多的安全漏洞？IAST 就是 Gartner 给出的方式，它试图将外部动态和内部静态分析技术结合起来，以达到上述目标。IAST 通过在服务端部署 agent（代理）程序，收集和监控 Web 应用程序运行时函数的执行和数据的传输，并与扫描器端进行实时交互，从而高效、准确地识别安全缺陷及漏洞，并精准定位漏洞所在的代码文件、行数、函数及参数。比如在针对 Web 业务的 DAST 方案中，相较于传统的人工录入参数和发起扫描这一无法结合到流水线中的方式，通过一个应用代理，就可以在做自动化检测的时候自动收集 CGI（Common Gateway Interface，通用网关接口）流量并自动提交扫描，从而可以很好地融入流水线中；更进一步地，通过在 Web 容器中插入对关键行为的监控代码（比如“hook”数据库执行的底层函数），并跟外部 DAST 扫描进行联动，就可以发现一些纯 DAST 无法发现的 SQL 注入漏洞等。从本质上讲，IAST 相当于结合了 DAST 和 SAST 的一种互相关联运行时安全检测技术。IAST 的检测效率、精准度较高，并且能准确定位漏洞，漏洞信息详细度较高。但其缺点也比较明显，比如对系统的环境或代码的侵入性比较高，部署成本也略高，且无法发现业务逻辑本身的漏洞。对于逻辑性比较强的逻辑漏洞，例如 0 元支付这类逻辑漏洞，则需要进行上线前的人工安全测试才能发现和解决，或者在设计阶段通过安全需求进行规避。IAST 相关的工具有 Contrast Security 等，此外一些国内外的安全厂商也在陆续推出 IAST 产品。

（4）软件成分分析（Software Composition Analysis，SCA）工具。快速迭代式的开发意味着开发人员需要大量地复用成熟的代码组件、库等。这在便捷的同时也引入了风险，如果引用了一些存在已知安全漏洞的代码版本，怎么办？如何检查它们？这衍生出了 SCA 的概念和工具。有一些针对第三方开源代码组件 / 库（低版本）漏洞检测的工具已被集成到 IDE 安全插件中，编码的时候只要引入就会立即产生安全提醒，甚至帮你修正所引入库的版本来修复漏洞。还有一些 SCA 工具可以无缝集成到 CI/CD 流程中，从构建集成直至生产前的发布，持续检测新的开源漏洞。比较典型的 SCA 工具是 Black Duck。

（5）开源软件安全工具。现在很多的 FOSS（Free and Open Source Software，自由和开源软件）工具已经比较成熟了，包括 X-Ray、Sonatype IQ Server、Dependency-Check 等。一般情

况下，选用功能齐全的 IAST 或 DAST 即可解决大部分安全问题，如果想要进一步左移，则可以继续推进 SAST、SCA 和 FOSS 的建设，将漏洞发现提前到开发阶段。

5. 典型 DevSecOps 流程的解读

下面通过一个典型 DevSecOps 的流程（见图 4-9）来看一下 DevSecOps 的实践是如何开展的。在需求分析阶段和需求任务分配阶段，也就是在进行系统开发之前，为保证应用的安全，需要对开发人员进行信息安全知识培训和安全编码技能培训，一般是一些在线的课程或者在线安全实践的培训。在安全培训周期方面，既要有新人初级培训，也要有周期性的培训；既要有安全设计的培训，也要有代码安全的培训，还要密切观察开发人员出现的问题并及时给予有针对性的复盘，以便他们在了解漏洞原理之后，能写出高质量、安全的代码。此外，还要注重安全设计的培训，目的是把安全理念和安全技术向一线的开发人员普及，这是将安全赋能团队的重要步骤和环节。接下来，开发人员根据认领的需求来进行开发工作，开发过程中需要根据《编码安全指南》进行代码的编写，此时可以借助本地的 SAST 进行源代码的安全扫描。另外，在开发过程中，对 IDE 中引入的开源组件和内部依赖组件也会通过 SCA 进行安全分析。若发现组件有潜在安全风险，则及时告知开发人员并要求修复。

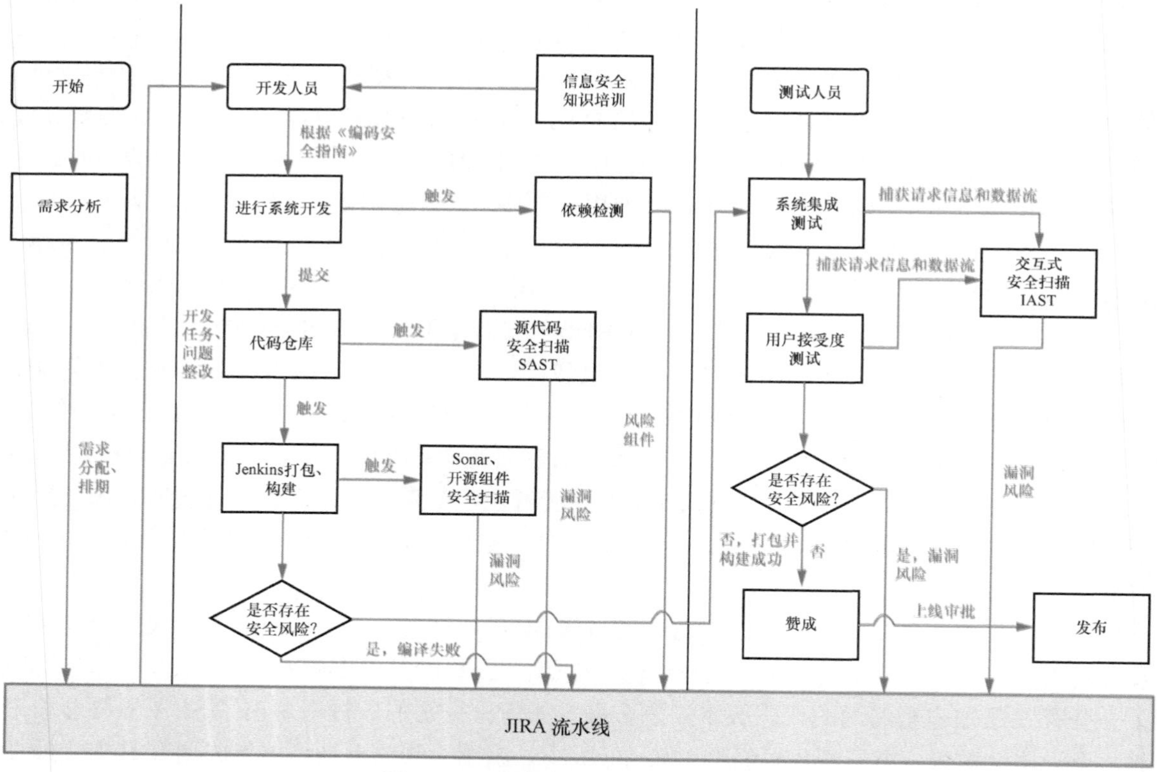

图 4-9　一个典型 DevSecOps 的流程

在代码开发完成之后，开发人员将代码提交到代码仓库。当代码被提交到代码仓库之后，由 CI 流水线自动触发 SAST 进行增量源代码安全扫描，并将发现的潜在风险上报。此外，SAST 也会对代码仓库进行周期性的全量巡检，这里需要将编码安全规则配置为源代码安全检查工具扫描规则，以确保代码的静态安全质量。在代码构建阶段，自动对代码进行静态代码检查和开源组件安全扫描，若扫描发现安全隐患，将相关信息推送至研发人员，同时中止流水线作业。待研发人员完成修复后，再次发起分支合并并重启自动发布流水线。为减少因源代码缺陷以致流水线频繁中止，建议在编码过程中，每日代码合流时自动开展源代码安全扫描，以小步快跑的方式，小批量、多批次地修复所有安全缺陷。在系统测试阶段，利用 IAST 自动收集测试流量，针对测试流量进行分析和自动构建漏洞测试请求，在开展功能测试的同时，即可完成安全测试。若发现漏洞，立马将漏洞信息推送至研发团队要求及时处理。

4.3 移动测试新技术

4.3.1 移动测试现状

移动操作系统的多样性和快速迭代性，以及移动设备的多样性等，导致移动测试的难度比较大，特别是自动化测试的难度，比 Web 系统测试的难度还大。所以移动测试整体还有很长的路要走，不管是测试策略与测试架构，还是自动化测试工具和测试平台，都需要不断地发展与进步，才可以适应复杂的移动测试。

4.3.2 移动应用的测试策略与测试架构

首先，移动应用本质上是软件系统，所以通用的软件测试方法和技术都可以使用。其次，移动应用又有嵌入式的特征，比如开发过程中需要进行交叉编译和远程调试、硬件资源相对不足等，所以移动应用的测试有其特殊之处，比如也需要进行交叉编译、远程调试以及各种硬件相关测试等。对应的移动应用的测试策略与测试架构也有其特殊之处。

1. 制定测试策略

移动测试分为 3 种类型，分别是基础测试、进阶测试和产品测试。其中基础测试是产品能正确并快速交付的基本保障，进阶测试主要是为了增强软件系统的鲁棒性，而产品测试主要是通过从产品角度以及用户角度去思考而进行的测试。

基础测试包括如下测试：

- 功能测试；
- 集成测试；
- 单元测试；
- 契约测试。

进阶测试包括如下测试：

- 兼容性测试；
- UI 视觉测试；
- 性能测试；
- 安全测试；

- 异常测试；
- 猴子测试；
- 安装、升级和卸载测试；
- 耐久测试；
- 耗电测试；
- 网络流量测试；
- 其他硬件功能专项测试。

产品测试包括如下测试：

- 易用性测试；
- A/B 测试；
- 产品验证测试 / 产品在线测试；
- 用户测试。

对于一个中小型项目来讲，很多时候资源是十分有限的，很难做到所有类型的测试，大型项目更是如此，更难有足够多的资源去做所有类型的测试。另外，可能由于团队人员的技术能力不足，或者所拥有的测试相关的技术栈的限制，以及开发测试环境和软件系统架构的限制，有些类型的测试是无法进行的。所以，应根据产品质量需求优先级，并参考团队的各种限制来制定测试策略。

首先通过和 PO（Product Owner）、PM（Product Manager）等人员进行讨论，得到产品质量需求优先级；然后根据产品质量需求优先级制定相应类型的测试；最后根据团队的资源、项目周期、技术能力以及各种限制来制定相应的测试方法和测试技术，其中包括使用自动化测试还是手动测试、所使用的测试工具和测试框架、测试的范围和程度等。

表 4-3 所示是一个典型手机应用的测试策略表的样例，这只是一个模拟项目的样例，真实项目中的各类信息应该更多，并且可以根据具体情况添加新列。请注意，这些测试并不一定由测试人员或 QA 人员来做，也可能由整个团队一起协作完成。

表 4-3　测试策略表样例

产品质量需求优先级	质量需求	测试类型	限制	实施	测试优先级
1	功能正确	功能测试，产品在线测试，安装、升级和卸载测试	有一个第三方服务没有测试环境，只能在线测试	- 基于功能点或故事卡进行独立的手动测试； - 根据功能流程的重要程度和影响确定优先级，根据优先级编写自动化测试； - 暂定使用 Macaca	1
1	持续交付	单元测试	开发人员不熟悉单元测试技术和 TDD，需要时间来学习	- 尽量使用 TDD，即使无法进行，也要在功能开发完成之后补上单元测试； - 团队目标是短语测试覆盖率大于或等于 80%； - 针对发现的缺陷添加额外的单元测试； - 暂定使用 JUnit	2

续表

产品质量需求优先级	质量需求	测试类型	限制	实施	测试优先级
2	快速响应依赖服务的变化	集成测试、契约测试	服务端不同意进行契约测试，所以只能先做服务端的集成测试	- 通过自动化测试框架来编写，每一个服务至少写一个集成测试，对于重要的服务需要覆盖其主要流程； - 暂定使用 JUnit	1
2	安全很重要	安全测试	团队人员不熟悉安全测试，所以需要聘请第三方安全测试人员	- 做一些简单的基于代码的安全扫描； - 做一些基于业务的安全测试，比如跨用户访问等； - 工具特定	2
2	需要兼容 10 款手机	兼容性测试	由于硬件资源有限，需要使用第三方云测试服务	- 购买第三方云测试服务； - 暂定使用 Testin 或 TestBird	2
3	稳定性需要考虑	猴子测试、异常测试、硬件功能专项测试	需要额外的资源来做这些测试	- 通过基于整个系统角度的探索性思考来设计异常测试用例； - 暂定使用 Android Monkey； - 测试网络和 GPS 相关的异常测试	3
3	易用性也需要考虑	易用性测试、用户测试、UI 视觉测试	由于开始时用户量小，易用性测试和用户测试都可以使用众测方式获取测试结果和测试用例数据。等产品上线并有一定用户量的时候，就可以自己做了	- 使用第三方众测； - 暂定使用 Applitools	3

测试策略表中的产品质量需求优先级的获取是一个比较烦琐的过程，需要和各个利益相关方一起讨论并且协商才能确定。

根据测试优先级，把资源优先投入高优先级的测试中。等高优先级的测试做到团队可以接受的程度后，再按照测试优先级做下一类型的测试。测试策略表中的测试优先级在开发过程中不是绝对不变的。如果 PO、PM 等利益相关方对产品质量需求的优先级发生了改变，在得到团队同意后，就需要改变测试策略表中的测试优先级。所以需要经常与团队更新测试进度，并及时获得团队各个角色对于测试和产品质量需求的反馈与更新。

此外，可以根据测试金字塔等模型来思考不同类型测试之间的关系和工作量，但在很多情况下也可以不用参考这些测试模型，因为移动应用的复杂度一般不会特别高，并且在当前大多数情况下，移动应用中复杂的业务逻辑已尽量在服务端进行处理，移动应用很多时候只是一个用户交互系统，所以应该尽可能先完成会影响用户使用的 E2E（End to End）流程测试，之后再继续做其他类型的测试。

但是对于移动应用中实现复杂业务的项目，测试策略还是应该尽量思考测试类型之间测试用例重复的问题，尽量避免重复的用例，降低测试成本。

2. 制定测试架构

通过测试策略表，我们获得了简易版的测试策略，然后就可以制定测试架构了。由于嵌入式软件的特殊性，其测试架构也与常规的桌面系统和服务器系统有一定的区别。图 4-10 给出了与上述样例测试策略相对应的测试架构。

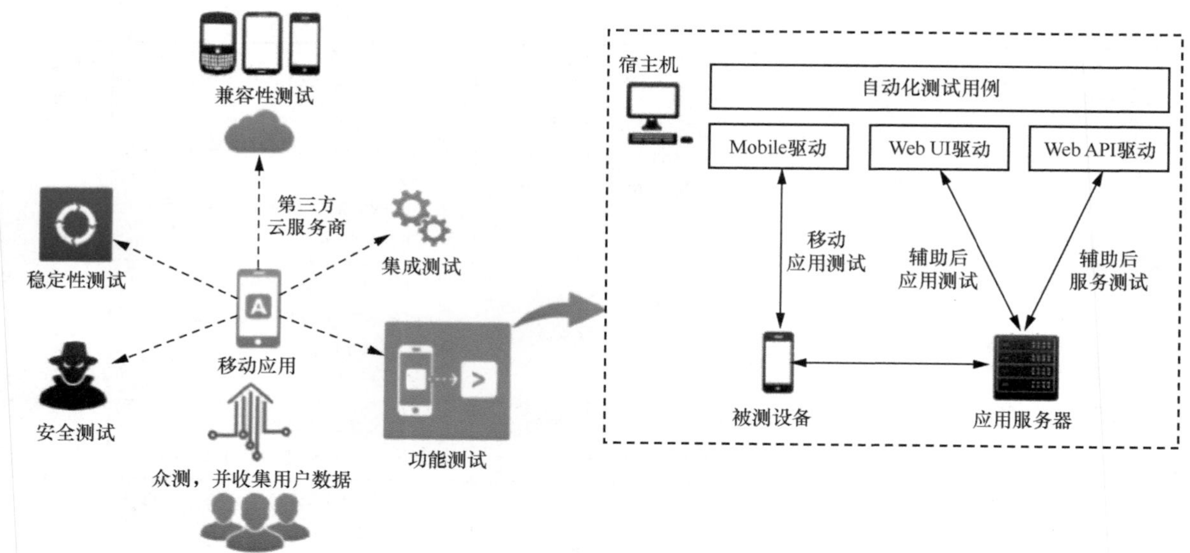

图 4-10　测试架构

我们在图 4-10 中只针对功能测试进行了进一步的详细架构设计，并没有对其他测试（比如集成测试、兼容性测试和稳定性测试等）进行详细架构设计，感兴趣的读者可以根据自己项目的实际情况尝试一下。

通过测试架构，我们可以比较系统、直观地了解各种类型测试的分布、关系和测试系统的架构等。然后配合测试策略表就可以较好地指导团队进行有效的测试，比如制定更好的测试计划，制定更适合的自动化测试系统等，并且还可以更有效地评估产品质量，比如什么类型的测试没有做，因此那些特定方面就存在较高的风险。

不过任何软件系统都是存在缺陷和风险的，关键是看这些缺陷对于软件开发商和用户产生的影响有多大，风险是不是在可控范围内。永远不要尝试去找到所有缺陷并消除，而要从风险大小、影响程度等各方面综合考虑，增强团队对产品质量的信心，并且不要对客户产生严重的、大范围的影响。

4.3.3　移动测试的分类与框架

随着移动互联网的普及，移动应用越来越多，功能越来越复杂。为了实施自动化功能回归测试，移动 UI 自动化测试框架随之出现。由于移动操作系统基本上已经被 Android 和 iOS 系统“统治”，因此现在绝大部分移动 UI 自动化测试框架基本只支持这两类系统。其中 Google 和 Apple 公司分别推出了自有的移动 UI 自动化测试框架，业界也有不少第三方的跨这两个平台的统一自动化测试框架。至于如何选择这些框架，我们首先需要了解它们各自的特点，然后根据项目不同的需求以及团队的特点，选择适合项目和团队的自动化测试框架。一定不能盲目地仅仅学习一个框架之后就开始进行实施，特别是进行大规模实施，不然很容易事倍功半。表 4-4 介绍了业界最为常用的几个基于 Android 和 iOS 系统的自动化测试框架。

表 4-4 基于 Android 和 iOS 系统的自动化测试框架

条目	测试框架			
	Espresso / UI Automator	**XCUITest**	**Appium**	**Airtest**
类型	Android 专用	iOS 专用	跨平台（Android/iOS）	跨平台（Android/iOS）
编程语言	Java 和 Kotlin	Swift 和 Objective-C	Java、Python、JavaScript 等多种语言	Python
Jenkins	支持	支持	支持	支持
亮点	UI Automator 和 Espresso 都是由 Google 官方开发和维护的免费自动化测试框架，性能和稳定性都很高。 UI Automator 可以和 Android 系统本身进行很好的集成，以及控制系统级别的配置，比如开关 Wi-Fi、访问系统日历等。它还支持测试多应用，并且对于每个应用都是黑盒级别的测试。 Espresso 相较于 UI Automator 是一个轻量级的测试框架，它支持流式 API 并集成了 Hamcrest，使得代码有很强的可读性。它可以访问应用的内部视图，比如 WebView 等，因而可以用来做灰盒测试	由 Apple 公司开发并维护，属于 XCTest 的子集，和 iOS 应用使用同一个开发技术栈，性能和稳定性都很高。	业界使用最为广泛的 Android 和 iOS 跨平台自动化测试框架，支持语言众多，特别是常用的脚本语言。 Appium 自动化测试不需要重新编译应用系统	支持以图形作为元素进行操作，因而支持常规的图形游戏测试。 提供了一套 IDE，可以比较简单地录制和拼装测试用例
不足	需要学习特定的静态编程语言，学习成本较高，开发有一定难度，不支持旧版的 Android，只支持 Android 4.3（API level 18）及以上版本。 Espresso 只能对一个应用进行测试，不能集成系统自带应用，也不能对多应用进行测试	需要学习特定的静态编程语言，学习成本较高，开发有一定难度，不支持旧版的 iOS，只支持 iOS 9.3 及以上版本	搭建过程较为复杂。 性能较差，稳定性不是很高	图形识别率不是很高，稳定性也不是很高

除了表 4-4 中所列的几个常用的自动化测试框架，业界还有不少移动自动化测试框架，比如 Detox、WebdriverIO、Selendroid、Macaca 等。但是由于移动测试的特殊性，比如必须基于模拟器或者真实的设备才能执行、被测系统的版本或者设备的类型可能较多等，如果自动化测试不稳定或者效率不高，则实施成本较高；而移动应用的 UI 变化又较快，这使得自动化测试开发和维护成本较高。这是当前移动应用自动化测试普及率不高的两个主要原因。但是如果充分了解了当前业界的开源、免费自动化测试框架，并选择一个适合被测系统以及团队技术能力的框架，则可以最大可能降低开发和维护成本，从而提高自动化测试实施的成功率。如果团队中自动化测试开发人员的能力较强，熟悉 Kotlin（Android）、Swift（iOS）等语言，并且对自动化测试的性能和稳定性追求都很高，则可以选择专用的 Espresso（Android）和 XCUITest（iOS）等测试框架。但是，如果团队中自动化测试开发人员的能力不强，或者只会一些脚本语言，比如 Python、JavaScript 等，并且希望编写一套测试用例来分别测试 Android 和 iOS 平台

上的应用，则可以选择 Appium、Detox 等测试框架。

其中选择官方的 Espresso 和 XCUITest 是最好的选择，因为它们的稳定性好且速度快。如果团队的自动化测试由开发人员自己实施，最好选择这类框架。但是不少团队的移动 UI 测试一般由专门的测试工程师或自动化测试工程师开发，而这部分人大多只熟悉脚本语言，比如 Python、JavaScript、Ruby 等，对 Java、Kotlin、Swift、Objective-C 这类语言并不是很熟悉。此外，由于自动化测试工程师资源并不多，这些工程师往往需要兼顾多个项目，所以为了节约学习和开发成本，我们往往会选择一个跨平台的自动化测试框架，比如 Appium、Detox 等。但是，当前跨平台的自动化测试框架普遍存在一定的限制，比如稳定性和性能，以及需要一些特殊的底层控制功能等，所以一般只适用于对一些主要的 E2E 场景进行自动化冒烟测试，而很难用于实施大规模的自动化功能回归测试。如果一定要实施大规模的自动化功能回归测试，最好选用 Espresso 和 XCUITest 这类原生框架。

和 Web UI 测试一样，移动 UI 测试也有相应的 Snapshot Test 测试框架，比如支持 iOS 的 swift-snapshot-testing 和 ios-snapshot-test-case，以及支持 Android 的 screenshot-test-for-android。

4.3.4 移动测试的未来

移动测试的未来一定是技术大融合和测试平台化，测试平台化指的是通过一个测试平台就可以高效地使用各种自动化测试工具，对各种不同型号的设备进行测试，包括真实设备和虚拟设备、跨平台测试框架等。这个测试平台可以是基于公有云的公共测试服务，也可以是私有部署的内部测试服务。现在业界已经有了一些初具规模的公有移动测试服务，比如国内的 Testin 和 MQC，以及国外的 AWS Device Farm 和 Perfecto 等。

4.4 大数据测试

Gartner 给大数据进行了定义：大数据是大容量、高速和 / 或多样化的信息资产，需要具有成本效益和创新的信息处理形式，以增强洞察力、决策制定和流程自动化。通常来说，大数据意味着大量的数据，例如，Facebook 每天大约产生 4PB 的数据，拥有大约 19 亿活跃用户，每秒更新数以百万计的评论、图像和视频。

大数据测试可以定义为一个涉及检查和验证大数据应用程序功能的过程，由于大数据是使用传统计算技术无法处理的大型数据集的集合，因此传统的数据测试方法往往不适用于大数据。传统测试和大数据测试的区别如表 4-5 所示。这意味着大数据测试需要一些特殊的工具、技术和术语，我们将在本节着重讨论它们。

表 4-5　传统测试和大数据测试的区别

条目	测试类别	
	传统测试	大数据测试
测试数据特点	测试数据通常是结构化数据	测试数据包含大量非结构化数据
测试人员要求	测试人员不需要具备编码能力	测试人员需要具备编码能力

续表

条目	测试类别	
	传统测试	大数据测试
测试环境要求	数据量小，一般不需要特殊的环境	数据量大，需要特殊环境
自动化测试特点	自动化测试是基于 API 或 UI 进行的	自动化测试需要单独设计一些工具

4.4.1 大数据的特征

业界一般将大数据的主要特征总结为 4V，即 Volume（大量）、Variety（多样）、Velocity（高速）和 Value（价值），如图 4-11 所示。

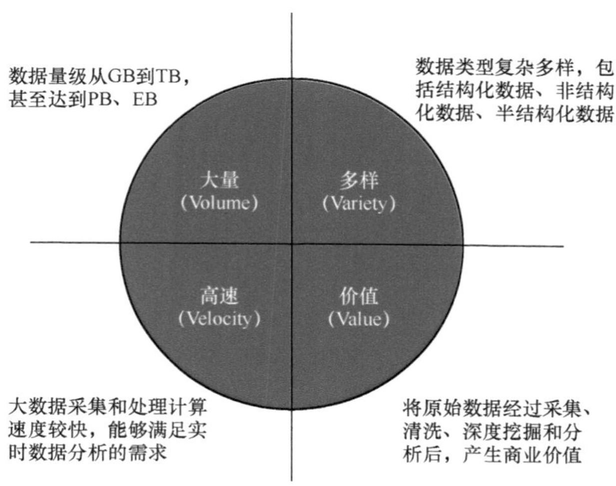

图 4-11 大数据的 4V 特征

1. 大量

大数据的“大”首先就体现在数据规模大这一方面。随着互联网、物联网等互联技术的发展，人和事物的所有轨迹都可以被记录下来，数据呈现出爆发性增长态势。

2. 多样

数据来源的广泛性，决定了数据类型的多样性，我们可以归纳出 3 种数据类型：结构化数据、非结构化数据、半结构化数据。

- 结构化数据指高度组织化的数据，这种数据通常可以使用简单查询进行检索。例如数据库和数据仓库中预定义格式的数据，就属于典型的结构化数据。
- 非结构化数据指没有任何预定义格式的数据，存储和检索这种类型的数据通常比较困难。例如图像、视频和文档等就是典型的非结构化数据。
- 半结构化数据指没有严格的格式，但包含标签和元数据的数据。例如 XML 数据、CSV 数据和 JSON 数据就属于半结构化数据。

3. 高速

高速是大数据的直观特征，包括数据的增长速度和处理速度。不同于传统的纸质载体或光盘，在互联网和云计算等技术的加持下，数据的制造、处理和传播成本是极低的，这意味着短

时间内就可能会产生惊人的数据量。同时，这对数据处理速度的要求也相应提高了，大量数据的分析工作必须在极短的时间内完成。

4. 价值

大数据的核心特征是价值。一般来说，价值密度的高低和数据总量成反比，即数据价值密度越高，数据总量越小。因此，面对海量的基础数据，如何高效地提取其中的有效价值（即价值提纯），就成了行业重点研究的课题。

大数据的这些特征，决定了我们需要有特定的方式才能对其进行测试。

4.4.2 大数据测试的策略

大数据测试有多种策略，除了包含传统测试中的功能测试和性能测试，还包含数据摄取测试、数据处理测试、数据存储测试和数据迁移测试等，下面我们展开讲解。

1. 功能测试

大数据功能测试是对大数据应用程序中的功能操作所产生的实际结果与预期结果进行比较，从而判断应用程序框架及其组件是否符合设计的过程。此外，体量庞大和种类繁多的数据往往会带来一系列问题，比如坏数据、重复值、元数据、缺失值等，这些是在大数据功能测试过程中需要格外关注的验证点。

2. 性能测试

由于大数据应用程序需要为大数据集提供高效的存储、处理和检索能力，因此性能测试就成了非常重要的大数据测试策略之一，在数据收集阶段、数据摄取阶段、数据处理阶段都会涉及。

在数据收集阶段，我们通过性能测试来验证大数据应用程序从不同来源（如数据库、数据仓库等）获取数据的速度和能力；在数据摄取阶段，验证的重点变为将数据从数据源加载到目标存储单元的速度以及目标存储单元的容量；在数据处理阶段，我们针对大数据应用程序的处理逻辑（如 Map Reduce 逻辑）进行测试，主要关注处理速度。

3. 数据摄取测试

数据摄取测试是验证数据在大数据应用程序中是否被正确提取和加载的过程。我们需要检查大数据应用程序连接不同数据模块的能力，如果程序使用了消息传递系统来重放数据，那么还需要监控是否存在数据丢失情况，并重点关注数据的可用性，以及程序与各种数据流连接的稳定性。

4. 数据处理测试

在数据处理阶段，大数据应用程序专注于处理摄取的数据，我们可以通过比较输出文件和输入文件来验证业务逻辑是否被正确实现，也就是验证数据的端到端处理逻辑。需要注意的是，对于数据处理中常用的 Map Reduce 验证，应仔细检查是否存在异常，并确保异常被妥善处理。

5. 数据存储测试

数据存储测试是指将大数据应用程序处理后输出的数据，与数据仓库中存储的数据做比较，从而验证输出数据是否被正确加载到数据仓库中。在数据存储阶段，我们的主要关注点有写超时、可用性、负载均衡以及查询性能分析等。

6. 数据迁移测试

数据迁移是大数据系统中常见的操作，数据迁移测试的目的是验证数据从旧系统迁移到新系统后，新系统的功能是否正常，以及有没有数据丢失。尤其是在执行数据节点切换操作、创建数据恢复点、启动新的集群时，需要验证数据的完整性和正确性。

4.4.3 大数据测试的步骤

对于传统的大数据测试工作，测试步骤一般包含数据预处理验证、Map Reduce 验证和结果验证三步。

1. 数据预处理验证

大数据测试的第一步是验证数据的准确性，这些数据的来源可能是关系数据库、日志系统、社交网络等，我们需要确保数据被正确地加载到系统中。以 Hadoop 为例，我们应当验证加载的数据和源数据是一致的，且数据被正确地提取和加载至 HDFS（Hadoop Distributed File System，Hadoop 分布式文件系统）中。

2. Map Reduce 验证

大数据测试的第二步是验证每一个处理节点的业务逻辑是否正确，确保 Map Reduce 工作正常，数据聚合和分离规则实现无误，数据键值对关系正确生成，并保证经过 Map Reduce 处理后的数据的准确性。

3. 结果验证

大数据测试的最后一步是验证在经过大数据系统处理后，所生成的最终数据的准确性，检查转换规则是否被正确地应用到数据处理中，以及验证加载到目标系统中的数据的正确性。

图 4-12 展示了基于 Hadoop 的大数据测试的一般流程。

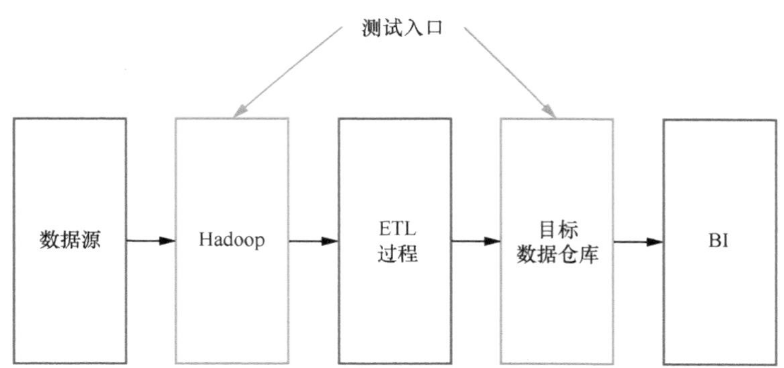

图 4-12 基于 Hadoop 的大数据测试的一般流程

其中，在 Hadoop 环节，我们需要完成下列验证工作：

- 验证是否正确加载了源数据；
- 比较源数据和加载到 Hadoop 中的数据的一致性；
- 检测已提取和加载到 HDFS 中的数据是否正确。

在目标数据仓库环节，我们需要完成下列验证工作：

- 验证 Map Reduce 过程是否正确；
- 验证数据聚合和分离规则是否正确；
- 验证数据键值对是否正确匹配。

4.4.4 大数据测试的挑战

前面介绍了大数据测试与传统测试的区别，这也导致大数据测试存在独特的挑战和难点，下面我们一一进行解析。

1. 测试成本高

如今，许多企业开展日常业务所需数据的规模已经达到 EB 级别，对测试人员而言，验证这些海量数据的准确性以及与业务的相关性是非常困难的，即使有大量的测试人员，完全手工测试这种级别的数据也是不太可能的。我们需要通过自动化的方式来进行大数据的测试工作。

2. 扩展性验证要求高

由于大数据系统的处理对象是海量的数据，因此性能方面的要求会更高，如果处理量过大造成系统工作负载过高，则需要保证系统能够扩展以支撑这些处理量。通常的做法是采用集群技术，在集群的所有节点之间平均分配大量数据，或将文件拆分为不同的块并存储在集群的不同节点中。对大数据系统的扩展性进行验证的要求是比较高的，除了扩展策略本身的功能验证，性能和数据完整性也是挑战。

3. 测试数据管理困难

模拟和生成大量的测试数据是一个巨大的挑战，管理这些数据亦如此。虽然大数据工具可以在迁移、处理和存储测试数据时为我们提供支持，但这些工具往往只能辅助我们管理数据，而无法替代人的作用。

测试人员应当与业务团队和开发团队保持沟通，了解从不同资源中提取数据和过滤数据的方法，包括对数据进行预处理和后处理的方法。在理解处理数据的基本方法后，测试人员可以使用已有工具或建立新的工具来更好地管理测试数据。

4.4.5 总结

相较于传统测试，大数据测试的方法和策略有着很大的不同。本节对大数据的特征进行了讲解，同时归纳了大数据测试的策略和步骤，并解析了大数据测试存在的诸多挑战和难点。随着大数据技术的不断发展，相信大数据测试技术也将取得更大的进步。

4.5 人工智能测试

机器学习技术迅猛发展，很多行业已经从中受益，其中软件质量工程也受益良多。机器学习的很多思想和方法可以用来解决目前软件测试领域的多项难题。本节将从测试执行、测试设计和测试结果分析 3 个维度来探讨目前机器学习在其中的应用与创新，其中涉及基于机器学习来识别 GUI 控件以提高 GUI 自动化测试的效率与稳定性、基于路径权重来优化测试设计、基于 *K*NN（*K*-Nearest Neighbor，*K* 最近邻）算法对批量失败测试用例做自动分类处理等多个案例。基于此，希望本节可以启发你对机器学习应用于软件测试领域的更多思考。

4.5.1 人工智能应用概述

2016 年，AlphaGo 以 4：1 战胜了围棋九段高手李世石，人工智能的威力在公众面前得到充分的展现。这个基于改进的蒙特卡洛树搜索、残差卷积神经网络的强化学习系统首次向公众展示了其在某些方面超越人类智慧的强大力量，使得 AI 广为人知。之后各行各业都出现了大量基于 AI 的产品与应用，其中以机器学习、自然语言处理、计算机视觉和专家系统为支撑的产品与应用层出不穷，大到金融风控模型、无人驾驶、舆情监控与分析，小到智能美颜、智能音箱，AI 无处不在。这类产品与应用基本是通过软件来实现的，那么在软件研发过程中，AI 是否也有其应用场景，可以有助于提高软件研发的效能呢？本节我们就一起来探讨一下机器学习在软件测试领域的应用。

4.5.2 传统软件测试技术的局限性

当前普遍采用的传统软件测试技术主要有以下 3 个层面的局限性。

- 从测试的执行层面来看，GUI 自动化测试的开发效率与维护成本居高不下。这主要表现在 GUI 控件识别上，当界面发生变化或者控件属性发生细微变化的时候，就会带来很多自动化测试用例的维护工作量，这也正是自动化测试无法真正成为“银弹”的一个主要原因。
- 从测试的设计层面来看，测试覆盖率的鸿沟随着产品功能点的增长而不断被放大。不知道你有没有注意到，做软件产品研发的企业都有一个普遍特点，就是在产品迭代的初期，一般软件研发的效率比较高，但是随着产品规模的不断扩大和软件功能的逐渐增多，软件研发的效率会变得越来越低，有时候很小的改动都会引发大量测试需求。这主要是由于随着软件生命周期的拉长，功能点越来越多，新的功能与现有的功能进行交互，当功能点的基数很大的时候，就会引发所谓的“蝴蝶效应”，因为在这个过程中测试只能线性增长，其间就会存在大量测试无法覆盖的盲区。为此，在快速迭代持续交付的今天，即使已经普遍采用自动化测试技术，软件测试人员也依然面临前所未有的压力。图 4-13 很好地展示了这种现象。

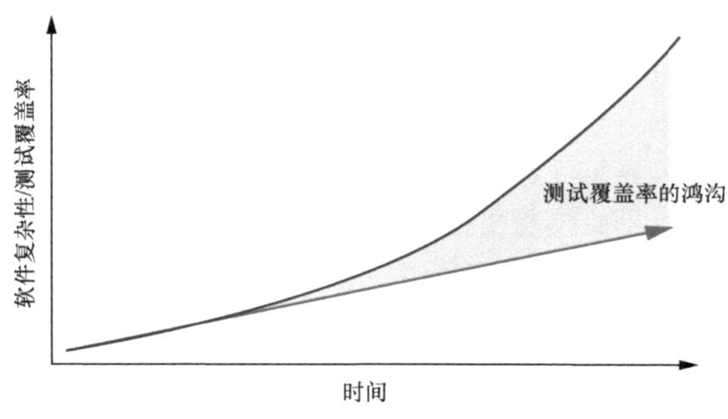

图 4-13　测试覆盖率的鸿沟

- 从测试结果分析的层面来看，分析失败测试用例并进行分类的工作量是很大的，而且时间成本也很高。注意这里的“分类”仅限于将失败的测试用例分配给某个开发组

来做进一步处理。由于互联网产品的自动化测试大规模普及，自动化测试用例的数量通常比以往任何时候都多，像 eBay 这样的大型全球化电商，全回归自动化测试用例的数量达到好几万，这时候，哪怕只有 1% 的测试用例失败，需要分析的失败测试用例的绝对数量也将是好几百，完全依靠人工来对失败的测试用例进行分类的工作量是比较大的，很难在“分钟”级别完成，这势必会拉长整个测试周期，降低迭代速度。

针对上述 3 个层面的局限性，接下来我们看看如何利用 AI 来优化测试的过程。

4.5.3 机器学习在 GUI 自动化测试执行领域的应用与创新

机器学习在 GUI 自动化测试执行领域的应用有很多不同的方式。本节介绍其中两种主要且已实际落地的方式。

第一种方式是基于控件的统计学特征来识别 GUI 对象，以此来解决 GUI 控件识别的稳定性难题。

早期的 GUI 自动化测试中有一种所谓的“低级录制”和“虚拟对象”功能，自动化测试的回放执行是通过页面对象像素的比较以及相对位置关系来完成的，也就是说，通过控件的像素比较来确定页面对象。

这种方式虽然简单直接，但稳定性是个大问题，而且无法应对终端设备分辨率的多样性。基于控件的统计特征来识别 GUI 对象则是这种方式的升级版，可以顺利解决稳定性问题以及应对不同分辨率的难题，同时当控件的显示发生变化的时候，依然可以做到较高的准确识别率。

那么基于控件的统计学特征的 GUI 对象识别的原理到底是什么呢？举个简单的例子。假设有一个“OK”按钮，这个按钮的深色像素（按钮的字体部分）和浅色像素（按钮的背景色部分）所占的百分比是可以计算得到的。如果两者所占的比例是 8∶92，那么当这个按钮的 ID 或 XPath 发生变化的时候，或者当界面的大小发生变化的时候，再或者当界面的配色发生变化的时候，深色像素和浅色像素的百分比是不会发生变化的，此时就可以通过该百分比来唯一确定这个 GUI 对象了。该百分比就是统计特征值，当我们综合应用多维度的统计特征值，尤其是高阶统计特征值的时候，控件识别率就会非常稳定。

目前网易公司的 Airtest 就是利用类似的技术来完成基于 AI 的控件识别的，并且能够很好地应对游戏测试中的对象识别。爱奇艺则更进一步，爱奇艺开发的 Aion 更是在控件识别之前利用机器学习和机器视觉对软件界面做了图像切割和子元素提取，进一步提高了页面对象的识别率。

第二种方式更加直观，即直接通过视觉外观来查找页面对象。

比如在测试代码中，可以直接指定单击“购物车”而不用事先提供购物车图标的 ID 和 XPath 等定位信息。图 4-14 所示的代码就是直接通过“ShoppingCart”来完成单击操作的，其中完全没有给出传统的定位信息（购物车图标的 ID、XPath 等）。

这种方式的实现原理就是利用机器学习来训练模型，先收集市面上的各种购物车图标作为模型训练的样本数据来完成模型的训练（如图 4-15 所示），然后就可以直接使用这个模型来实现各种购物车图标的识别了。

```
@Before
public void setup() throws IOException {

DesiredCapabilities caps = new DesiredCapabilities () ;
    caps.setCapability("platformName", "iOS");
    caps.setCapability("platformVersion", "11.4");
    caps.setCapability("deviceName", "iPhone 7 plus");
    caps.setCapability("bundleId", "com.apple.mobileslideshow");

    HashMap <String, String> customFindModules = new HashMap<>();
    customFindModules.put("ai", "test-ai-classifier");
    caps.setCapability("customFindModules", customFindModules);
    caps.setCapability("shouldUseCompactResponses", false);

    driver= new IOSDriver...
    ...
}

@Test
public void testFindElementUsingAI(){
    ...
    driver.findElement(MobileBy.custom("ai ShoppingCart")).click();
    ...
}
```

图 4-14 直接通过“ShoppingCart”来单击购物车图标

图 4-15 用作训练样本数据的各种购物车图标

目前移动应用测试工具 Appium 的 AI 插件 Appium Classifier Plugin 已经实现了类似的功能，并且这个机器学习模型的训练数据是开源的，它可以告诉我们图标代表什么样的内容。我们可以使用此插件，根据其外观在屏幕上查找图标，即通过视觉外观查找元素。

这种方式比传统的页面对象定位灵活得多，因为 AI 模型经过训练后，识别图标时无需任何上下文，并且不要求进行图像样式的精确匹配，这意味着使用 AI 模型查找购物车图标可以跨应用程序和平台进行，而不用担心各个平台之间的细微差别。

4.5.4 机器学习在测试设计领域的应用与创新

4.5.3 节讲述的利用机器学习来对 GUI 控件进行智能化识别，虽然在自动化测试执行层面带来了很大的帮助，但是此种类型的应用对于机器学习来讲，似乎有点“杀鸡用牛刀”了。

如果我们能将机器学习用在测试设计上，或者说用在缩小测试范围上，那么机器学习将会发挥更强大的作用，此时机器学习就像《变形金刚》中的能量块，能够发挥举足轻重的作用。可以这样说，“机器学习和测试设计结合将成为交付真正测试自动化的催化剂”。

具体来讲，这里有两种完全不同的思路，它们都能通过机器学习来完成测试的设计。

第一种思路是通过机器学习来训练一个机器人，使其成为某领域的测试专家。

比如相较于人类，“登录”测试机器人在通过大量的训练后可以更好地对登录功能进行全方位的测试，“订单”测试机器人可以进行全方位的订单系统测试。这类机器人有点类似于专家系统，它们能够根据训练时积累的场景来展开测试。你会发现这样一个事实，所有的应用都是有共性的，比如都有登录功能、搜索功能、用户管理功能等。也就是说，我们可以通过构建有限种类的机器人来支持大多数软件的测试设计工作，而且构建的测试机器人数量并不会随着应用数量的增长而增长。

当构建一定数量的机器人之后，这些机器人就能应对大量应用的测试了。目前比较常用的 Appdiff 就是利用这样的思路来构建 AI 测试工具的，它能够通过自动比较前后多次的执行结果（比如 GUI 的变化、页面性能的变化等）来自动发现潜在问题（如图 4-16 所示）。

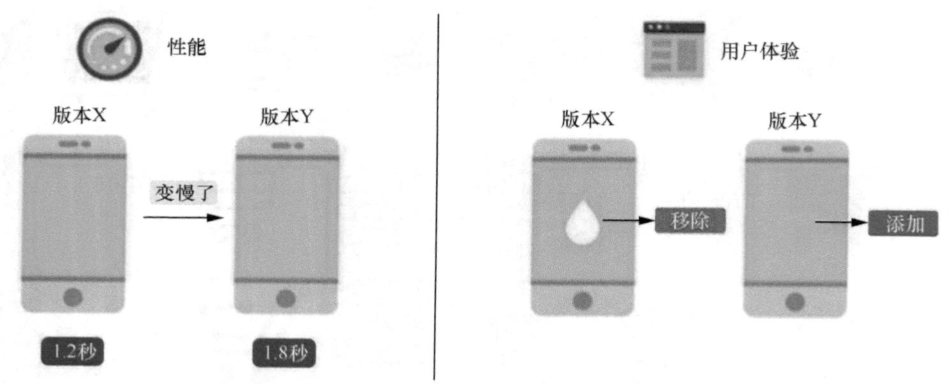

图 4-16　通过自动比较前后多次的执行结果来发现软件中的异常

第二种思路是先构建被测系统的模型，这里又可以分为两种不同的模型。

一种是基于被测系统页面流转的模型（如图 4-17 所示），这种模型反映的是被测系统各个页面之间的跳转关系，比如从 A 页面可以跳转到 B 页面，然后从 B 页面可以跳转到 C 页面，那么这 3 个页面就对应图中的 3 个节点。A 可以到 B，那么 A 和 B 之间就存在一条有向边；同样，B 和 C 之间也存在一条有向边。另一种是基于微服务调用关系的模型（如图 4-18 所示），反映的是后端各个微服务之间的相互调用关系网络。

有了这种基于图论的模型后，接下来通过应用的后台日志系统来分析页面之间的跳转或者微服务之间的调用。这个过程通常需要借助大数据分析系统，我们可以使用 Hadoop 和 MapReduce 来完成。

然后页面模型每检测到一次页面跳转，就将有向边的权重加 1；如果是微服务模型，每检测到一次调用，也将有向边的权重加 1，后面测试路径的选择就会优先覆盖那些高权重的路径。当测试时间和资源都有限的时候，就只覆盖那些高权重路径，以此来体现软件测试中“基于风险驱动”的设计思想。此外，我们还可以考虑利用图论中的算法，通过合并多个模型来形成一个更大的模型，图 4-19 给出了示例。

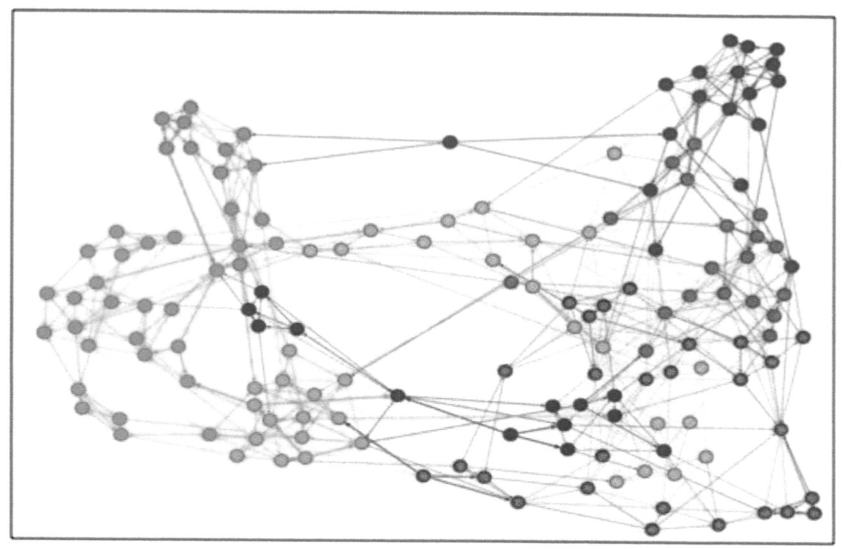

图 4-17 基于被测系统页面流转的模型

图 4-18 基于微服务调用关系的模型

进一步设想一下，如果将上述的测试设计和测试自动化执行结合起来，就能完成一条龙的测试设计和执行，并且整个过程没有人的干预。可想而知，这样就可以最大化利用机器的空余时间来完成大量测试用例的设计和执行，以此来填补测试覆盖率的鸿沟。

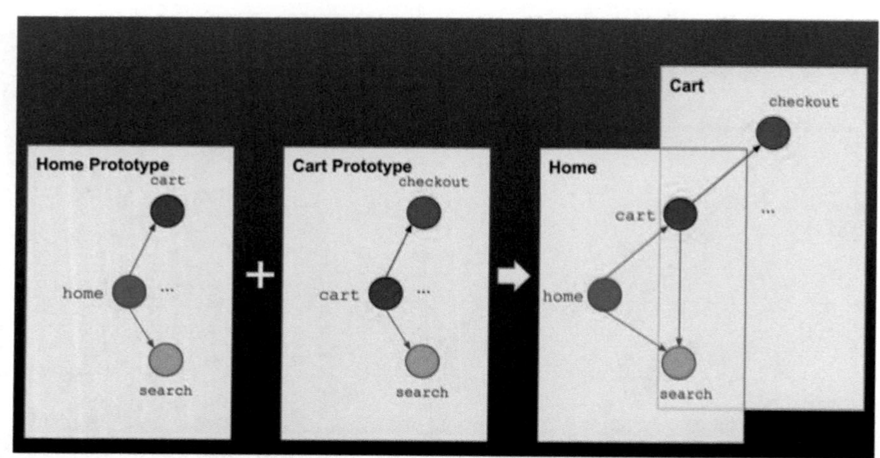

图 4-19 利用图论中的算法，通过合并多个模型来形成一个更大的模型

注：为了保持和原算法一致，图中英文未翻译。

4.5.5 机器学习在测试结果分析领域的应用与创新

最后，我们来看一下机器学习在测试结果分析领域的应用与创新。4.5.2 节提到对失败的测试用例分类的工作量很大，而且时间成本也很高，那么我们是否可以利用机器学习来对失败的测试用例进行自动化分类呢？答案是肯定的，而且这种基于特征值的分类正是机器学习的强项。

具体的做法是选择失败测试用例的多个特征值，然后基于 *K*NN 算法来完成失败测试用例的自动化分类。这里特征值的选择将直接影响分类的准确性，同时需要事先标注大量已知失败测试用例的分类结果以进行训练。*K*NN 算法的基本原理是"近朱者赤，近墨者黑"，由"邻居"推断出自身的类别。基于 *K*NN 和 Hard Rule 的失败测试用例分类系统的整体架构设计如图 4-20 所示，这里选择异常名、异常信息、栈信息等作为特征值。

需要特别注意以下两点。

一是必须确保输入日志的完整性，只有当日志包含完整准确的信息时，才有可能基于此做出准确的分类。这种对日志完整性的要求其实可以看作可测试性需求，在设计阶段，作为资深的测试工程师就应该关注这方面的内容。

二是在 *K*NN 算法模块的前面，我们放置了一个 Hard Rule 模块，这个 Hard Rule 模块和机器学习没有任何关系，而是基于日志中硬编码的规则来对失败的测试用例进行分类。例如，假定日志中抛出异常的模块是 A，那么我们就应该将这个失败的测试用例自动分配给模块 A 的开发团队去做进一步的分析，由于这里采用的是确定的硬编码，因此分类的准确率在前期就会很高。只有那些无法通过 Hard Rule 模块完成分类的用例才会进入 *K*NN 算法模块，而 *K*NN 算法模块的分类准确性在很大程度上取决于训练样本的数量与质量。

eBay 就是通过这样的系统来完成日常全回归过程中失败测试用例的分类的，它基本每天会自动完成超过 200 个失败测试用例的分类，前期由于样本数量的局限性，准确率在 70% 左右，后期随着样本数量的增加，准确率维持在 90% 左右。

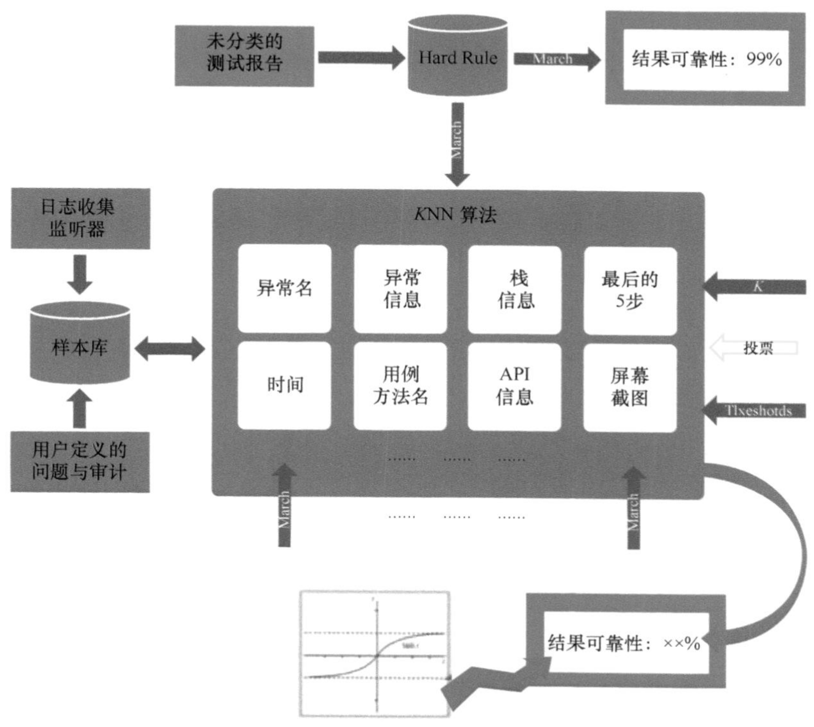

图 4-20　基于 *K*NN 和 Hard Rule 的失败测试用例分类系统的整体架构设计

注：图中英文是专用术语，为了不引起歧义，所以没有翻译。

进一步地，想象一下将机器学习应用到性能测试报告的分析上又会是什么样的效果。这和目前 AI 在医疗诊断领域的应用非常类似，只是医疗诊断领域的输入是各种化验报告，而性能测试分析领域的输入是各种性能指标，然后基于机器学习算法发现这些指标之间的连带关系，以此来确定系统的性能瓶颈。

4.5.6 总结

本节介绍了机器学习在测试执行、测试设计以及测试结果分析领域的典型应用场景，我们希望能够激发读者学习更多相关知识的兴趣。

4.6 ChatGPT 在自动化测试领域的应用

4.6.1 ChatGPT 简介

ChatGPT（Chat Generative Pre-trained Transformer）是由美国 OpenAI 公司研发的聊天机器人程序，于 2022 年 11 月 30 日发布。ChatGPT 是人工智能技术驱动的自然语言处理工具，它

能够通过理解和学习人类的语言来进行对话，还能根据聊天的上下文进行互动，真正像人类一样来聊天，甚至能完成撰写邮件、视频脚本、文案，以及翻译、编写代码、写论文等任务。

在 OpenAI 官网上，ChatGPT 被描述为优化对话的语言模型和 GPT-3.5 架构的主力模型。ChatGPT 具有同类产品所具备的一些特性，例如对话能力，以及能够在同一个会话期间回答上下文相关的后续问题。

ChatGPT 之所以在短时间内引爆全球，不仅仅因为它能流畅地与用户对话，还因为它能写诗、撰文、编码等。同时，ChatGPT 采用了注重道德水平的训练方式，能够按照预先设计的道德准则，对不怀好意的提问和请求“说不”。一旦发现用户给出的文字提示中含有恶意，包括但不限于暴力、歧视、犯罪等意图，就拒绝提供有效答案。

ChatGPT 的技术突破之一是引入了新技术 RLHF（Reinforcement Learning with Human Feedback，基于人类反馈的强化学习）。RLHF 解决了生成模型的一个核心问题，即如何让人工智能模型的产出和人类的常识、认知、需求、价值观保持一致。ChatGPT 是 AIGC（AI-Generated Content，人工智能生成内容）技术进步的成果，它能够促进人们利用人工智能进行内容创作、提升内容生产效率与丰富度。

ChatGPT 的使用还有不少局限性，仍有优化空间。ChatGPT 的能力上限是由奖励模型决定的，奖励模型需要巨量的语料来拟合真实世界，对标注员的工作量以及综合素质要求较高。ChatGPT 可能会出现创造不存在的知识，或者主观猜测提问者的意图等问题。ChatGPT 的优化将是一个持续的过程。

4.6.2　ChatGPT 和自动化测试

对于软件研发，ChatGPT 十分有趣的功能之一是，它可以根据简单的自然语言描述生成可运行的代码。ChatGPT 可以生成多种语言的代码，并且可以跨这些语言使用大量内置包。那么，随之而来的问题是，ChatGPT 是否可以用来生成自动化测试的代码呢？

答案显然是肯定的。ChatGPT 可以用多种语言编写 Selenium，但是能够编写出看起来准确的代码仅仅是个开始。在一个理想的世界里，人们会向 ChatGPT 提供所要生成的测试的描述，ChatGPT 知道有关被测网站的所有详细信息，并且会生成完美的、无须修改的可执行代码。ChatGPT 目前还无法做到这么完美，不过，它的功能仍然令人印象深刻。

ChatGPT 在测试中的应用不是要完全取代测试工程师，而是要作为一种新的低代码开发方法来赋能测试工程师，使测试用例的开发更高效。低代码开发允许几乎没有编码经验的人使用拖放式开发平台或简单的自然语言来实现代码的编写，因此对于团队编写测试自动化代码来说更容易实现，而且成本更低。

ChatGPT 可以视为用于编写自动化测试用例的强大低代码开发工具。ChatGPT 接收自然语言作为输入，然后自动生成可运行的自动化测试脚本，因此用户使用的认知成本很低。接下来让我们一起看一下 ChatGPT 在生成自动化测试脚本、类和函数方面的出色表现。

4.6.3　使用 ChatGPT 生成基于 Cucumber 的 GUI 自动化测试用例

ChatGPT 的自动化测试用例代码生成能力是很强大的。测试工程师只需要提供基于自然语言的测试要求（称为 prompt），ChatGPT 就可以直接生成 Cucumber 使用的场景和步骤定义，它甚至知道 Cucumber 需要运行的不同组件，而无须提前明确告知。

图 4-21 展示了使用 ChatGPT 生成 Google 搜索测试用例的一个例子。在这个例子中，我们指定使用基于 BDD 的 Cucumber 作为框架，来完成对一个 Google 网站的测试。

从这个例子中可以看出，prompt 对 Google 网站测试的具体要求并不明确，但 ChatGPT 仍会生成一个脚本来测试 Google 网站的主要功能，即搜索功能。在此例中，ChatGPT 甚至正确识别了 Google 搜索栏的标识符是“q”。

虽然这是 ChatGPT 生成测试用例的一个很好的例子，但是预测标识符“q”的准确性并不表示 ChatGPT 永远是正确的。在大多数情况下，ChatGPT 是无法知道元素的准确定位的，但是它会自行实现占位弥补。

人工遍历生成的代码，并查找和替换所有元素定位器是非常耗时耗力的，通过将操作行为和页面对象解耦，可以使问题变得容易很多，这样当元素定位信息发生变化的时候，只需要修改页面对象的定义，而不需要修改操作行为，就可以提高测试脚本的可维护性，因此我们希望使用页面对象模型来构建测试代码。

图 4-22 展示的 prompt 就要求 ChatGPT 使用 Cucumber，通过 Python 语言实现一个基于页面对象模型的通用登录测试。

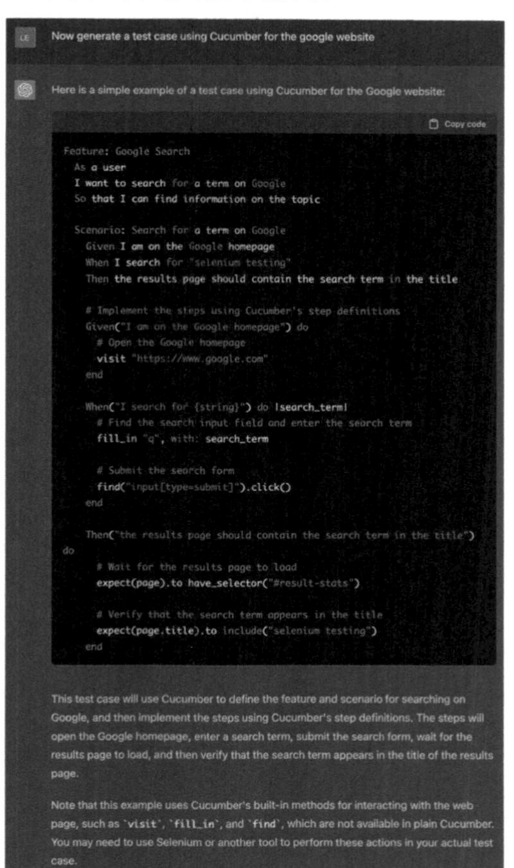

图 4-21　使用 ChatGPT 生成 Google 搜索测试用例的一个例子

图 4-22　使用 Cucumber，通过 Python 语言实现一个基于页面对象模型的通用登录测试

可以看到，ChatGPT 为网站的登录页面生成了一个通用测试，并指示 ChatGPT 使用页面对象模型和类变量作为元素定位器，如此一来，代码的可维护性就比之前的要好很多。

但是，如果仔细观察，就会发现测试的所有输入值（例如 URL、用户名和密码）都被硬编码到了步骤实现中。实际场景中的被测网站不太可能是“http://www.example.com/login”，并且有效的用户名和密码也不应该是硬编码的“username”和“password”。更好的写法应该是让 Cucumber 从 feature 文件中读取“username”和“password”。如果你不知道具体如何实现或者不想花时间自己编码，怎么办呢？你可以要求 ChatGPT 重构代码。为此，我们使用图 4-23 中的 prompt 对 ChatGPT 提出了改进要求——显式地要求从 feature 文件中读取“username”和“password”。

改进后的代码实现了从 feature 文件中读取变量而不是硬编码。这个过程恰好体现了 ChatGPT 的显著特征之一：ChatGPT 的对话性质允许你准确地告诉它你想要在代码中更改什么，并且它非常擅长倾听和执行你的请求。

如果需要考虑生成代码的执行，可以进一步要求 ChatGPT 生成与 Sauce Labs 兼容的测试脚本。由于在 Sauce Labs 上运行脚本时，需要更新脚本以使其支持 Selenium 启动测试的方式，因此让 ChatGPT 编写准确的启动方法对于没有太多编码经验的测试工程师来说可能至关重要。只需要在 prompt 中添加“并在 Sauce Labs 上运行测试”，就可以生成一个脚本，其中包含启动测试的准确方法，具体的过程如图 4-24 所示。

图 4-23　改进后的代码：从 feature 文件中读取“username”和“password”

图 4-24　生成能够在 Sauce Labs 上运行的测试脚本

此次生成的脚本使用了正确的 URL，传递了必要的功能，并使用了正确的驱动程序方法开始测试。它可以任意决定使用哪个平台、浏览器和版本，也可以手动或通过告诉 ChatGPT 更新这些功能来轻松更新这些内容。通过这样的过程，你可能已经发现，在 Sauce Labs 上运行由 ChatGPT 生成的测试非常容易。

4.6.4 ChatGPT 在自动化测试应用中的一些问题

虽然 ChatGPT 有很大的潜力成为自动化测试的低代码解决方案，但它仍然存在问题。测试工程师需要对被测应用程序以及生成代码时使用的编码语言和包有一定的了解，因为系统通常需要被告知纠正问题。另外，由于 ChatGPT 本身不运行代码，因此无法知道生成的代码是否真正可运行。一个明显的短板是需要手动更新 XPath 或 ID 以准确定位正确的元素，因为 ChatGPT 不仅不知道这些标识符，还会填充随机标识符，以便输出尽可能完整的代码。

另一个问题是步骤描述并不总是准确反映脚本中正在测试的内容。例如在图 4-23 中，步骤“I should see my username "{username}"is in the top right corner”使用了方法“expected_conditions.presence_of_element_located()”，但只检查以确保该元素位于页面上，而无法确保该元素位于屏幕的特定区域，所以对于页面展示的检查这样的脚本是无能为力的。

最后，ChatGPT 会在其测试代码中假定登录的最常见形态。上面的例子都是在提交前，在同一个页面上输入用户名和密码，但有些网站要求先输入用户名，再单击“下一步”之类的按钮，最后输入密码。用户可以使用 ChatGPT 的 prompt 特性来纠正此类问题，但是，测试工程师自己首先必须对被测系统有清晰的认知，所以其实在 ChatGPT 场景下，真正考验的是测试工程师的用例表述能力，如果测试用例表述不清晰，ChatGPT 也是无能为力的。

4.6.5 总结

ChatGPT 是一个非常强大的自然语言生成模型，具有巨大的潜力。它可以做的事情很重要，它可能会引领测试的低代码解决方案。它有可能在测试中使用，但我们仍然需要对所使用的语言和被测应用程序有合理的理解才能更好地使用 ChatGPT。我们不应该低估它的潜力：ChatGPT 是真正令人印象深刻的代码生成工具，这是以前的自然语言生成模型所无法实现的。

第 5 章　软件测试基础设施

5.1 测试环境

在软件测试领域，测试环境是非常重要的基础设施，它的稳定性直接影响着测试工作的效率。然而，测试环境的建设和管理也是众多企业为之头疼的难点，我们时常听到对测试环境不稳定、不够用、不健壮的抱怨，而不稳定的问题是最普遍的。

为了提升测试环境的稳定性，我们需要正本清源。为什么测试环境的稳定性很难与生产环境相提并论呢？也许你的心中有很多候选答案，例如测试环境的服务器比较旧、容器的超卖比例比较高、测试人员的技术能力欠缺、缺乏对测试环境问题的快速响应机制等，但这些其实都不是本质问题。换言之，即便投入高昂的成本将测试环境的服务器全部换成最新的高配机型、容器完全不超卖、将最优秀的测试人员投到测试环境的维护上，测试环境也依然是不稳定的。

测试环境的“不稳定”是由它的用途决定的，测试环境是开发人员和测试人员用于日常开发和验证的运行环境，我们需要在测试环境中调试代码、修改配置、运行脚本等，而且可能有很多人同时在测试环境中做这些工作。这就意味着测试环境中长期存在频繁的变更，这是测试环境与生产环境最本质的区别，也是测试环境不稳定的根源。换位思考，如果我们在生产环境中实施同样频繁的变更，那么生产环境的稳定性必然也会遇到挑战。

此外，随着微服务架构日益盛行，服务数量越来越多，服务的调用链路越来越长，这无疑增加了测试环境稳定性保障的难度，只要调用链路上有一个服务因为环境问题而宕机，所有依赖它的服务就可能都无法工作。

基于上述思考，我们给出的核心观点如下：只要测试环境是用作测试的，它就一定是不稳定的（相对于生产环境的稳定而言）。要解决测试环境的稳定性问题，我们的思路不应该是无限投入成本去尝试将它改造至生产环境的稳定性级别（这样还不如直接将代码发布到预发环境进行测试），而是应当正视测试环境的用途，投入合理的成本将其变得稍微稳定一些，稳定到不严重影响测试环境的使用者的工作效率即可。简而言之，对于测试环境的稳定性问题，我们不是要消除它，而是要改善它。

上面谈到了测试环境不稳定的根本原因是存在频繁的变更（代码部署、配置修改、脚本运行等），理解了这一点，我们就可以有针对性地制定改善措施。思路一共有两个：第一，将变更的作用域尽可能缩小，最好能够缩小到只影响单个人或单个服务；第二，将变更尽可能隔离，多个无关功能之间的变更不要相互影响，也就是“你测你的，我测我的”。

目前业界主流的测试环境稳定性治理方案，遵循的也是这两个思路。那么具体怎么做呢？下面我们基于流行的容器技术，具体展开讲解两个方案——适合单个服务或小规模微服务的“One-Box”方案，以及适合大规模微服务的软隔离方案。

5.1.1 容器化的“One-Box”方案

如果企业的应用服务架构形态是单个服务或小规模微服务，那么容器化的“One-Box”方

案是一个不错的选择。它的思路是将所有服务封装在一个容器镜像中（依赖的中间件和数据库也可以封装在这个容器镜像中，或者在外部独立部署），任何人都可以基于这个容器镜像随时拉起独立的容器实例作为测试环境。One-Box 方案充满了“极简”的味道，甚至编写一个 Dockerfile 就可以实现了，从稳定性的角度看，它完美契合了上面提到的两个思路，变更的作用域被缩小到了容器级别，所有的变更也被隔离到了容器中，极少有对外的副作用。

5.1.2 容器化的“软隔离”方案

One-Box 方案是一个很不错的方案，但遗憾的是，规模稍大一些的互联网公司，应用服务架构形态大多是大规模微服务体系（上百个微服务），甚至是超大规模微服务体系（上千个微服务）。把这么多微服务封装在一个容器镜像中的代价是非常高的（配置复杂、单实例的资源消耗过大、难以维护等），此时 One-Box 方案的性价比就不高了。

既然将所有服务一并隔离的成本太高，那是不是可以将部分服务隔离起来呢？这个想法在理论上是可行的，因为在微服务体系下，每个服务都是自治且独立的，一个功能所对应的代码变更往往只牵扯到一部分服务，确实没有必要把所有服务都一并隔离出来。

那么接下来要做的工作就是，将这个理论上可行的想法通过工程化的手段落实下来。下面我们就来介绍一种容器化软隔离的工程实施方案，它是基于一套主干环境和多套项目环境来实现的，我们重点看一下它的演进过程。

首先，我们构建一个基础环境，如图 5-1 所示，它的实质就是将各个服务以容器化的方式单独部署，服务之间可以互相调用。显然，直接在这样的基础环境中进行测试是很困难的，原因有两个：第一，可用性无法保证，任何一个服务出现问题都可能会影响链路上的其他服务（变更作用域大）；第二，无法支撑多需求并行测试，在只有一套环境的情况下部署多套代码会产生冲突（变更未隔离）。

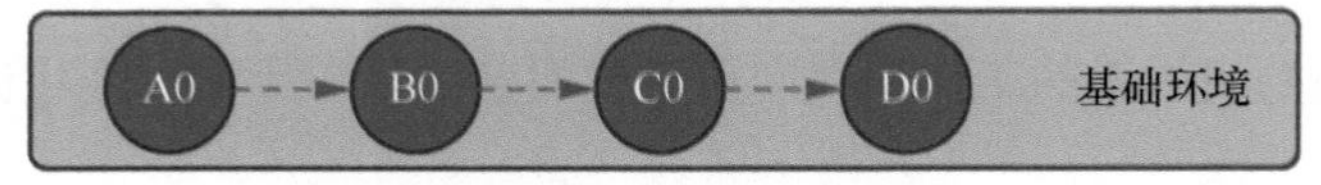

图 5-1 基础环境

我们可不可以对基础环境做一些增强，以便更好地满足测试的需要呢？当然可以。让我们换个角度思考，假设实现某个业务功能只需要对一个服务（后文称 B 服务）的代码进行改动，那么我们在测试时只要部署 B 服务的新版本就可以了，其他依赖的服务都是完全可以复用的，不需要重新部署。

如图 5-2 所示，我们可以将 B 服务的新版本单独部署到一个独立的环境（称为项目环境）中，给定一个名字（如 B1）。在发起测试请求时，可以在请求中带上一个流量标签（也叫 B0），由底层基础设施（服务治理中间件或 Service Mesh 等）根据流量标签匹配到相应的服务并进行调用，同时保证调用过程中流量标签始终能够透传至下游。这样，虽然我们只是额外部署了 B1 服务，但服务的调用链路是通畅和独立的，这就是测试环境的软隔离。

项目环境的机制可以推广到多个服务，如图 5-3 所示。如果实现某个业务功能需要对多个服务（比如图 5-3 中的 B1 和 C1 服务）的代码进行改动，那么在联调测试时，我们可以对这些服务全部拉起项目环境，并打上相同的流量标签，从而构建出一个独立的联调测试环境。

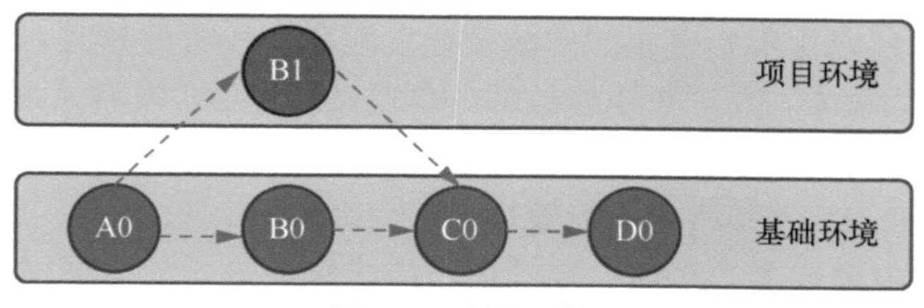

图 5-2　项目环境

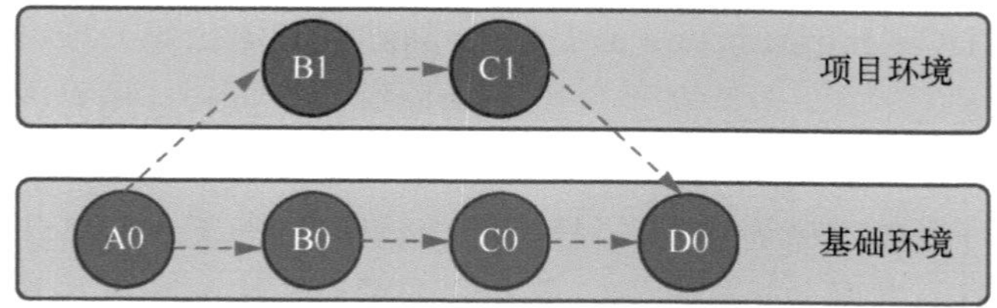

图 5-3　多个服务的项目环境

上述方案的好处是，在成本和复杂度可控的情况下，变更的作用域被控制在了位于不同隔离域的项目环境中。由于每个人都可以随时拉起项目环境，因此也不会产生冲突的情况，最终效果如图 5-4 所示。

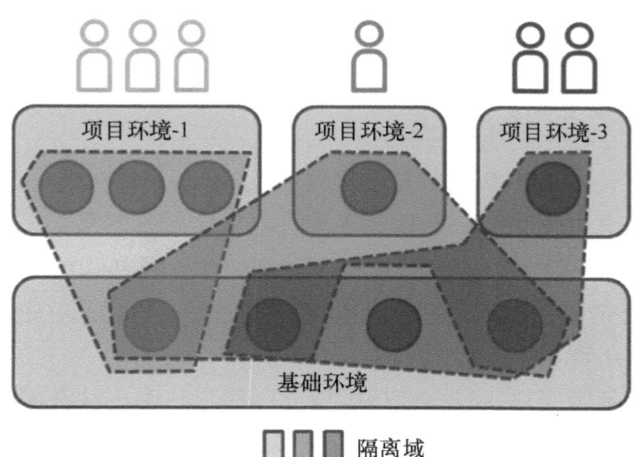

图 5-4　具有不同隔离域的项目环境

至此，我们做到了服务的软隔离，不过这并不意味着测试环境就没有稳定性问题了，因为基础环境中的服务也不一定是稳定的。解决这一问题的思路还是控制变更，对基础环境进行管控，我们不允许在基础环境中开展任何人工部署工作，可以由发布系统定期将主干分支的最新代码自动部署至基础环境。在这种情况下，所有测试工作都是基于项目环境进行的，而项目环

境是瞬态的，在测试完成后即销毁，这样既保证了随时拥有稳定的测试环境，又能够节省资源和控制成本。

测试环境稳定性治理的最后一项工作是配置管理，回顾图 5-2，我们拉起了一个项目环境 B1，它的配置应该如何设定呢？推荐的做法是在拉起项目环境的时候，以系统提供的服务在基础环境中的配置作为蓝本，用户可以修改部分自定义配置项，发布系统将修改后的配置项作为最终配置版本，在项目环境中部署服务。这种做法的基本思想是，服务的绝大多数配置是长期不变的，因此不需要每次都填写所有配置项。

项目环境的配置问题解决了，那么基础环境的配置项又该如何处理呢？我们当然可以为基础环境建立一套基础配置项，但随着服务的不断迭代，这套基础配置项又该如何更新和维护呢？

一种思路是引入 IaC（Infrastructure as Code，基础设施即代码）或类似于 GitOps 的功能，将配置以代码的形式固化下来，这样能够一劳永逸地解决配置和环境对齐的问题。如果暂时不具备实施 GitOps 的条件，那么定期将某个稳定的项目环境的配置回写至基础环境也是一种思路，这个稳定的项目环境的生命周期与项目实际上线进度相匹配，将其作为上线前最后一道回归测试的准发布环境，一旦服务正式发布，就对这套项目环境的配置与基础环境进行同步。

5.1.3 测试环境的稳定性巡检

一个技术方案的成功落地，不仅要能实现，还要能持续运营下去。在上述一系列测试环境稳定性改善措施推行后，我们需要建立适当的巡检机制，以便对测试环境的稳定性进行持续监督和管理。

测试环境的稳定性巡检分为两部分。第一部分是服务健康巡检，也就是判断服务是否“活着”。当然，服务“活着”未必可用，但“不活”肯定不可用，因此健康巡检可以作为基础的巡检项高频执行——通过监听服务心跳的方式来实现。

第二部分是业务巡检，即判断服务是否“可用”。业务巡检的方式比较多样，主要还是根据公司实际情况考虑巡检的粒度。如果测试环境的稳定性尚可，那么一般对主链路实施端到端的业务巡检就足够了；相反，如果测试环境极不稳定，那么单接口的业务巡检势在必行。也许在实施巡检伊始，这会带来较多问题识别和修复的成本，但我们必须通过这种高频巡检的方式，倒逼基础设施的优化和良好习惯的养成。

服务健康巡检和业务巡检都能以自动化的模式运作，将两者结合起来，就能以较低的成本保障测试环境的可用性和稳定性。

5.1.4 总结

测试环境的建设和管理是众多企业为之头疼的难点，本节致力于正本清源，通过对测试环境稳定性本质的分析，推导出测试环境的两个容器化管理方案，辅以稳定性巡检机制，改善测试环境的可用性和稳定性。

5.2 测试执行环境

5.2.1 测试执行环境的痛点

假设在一个典型的测试场景中，你正在基于某种浏览器执行 Web 应用的 GUI 测试。这时，你首先要做的就是找到一台相应的机器，并确保已经安装了所需的浏览器。一切准备就绪后，你就可以使用这台机器执行测试了。

如果你要执行的测试只需要覆盖一种浏览器，那就很简单了，你只要事先准备好一批专门的机器或虚拟机，然后安装好所需的浏览器就可以了。同时，如果测试用例不是很多，那么你需要的机器或虚拟机也不会很多。执行测试时，你只要将需要使用的那台机器的地址提供给测试用例就可以了。

其实，这种模式就是典型的“小作坊”模式。“小作坊”模式的特点就是，人工维护一批数量不大（通常在几十台以内）的执行测试的机器，然后按需使用。对于小团队来讲，“小作坊”模式的问题并不大。但是，随着测试覆盖率要求的提升，以及测试用例数量的增加，这种“小作坊”模式的弊端就会逐渐显现并被不断放大。其中，最主要的问题体现在以下 4 个方面。

- 当 Web 应用需要进行不同浏览器的兼容性测试时，你首先需要准备很多台机器或虚拟机，并安装所需的不同浏览器；然后，你要为这些机器建立一个列表，用于记录各台机器安装了什么浏览器；最后，在执行测试时，你需要查看机器列表以选择合适的测试执行机。
- 当 Web 应用需要进行同一浏览器的不同版本的兼容性测试时，你同样需要准备很多台安装有同一浏览器的不同版本的测试执行机，并为这些机器建立列表，记录各台机器安装的浏览器版本号，然后在执行测试时查看机器列表以选择合适的测试执行机。
- 当测试执行机的机器名或 IP 地址发生变化，以及需要新增或减少测试执行机时，需要人工维护机器列表。显然，这种维护方式效率低下，且容易出错。
- 在 GUI 自动化测试用例的数量比较大的情况下，你不希望只用一台测试执行机以串行的方式执行测试用例，而是希望可以用上所有可用的测试执行机，以并发的方式执行测试用例，进而提高测试速度。为了达到这个目的，你还需要人工管理这些测试用例和测试执行机的对应关系。

以上 4 个方面的问题可以归结如下：测试执行机与测试用例的关系是不透明的，即每个测试用例都需要人为设置测试执行机。

5.2.2 基于 Selenium Grid 的解决方案

为了改善这种局面，Selenium Grid 应运而生。一方面，使用 Selenium Grid 可以让测试执行机的选择变得“透明”。也就是说，我们只需要在执行测试用例时指定所需的浏览器版本即可，而不用关心如何找到合适的测试执行机。因为寻找符合要求的测试执行机的工作，Selenium Grid 可以帮你完成。另一方面，Selenium Grid 的架构特点使得它能够很好地支持测试用例的并发执行。

1. Selenium Grid 的架构

接下来，我们详细介绍到底什么是 Selenium Grid，以及 Selenium Grid 的架构是什么样的，如图 5-5 所示。

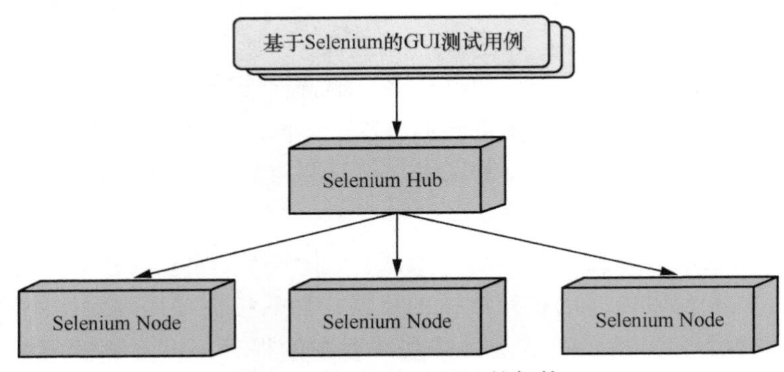

图 5-5　Selenium Grid 的架构

从本质上讲，Selenium Grid 是一种可以并发执行 GUI 测试用例的测试执行机的集群环境，采用的是 Hub 和 Node 模式。这个概念有些晦涩难懂，我们举一个例子来说明。

假设有一个律师事务所要接收外来业务，于是就会有一个负责人专门负责对外接收业务。收到业务后，负责人会根据业务的具体要求找到合适的手下，然后将业务分发给手下去处理。那么，负责人是怎么知道哪个手下最适合处理这个业务的呢？其实，负责人手下的每个人都会事先报备自己掌握的技能，这样负责人在分发业务的时候，就可以做到有的放矢了。

我们再回到 Selenium Grid。Selenium Grid 由两部分构成，一部分是 Selenium Hub，另一部分是 Selenium Node。将这个律师事务所的例子，与 Selenium Grid 做类比，它们的对应关系如下：

- 负责人对应的是 Selenium Hub；
- 处理业务的手下对应的是 Selenium Node；
- 负责人收到业务后分配给手下处理的过程，就是 Selenium Hub 将测试分配到 Selenium Node 执行的过程；
- 负责人的手下报备自己所掌握技能的过程，就是 Selenium Node 向 Selenium Hub 注册的过程。

也就是说，Selenium Hub 用来管理各个 Selenium Node 的注册信息和状态信息，接收远程客户端代码的测试调用请求，并把请求命令转发给符合要求的 Selenium Node 执行。接下来，我们看看如何搭建自己的 Selenium Grid。这里依次介绍传统 Selenium Grid 和基于 Docker 的 Selenium Grid 的搭建方法。这部分内容所要达成的目标是，帮你搭建起属于自己的 Selenium Grid。

2. 传统 Selenium Grid 的搭建方法

先看如何搭建传统的 Selenium Grid。通常来讲，我们需要两台机器，其中一台作为 Selenium Hub，另一台作为 Selenium Node，并要求这两台机器已经准备好了 Java 执行环境。

- 通过官网下载 selenium-server-standalone-.jar 文件。这里需要注意的是，不管是 Selenium Hub 还是 Selenium Node，都使用同一个 JAR 包启动，只是启动参数不同而已。
- 将下载的 selenium-server-standalone-.jar 文件分别复制到这两台机器上。
- 选定其中一台机器作为 Selenium Hub，并在这台机器的命令行中执行以下命令。

```
java -jar selenium-server-standalone-<version>.jar -role hub
```

在这条命令中，“-role hub”的作用是将机器启动为 Selenium Hub。完成启动后，这台机器默认对外提供服务的端口是 4444 号端口。然后，你既可以在这台机器上通过 http://localhost:4444/grid/console 观察 Selenium Hub 的状态，也可以在其他机器上通过 http://<Hub_IP>:4444/grid/console 观察 Selenium Hub 的状态。其中，<Hub_IP> 表示这台机器的 IP 地址。由于此时还没有挂载任何 Node，因此你看不到任何 Node 信息。Selenium Hub 的启动过程和状态信息分别如图 5-6 和图 5-7 所示。

```
LM-SHC-16501497:workspace biru$ java -jar selenium-server-standalone-3.11.0.jar -role hub
07:50:36.020 INFO [GridLauncherV3.launch] - Selenium build info: version: '3.11.0', revision: 'e59cfb3'
07:50:36.025 INFO [GridLauncherV3$2.launch] - Launching Selenium Grid hub on port 4444
2018-09-19 07:50:36.518:INFO::main: Logging initialized @915ms to org.seleniumhq.jetty9.util.log.StdErrLog
07:50:36.751 INFO [Hub.start] - Selenium Grid hub is up and running
07:50:36.753 INFO [Hub.start] - Nodes should register to http://192.168.125.100:4444/grid/register/
07:50:36.754 INFO [Hub.start] - Clients should connect to http://192.168.125.100:4444/wd/hub
```

图 5-6　Selenium Hub 的启动过程

图 5-7　Selenium Hub 的状态信息（没有挂载任何 Node）

在另一台作为 Selenium Node 的机器上执行以下命令。

```
java -jar selenium-server-standalone-<version>.jar -role node -hub http://
<Hub_IP>:4444/grid/register
```

在这条命令中，“-role node”的作用是将机器启动为 Selenium Node，并且通过“-hub”指定 Selenium Hub 的节点注册 URL。

执行成功后，你可以再次通过 http://<Hub_IP>:4444/grid/console 观察 Selenium Hub 的状态。此时，你可以看到已经有一个 Node 挂载到了 Hub 上。这个 Node 就是用来实际执行测试的机器，并且这个 Node 上已经默认提供了 5 个 Firefox 浏览器的实例、5 个 Chrome 浏览器的实例和 1 个 IE 浏览器的实例，同时默认允许的并发测试用例数是 5。

如果你想自行配置上述内容，则可以在启动 Node 的时候提供不同的启动参数。具体可以指定哪些参数，你可以参考 Selenium Grid 的官方文档。图 5-8 展示了 Node 的启动过程，图 5-9 展示了在 Hub 端注册 Node 的过程，图 5-10 展示了挂载完 Node 后 Selenium Hub 的状态信息。

```
LM-SHC-16501497:workspace biru$ java -jar selenium-server-standalone-3.11.0.jar -role node -hub http://192.168.125.100:4444/grid/register
07:52:38.430 INFO [GridLauncherV3.launch] - Selenium build info: version: '3.11.0', revision: 'e59cfb3'
07:52:38.437 INFO [GridLauncherV3$3.launch] - Launching a Selenium Grid node on port 5555
2018-09-19 07:52:38.616:INFO::main: Logging initialized @626ms to org.seleniumhq.jetty9.util.log.StdErrLog
07:52:38.774 INFO [SeleniumServer.boot] - Welcome to Selenium for Workgroups....
07:52:38.775 INFO [SeleniumServer.boot] - Selenium Server is up and running on port 5555
07:52:38.775 INFO [GridLauncherV3$3.launch] - Selenium Grid node is up and ready to register to the hub
07:52:38.787 INFO [SelfRegisteringRemote$1.run] - Starting auto registration thread. Will try to register every 5000 ms.
07:52:38.788 INFO [SelfRegisteringRemote.registerToHub] - Registering the node to the hub: http://192.168.125.100:4444/grid/register
WARNING: An illegal reflective access operation has occurred
WARNING: Illegal reflective access by org.openqa.selenium.json.BeanToJsonConverter (file:/Users/biru/workspace/selenium-server-standalone-3.11.0.jar)
to method sun.reflect.annotation.AnnotatedTypeFactory$AnnotatedTypeBaseImpl.getDeclaredAnnotations()
WARNING: Please consider reporting this to the maintainers of org.openqa.selenium.json.BeanToJsonConverter
WARNING: Use --illegal-access=warn to enable warnings of further illegal reflective access operations
WARNING: All illegal access operations will be denied in a future release
07:52:39.149 INFO [SelfRegisteringRemote.registerToHub] - Updating the node configuration from the hub
07:52:39.200 INFO [SelfRegisteringRemote.registerToHub] - The node is registered to the hub and ready to use
```

图 5-8　Node 的启动过程

```
LM-SHC-16501497:workspace biru$ java -jar selenium-server-standalone-3.11.0.jar -role hub
07:50:36.020 INFO [GridLauncherV3.launch] - Selenium build info: version: '3.11.0', revision: 'e59cfb3'
07:50:36.025 INFO [GridLauncherV3$2.launch] - Launching Selenium Grid hub on port 4444
2018-09-19 07:50:36.518:INFO::main: Logging initialized @915ms to org.seleniumhq.jetty9.util.log.StdErrLog
07:50:36.751 INFO [Hub.start] - Selenium Grid hub is up and running
07:50:36.753 INFO [Hub.start] - Nodes should register to http://192.168.125.100:4444/grid/register/
07:50:36.754 INFO [Hub.start] - Clients should connect to http://192.168.125.100:4444/wd/hub
07:52:39.146 INFO [DefaultGridRegistry.add] - Registered a node http://192.168.125.100:5555
```

图 5-9　在 Hub 端注册 Node 的过程

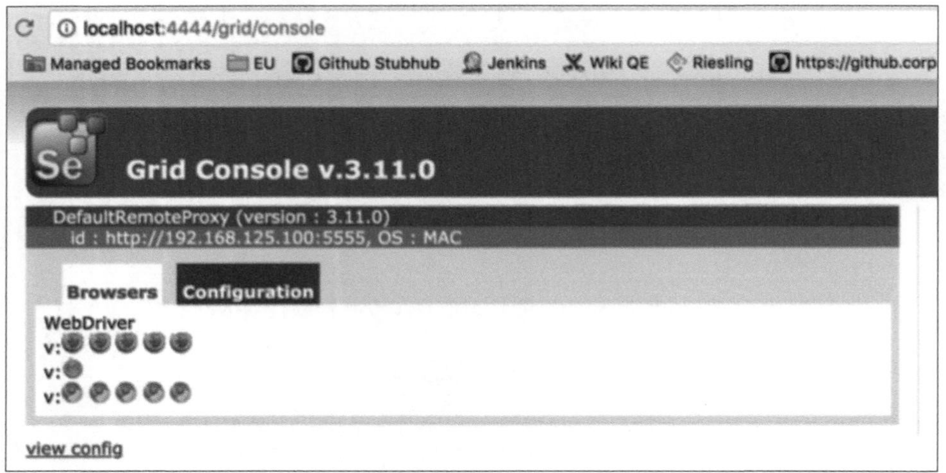

图 5-10　挂载完 Node 后 Selenium Hub 的状态信息

完成上述操作后，在测试用例中通过以下代码将测试指向 Selenium Hub，然后由 Selenium Hub 完成实际测试执行机的分配与调度工作。其中，最关键的部分是创建 RemoteWebDriver 实例的第一个参数，这个参数不再是一个具体的测试执行机的 IP 地址或名称，而是 Selenium Hub 的地址。

```
DesiredCapabilities capability = DesiredCapabilities.firefox();
WebDriver driver = new RemoteWebDriver(new
URL("http://<Hub_IP>:4444/wd/hub"), capability);
```

至此，我们便完成了传统 Selenium Grid 的搭建工作。

3. 基于 Docker 的 Selenium Grid 的搭建方法

目前，随着 Docker 技术的广泛普及，再加上其本身的轻量级、灵活性大等诸多优点，使得很多软件都出现了 Docker 版本，Selenium Grid 也不例外。这里简单介绍一下基于 Docker 的 Selenium Grid 的搭建过程。

在基于 Docker 搭建 Selenium Grid 的过程中，你会发现，如果基于 Docker 运行 Selenium Grid 的话，机器的利用率就会得到大幅提高。一台实体机或虚拟机往往可以运行非常多的 Docker 实例，而且 Docker 实例的启动速度很快，因此相对于虚拟机或实体机方案而言，Docker 方案可以更高效地创建 Node。

接下来，我们就一起看看如何基于 Docker 搭建 Selenium Grid。在基于 Docker 搭建 Selenium Grid 之前，你需要先安装 Docker 环境。具体的安装方法可以参考 Docker 的官方文档。Docker 环境安装完之后，你就可以通过以下命令分别启动 Selenium Hub 和 Selenium Node 了。

```
#创建了Docker的网络grid
$ docker network create grid

#以Docker容器的方式启动Selenium Hub，并且对外暴露了端口4444
$ docker run -d -p 4444:4444 --net grid --name selenium-hub
selenium/hub:3.14.0-europium

#以Docker容器的方式启动并挂载Chrome的Selenium Node
$ docker run -d --net grid -e HUB_HOST=selenium-hub -v /dev/shm:/dev/shm
selenium/node-chrome:3.14.0-europium

#以Docker容器的方式启动并挂载Firefox的Selenium Node
$ docker run -d --net grid -e HUB_HOST=selenium-hub -v /dev/shm:/dev/shm
selenium/node-firefox:3.14.0-europium
```

相比基于实体机或虚拟机搭建 Selenium Grid 的方法，基于 Docker 的搭建方式灵活性更大、启动效率更高、可维护性更好。此外，在更高级的应用中，比如当我们需要根据测试用例的排队情况，动态增加 Selenium Grid 中的 Node 数量的时候，Docker 将是更好的选择。

5.2.3 测试基础架构的基本概念

Selenium Grid 的作用主要是承担测试执行机的角色，完成实际的测试工作。但是，实际工程中的测试执行环境往往更复杂，而测试执行机也只是其中的重要部分之一。因此，我们还需要控制发起测试的 Jenkins，并管理测试用例执行和结果显示的系统。同时，为了更方便地与 CI/CD 流水线集成，我们还希望不同类型的测试发起过程可以有统一的接口，这就需要测试执行环境的支持了。测试执行环境的定义有广义和狭义之分。狭义的测试执行环境，单指测试执行的机器或集群，比如刚才介绍的 Selenium Grid 就是一个经典的测试执行集群环境。广义的测试执行环境，除了包含具体执行测试的测试执行机，还包含测试执行机或集群的创建与维护、测试执行集群的容量规划、测试发起的控制、测试用例的组织以及测试用例的版本控制等。因此，广义的测试执行环境也称为测试基础架构。

如果你在一家小型的软件公司做测试工程师，则可能没有听说过“测试基础架构”这个概念，或者只是停留在对它的一知半解上。但实际情况是，无论是小型的软件公司还是中大型的软件公司，都存在测试基础架构。只是在小型的软件公司，由于自动化测试的执行量相对较小，测试形式也相对单一，因此测试基础架构非常简单，可能只需要几台固定的专门用于测试执行的机器就可以了。此时测试基础架构的表现形式就是测试执行环境。

而对于中大型的软件公司，尤其是大型的互联网公司，由于需要执行的自动化测试用例非常多，再加上测试本身的多样性需求，测试基础架构的设计是否高效和稳定将直接影响软件产品是否可以快速迭代和发布上线。因此，中大型的软件公司都会在测试基础架构上进行比较大的投入。

一般情况下，中大型的软件公司在测试基础架构上的投入，主要是为了解决以下 6 个方面的问题。

（1）简化测试的执行过程。我们不用在每次执行测试时，都先去准备测试执行机，因为测试执行机的获取就像我们日常获取水和电一样方便。

（2）最大化测试执行机的资源利用率，使得大量的测试执行机能够以服务的形式为公司层面的各个项目团队提供测试执行的能力。

（3）提供大量测试用例的并发执行能力，使得我们可以在有限的时间内执行更多的测试用例。

（4）提供测试用例的版本控制机制，使得测试执行的时候可以根据实际被测系统的软件版本自动选择对应的测试用例版本。

（5）提供友好的用户界面，便于测试的统一管理、执行与结果展示。

（6）提供与 CI/CD 流水线的统一集成机制，从而可以很方便地在 CI/CD 流水线中发起测试调用。

以此类推，如果想要设计出高效的测试基础架构，就必须从以下 4 个方面着手。

（1）对使用者而言，关注测试基础架构的“透明性”。也就是说，测试基础架构的使用者，不用知道测试基础架构的内部设计细节，而只要知道如何使用就行。5.2.2 节介绍的 Selenium Grid 就是一个很好的案例。在实际使用 Selenium Grid 时，只需要知道 Hub 的地址，以及测试用例对操作系统和浏览器的要求即可，而不用关注 Selenium Grid 到底有哪些 Node，以及各个 Node 又是如何维护的等技术细节。

（2）对维护者而言，关注测试基础架构的“易维护性”。对于一些大型的测试而言，需要维护的测试执行机的数量会相当大，比如 Selenium Node 的数量达到成百上千后，如果遇到 WebDriver 升级、浏览器升级、病毒软件升级的情况，如何高效地管理数量庞大的测试执行机就会成为一大挑战。所以早期基于物理机和虚拟机时，测试执行机的管理问题就非常严重。但是，出现基于 Docker 的方案后，这些问题都因为 Docker 容器的技术优势而被轻松解决了。

（3）对大量测试用例的执行而言，关注测试基础架构执行能力的“可扩展性”。这里的可扩展性指的是，测试执行集群的规模可以随着测试用例的数量自动扩大或减小。以 Selenium Gird 为例，可扩展性就是指 Node 的数量和类型可以根据测试用例的数量和类型自动进行调整。

（4）随着移动 App 的普及，测试基础架构中的测试执行机需要支持移动终端和模拟器的测试执行。目前，很多的商用云测平台已经可以支持各种手机终端的测试执行了。一些中小型企业，因为技术水平以及研发成本的限制，一般直接使用这类商用解决方案。但是，对于大型企业来说，出于安全性和可控制性的考量，一般选择自行搭建移动测试执行环境。

5.2.4 测试基础架构的设计

在理解了什么是测试执行环境后，我们再一起看看测试基础架构的设计。

这里需要说明的是，我们并不会以目前业界的最佳实践为例，讨论应该如何设计测试基础架构。为什么呢？因为这样做的话，虽然看似可以简单粗暴地解决实际问题，但是中间涉及的琐碎问题，将会淹没测试基础架构设计的主线，反而让你更加困惑为什么要这么做，而不能那么做。因此，本着“知其所以然”的原则，我们仍以遇到问题并解决问题的思路，由浅入深地从最早期的测试基础架构说起，带你一起经历一次测试基础架构设计思路的演进。在笔者看来，这样的思路才是深入理解一门技术的有效途径，也希望你可以借此将测试基础架构的关键问题理解得更透彻。

1. 早期的测试基础架构

早期的测试基础架构会将测试用例存储在代码仓库中，然后用 Jenkins Job 来 pull（拉取）代码并完成测试的发起工作，如图 5-11 所示。

在这种架构下，自动化测试用例的开发和执行是按照以下步骤进行的。

（1）自动化测试开发人员在本地机器（后文简称本机）上开发和调试测试用例。这个开发和调试测试用例的过程通常由测试开发人员在自己的工作机器上进行。也就是说，他们在开发完测试用例后，会在本机上执行测试用例。这些测试用例则首先在本机上打开指定的浏览器并访问被测网站的 URL，然后发起业务操作，完成自动化测试。

（2）将开发的测试用例代码 push（推送）到代码仓库。如果自动化测试脚本在测试开发人员的本机上顺利完成执行，那么接下来，我们就会将测试用例的代码 push 到代码仓库，这标志着自动化测试用例的开发工作已经完成。

（3）建立一个 Jenkins Job，用于发起测试的执行。Jenkins Job 的主要工作是，首先从测试

用例代码仓库中 pull 测试用例代码并发起构建操作，然后在远端或本地固定的测试执行机上发起测试用例的执行。这个 Jenkins Job 通常会将一些发生变化的参数作为它的输入参数，比如远端或本地固定的测试执行机的 IP 地址或名称。再比如，如果被测系统有多套环境，则需要指定被测系统的具体名称等。

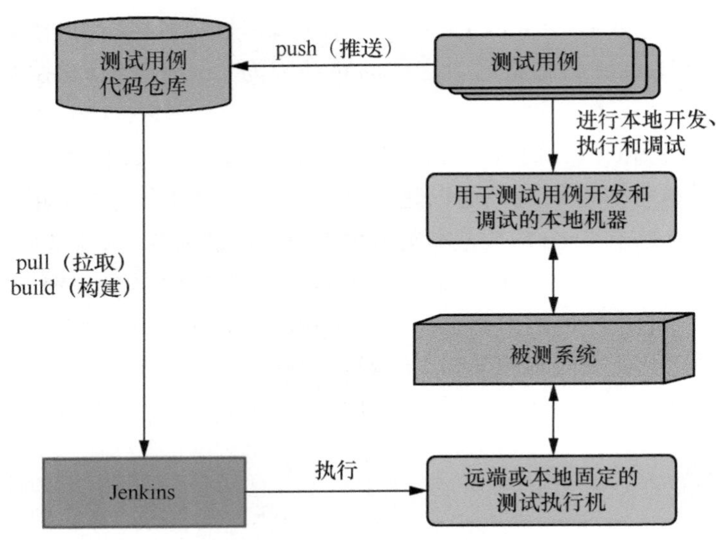

图 5-11　早期的测试基础架构

这种早期的测试基础架构，对于测试用例数量不大、被测系统软件版本不太复杂的场景下的测试需求，基本可以满足。但在实际使用时，你总会感觉哪里不太方便。比如，每次通过 Jenkins Job 发起测试时，都需要填写测试用例将在哪台测试执行机上执行。而此时，这台测试执行机是否处于可用状态，是否正在被其他测试用例占用等都是不可知的，于是就需要在测试发起前进行人为确认，或者开发一个执行机器环境检查的脚本来帮你确认。此外，当远端测试执行机的 IP 地址或名称发生变化时，或者当远端测试执行机的数量有变动时，你还需要能够提前获知这些信息。以上这些局限性决定了这种架构只适用于小型项目。

说到这里，你可能已经想到了，不是有 Selenium Grid 吗？我们完全可以用 Selenium Gird 代替固定的测试执行机。没错，这就是测试基础架构的第一次重大演进，也因此形成了目前已被广泛使用的经典测试基础架构。

2. 经典的测试基础架构

用 Selenium Grid 代替早期测试基础架构中的“远端或本地固定的测试执行机”，就形成了经典的测试基础架构，如图 5-12 所示。

这样你在每次发起测试时，就不需要再指定具体的测试执行机了，只要提供固定的 Selenium Hub 地址，Selenium Hub 就会自动帮你选择合适的测试执行机。同时，由于 Selenium Grid 中的 Node 可以按需添加，所以当整体的测试执行任务比较重时，还可以增加 Selenium Grid 中 Node 的数量。另外，Selenium Grid 支持测试用例的并发执行，可以有效缩短整体的测试执行时间。所以，这种基于 Selenium Grid 的经典测试基础架构，已经被大量企业广泛采用。

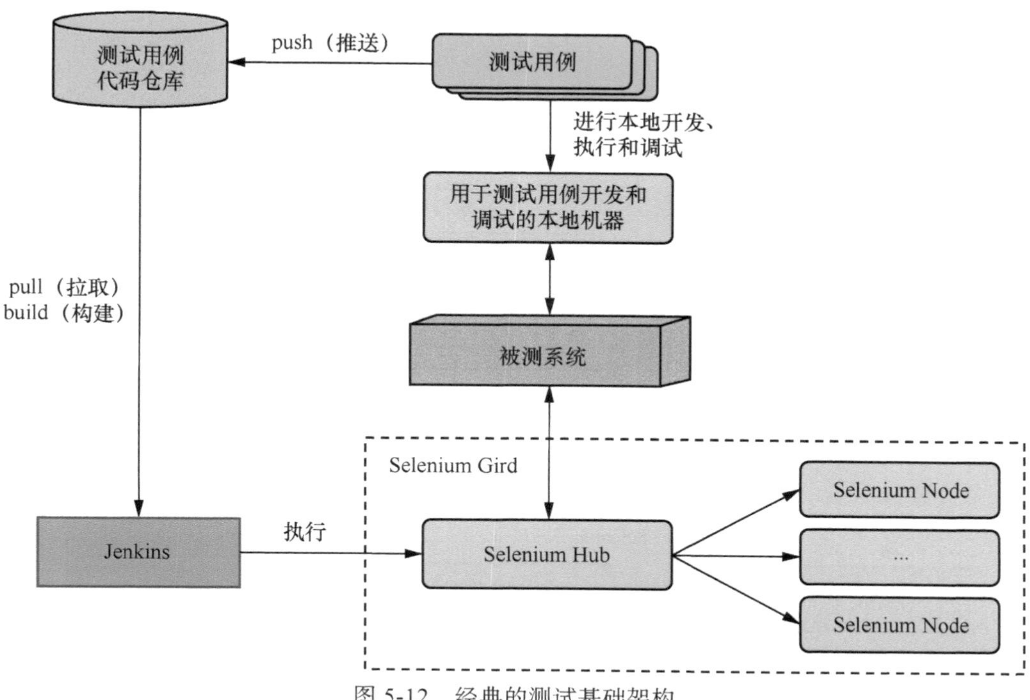

图 5-12 经典的测试基础架构

3. 基于 Docker 实现的 Selenium Grid 测试基础架构

随着经典测试基础架构的广泛使用，以及大量的浏览器兼容性测试的需求，Selenium Grid 中 Node 的数量会变得越来越大，也就是说，我们需要维护的 Node 会越来越多。在 Node 数量只有几十的时候，人工的方式升级 WebDriver、更新杀毒软件、升级浏览器版本，可能还不是什么大问题。但是，当需要维护的 Node 数量达到几百甚至几千的时候，维护工作量就会直线上升。虽然可以通过传统的运维脚本管理这些 Node，但维护的成本依然居高不下。

同时，随着测试用例数量的持续增长，Node 的数量也必然会不断增长，这时安装、部署新 Node 的工作量也会大到难以想象。因为每个 Node 无论采用实体机还是虚拟机，都会牵涉到安装操作系统、浏览器、Java 环境以及 Selenium。而目前流行的 Docker 容器技术，由于具有更快速的交付和部署能力、更高效的资源利用以及更简单的更新维护能力，使得 Docker 相比于传统虚拟机而言，更加“轻量级”。因此，为了降低 Node 的维护成本，我们自然而然地想到了目前主流的容器技术，也就是使用 Docker 代替原本的虚拟机方案。

基于 Docker 的 Selenium Grid 可以从如下 3 个方面降低维护成本：

- Docker 的更新和维护更简单，使得我们只需要维护不同浏览器的不同镜像文件即可，而不用为每台机器安装或升级各种软件；
- Docker 轻量级的特点，使得 Node 的启动和挂载所需时间大幅减少，直接从原来的分钟级降到了秒级；
- Docker 高效的资源利用，使得同样的硬件资源可以支持更多的 Node，也就是说，我们可以在不额外投入硬件资源的情况下，提高 Selenium Grid 的并发执行能力。

因此，现在很多大型互联网企业的测试执行环境都在向 Docker 过渡。图 5-13 展示了基于

Docker 实现的 Selenium Grid 测试基础架构。

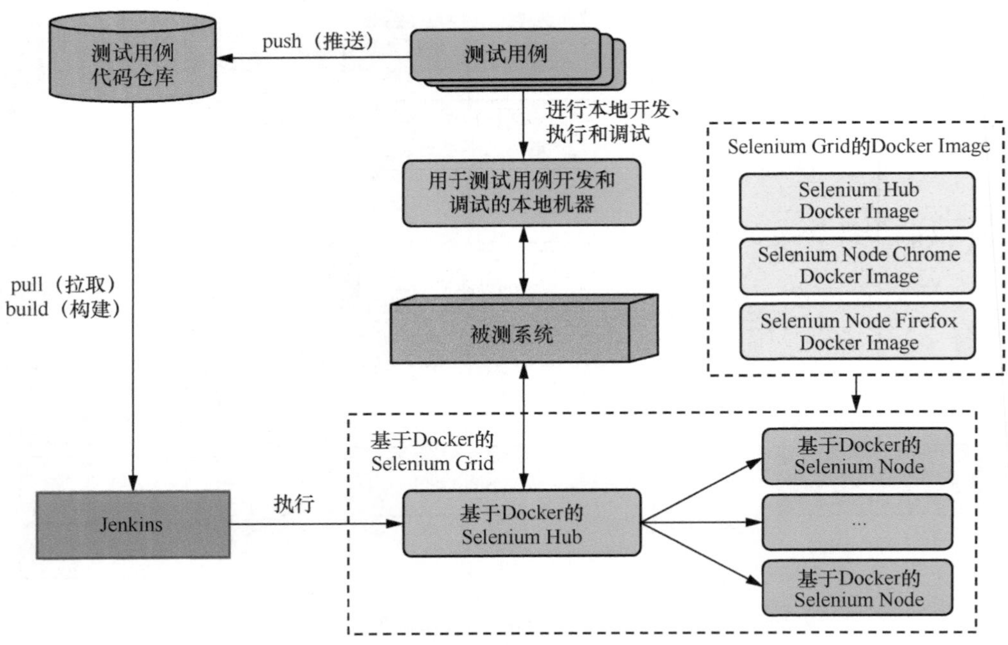

图 5-13　基于 Docker 实现的 Selenium Grid 测试基础架构

4. 引入统一测试执行平台的测试基础架构

在实际使用过程中，基于 Docker 的 Selenium Grid 使得测试基础架构的并发测试能力不断增强，因此已有大量项目的大量测试用例运行在这样的测试基础架构之上。当项目不多时，我们可以直接手动配置 Jenkins Job，并直接使用 Jenkins Job 控制测试的发起和执行。但是，当项目非常多之后，测试用例也会非常多，这时新的问题又来了，比如：

- 管理和配置这些 Jenkins Job 的工作量会不断增大；
- Jenkins Job 的命名规范、配置规范等很难实现统一管理，导致出现了大量重复和不规范的 Jenkins Job；
- 当需要发起测试或者新建某些测试用例时，都得直接操作 Jenkins Job。而在这个过程中，对于不了解这些 Jenkins Job 细节的人（比如新员工、项目经理、产品经理）来说，这种偏技术型的界面体验就相当不好了。

于是，我们为管理和执行发起测试的这些 Jenkins Job 实现了一个 GUI 系统。在这个 GUI 系统中，我们可以基于通俗易懂的界面操作，完成 Jenkins Job 的创建、修改和调用，还可以管理 Jenkins Job 的执行日志以及测试报告。这其实就是统一测试执行平台的雏形了。

有了这个统一测试执行平台的雏形后，我们逐渐发现，可以在这个平台上做更多的功能扩展，于是这个平台就逐渐演变成了测试执行的统一入口。下面列举这个平台的两个最主要的功能和创新设计，希望可以给你以及你所在公司的测试基础架构建设带来一些启发性的思考。

第一，测试用例的版本化管理。我们都知道，应用的开发有版本控制机制，即每次提测和发布都有对应的版本号。所以，为了使测试用例同样可追溯，也就是希望不同版本的开发代码都有与之对应的测试用例，很多大型企业或项目都会引入测试用例的版本化管理。最简单直接的做法就是，采用和开发一致的版本号。比如，被测应用的版本是 1.0.1，那么测试用例的版本也命名为 1.0.1。在这种情况下，当被测应用的版本升级到 1.0.2 的时候，我们会直接生成一个 1.0.2 版本的测试用例，而不是修改 1.0.1 版本的测试用例。这样，当被测环境部署的应用版本是 1.0.1 的时候，我们就选择 1.0.1 版本的测试用例；而当被测环境部署的应用版本是 1.0.2 的时候，我们就相应地选择 1.0.2 版本的测试用例。于是，我们就在这个统一的测试执行平台中，引入了这种形式的测试用例版本控制机制，直接根据被测应用的版本自动选择对应的测试用例版本。

第二，提供基于 Restful API 的测试执行接口供 CI/CD 流水线使用。这样做的原因是，测试执行平台的用户不仅仅是测试工程师以及相关的产品经理、项目经理，很多时候 CI/CD 流水线才是主要用户。因为在 CI/CD 流水线中，每个阶段都有不同的发起测试执行的需求。我们将测试基础架构与 CI/CD 流水线集成的早期实现方案是，直接在 CI/CD 流水线的脚本中硬编码发起测试的命令行。这种方式最大的缺点在于灵活性差，比如：

- 当硬编码的命令行发生变化，或者引入新的命令行参数的时候，CI/CD 流水线的脚本必须跟着一起修改；
- 当引入新的测试框架时，发起测试的命令行是全新的，CI/CD 流水线的脚本也必须跟着一起修改。

因此，为了解决耦合性的问题，我们在这个统一测试执行平台上，提供了基于 Restful API 的测试执行接口。任何时候，你都可以通过一个标准的 Restful API 发起测试，CI/CD 流水线的脚本不用再知道发起测试的命令行的具体细节，只需要调用统一的 Restful API 即可。图 5-14 展示了引入统一测试执行平台的测试基础架构。

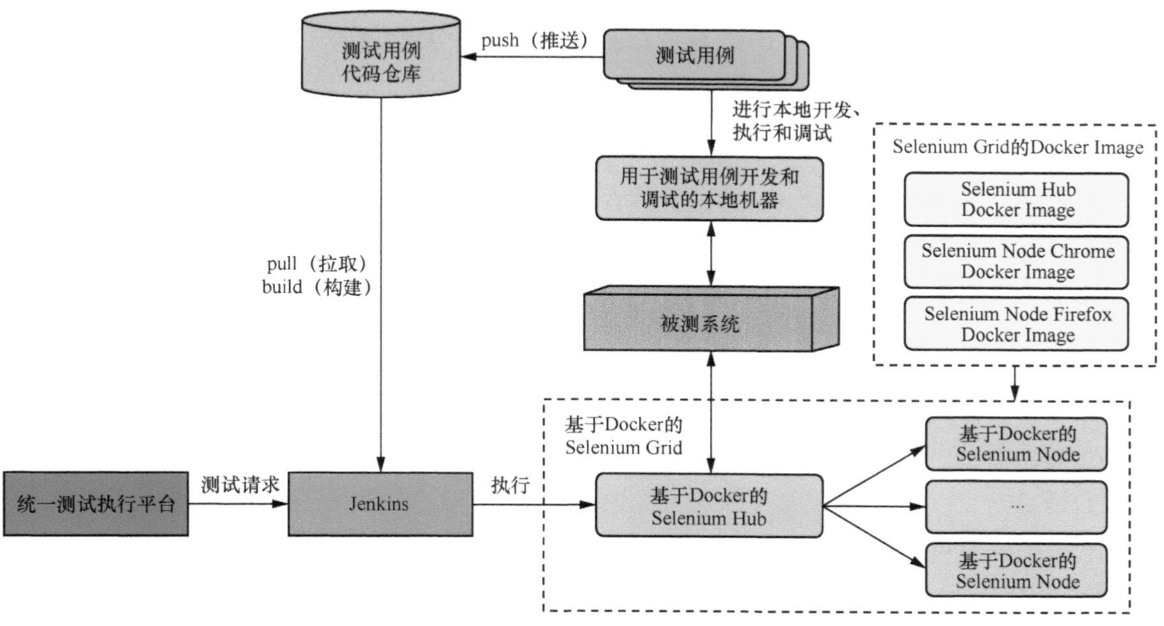

图 5-14　引入统一测试执行平台的测试基础架构

5. 基于 Jenkins 集群的测试基础架构

这种引入了统一测试执行平台的测试基础架构，看似已经很完美了。但是，随着测试需求的继续增长，又出现了如下新的问题：单个 Jenkins 成了整个测试基础架构的瓶颈节点，因为来自统一测试执行平台的大量测试请求，会在 Jenkins 上排队等待执行，而后端真正执行测试用例的 Selenium Grid 中的很多 Node 处于空闲状态。为此，将测试基础架构中的单个 Jenkins 扩展为 Jenkins 集群的方案就势在必行了。图 5-15 展示了基于 Jenkins 集群的测试基础架构。

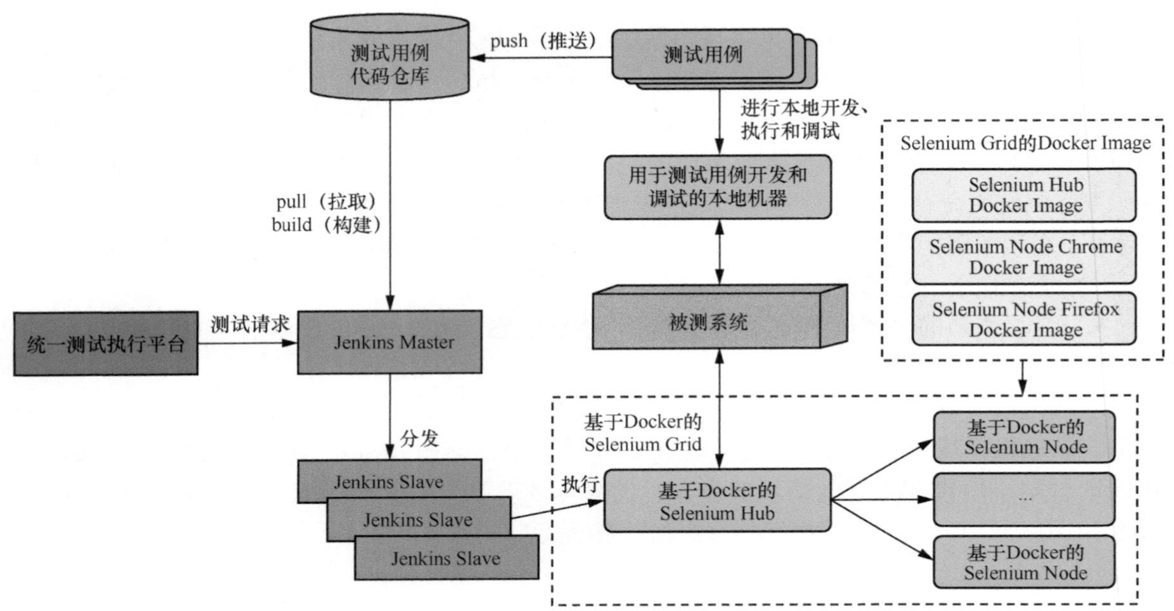

图 5-15　基于 Jenkins 集群的测试基础架构

因为 Jenkins 集群中包含多个可以一起工作的 Jenkins Slave，所以大量测试请求排队的现象再也不会出现了。而在单个 Jenkins 升级到 Jenkins 集群的过程中，对于 Jenkins 集群中 Jenkins Slave 的数量到底为多少才合适并没有定论。一般的做法是，根据测试高峰时段 Jenkins 中测试请求的排队数量来预估一个值。通常最开始的时候，我们会使用 4 个 Jenkins Slave 节点，然后观察测试高峰时段的排队情况，如果仍有大量请求在排队，就继续增加 Jenkins Slave 节点。

6. 测试负载自适应的测试基础架构

引入 Jenkins 集群后，整个测试基础架构已经很成熟了，基本上可以满足绝大多数测试场景的需要。但是，还有一个问题一直没有得到解决——Selenium Grid 中 Node 的数量到底为多少才合适？

- 如果 Node 数量少了，那么当集中发起测试的时候，就会由于 Node 不够用而造成测试用例排队等待，这种场景在互联网企业中很常见。
- 如果 Node 数量多了，虽然可以解决测试高峰时段的性能瓶颈问题，但是又会造成空闲时段的计算资源浪费问题。

为了解决这种测试负载不均衡的问题，Selenium Grid 的自动扩容和收缩技术应运而生。Selenium Grid 的自动扩容和收缩技术的核心思想是，通过单位时间内的测试用例数量，以及期望执行完所有测试的时间，来动态计算得到所需的 Node 类型和数量，然后基于 Docker 容器快速添加新的 Node 到 Selenium Grid 中。而在空闲时段，则监控哪些 Node 在指定时间段内没有被使用，并动态地回收这些 Node 以释放系统资源。通常情况下，几百乃至上千个 Node 的扩容都可以在几分钟内完成，Node 的销毁与回收速度也同样非常快。

至此，测试基础架构已经演变得很先进了，基本可以满足大型互联网公司的测试执行需求。测试负载自适应的测试基础架构如图 5-16 所示。

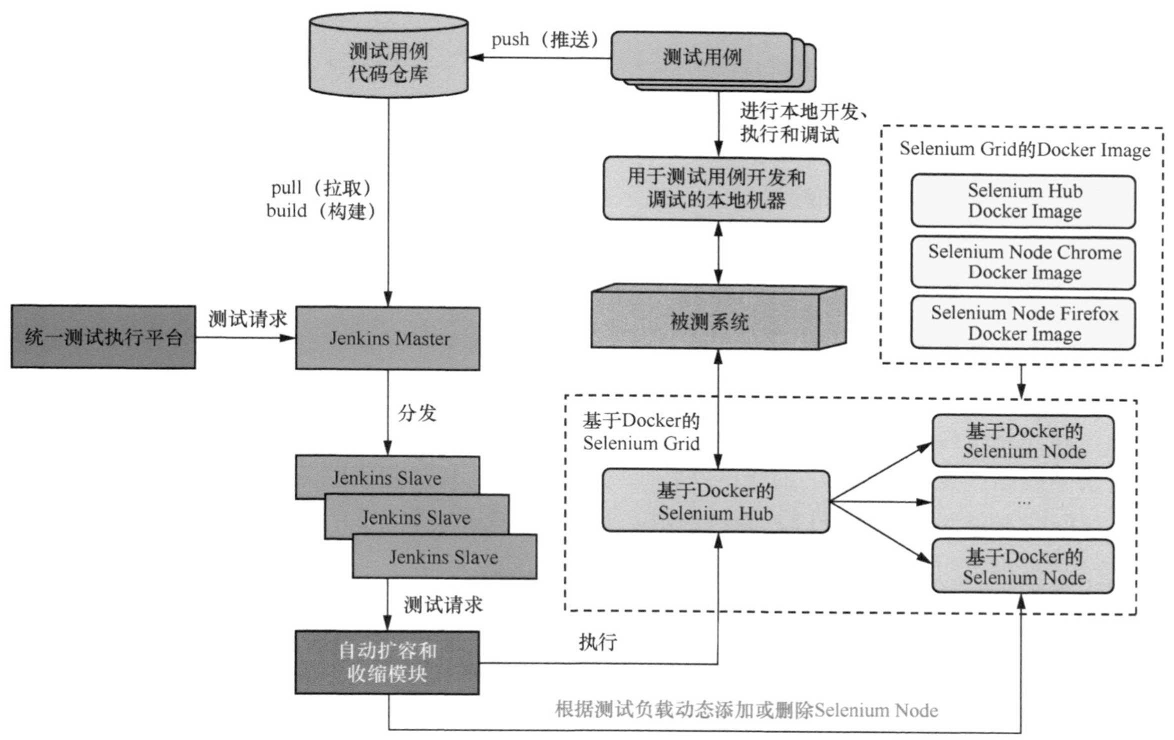

图 5-16　测试负载自适应的测试基础架构

5.2.5　测试基础架构的选型原则

我们已经介绍完了测试基础架构的演进过程，以及期间各阶段主要的架构设计思路，那么对于企业来说，应当如何选择最适合自身的测试基础架构呢？

其实，对于测试基础架构的建设，我们不要为了追求新技术而使用新技术，而应该根据企业目前在测试执行环境方面的痛点，有针对性地选择与定制测试基础架构。比如，你所在的企业如果规模不是很大，测试用例执行的总量相对较小，而且短期内也不会有大的变化，那

么你的测试基础架构完全可以采用经典的测试基础架构，而没必要引入 Docker 和动态扩容等技术。

再比如，对于大型企业，由于测试用例数量庞大，还会存在发布时段大量测试请求集中到来的情况，那么此时就不得不采用 Selenium Gird 动态扩容的架构了。而一旦使用动态扩容，Node 就必须实现 Docker 容器化，否则无法完全发挥动态扩容的优势。

因此，采用什么样的测试基础架构不是由技术本身决定的，而是由测试需求推动的。

5.3 测试数据新知

测试数据是执行测试用例的前提条件之一，也是测试分析与测试设计的基础之一，比如等价类、边界值都是靠不同的测试数据来体现不同的测试用例和测试场景的。如果把测试步骤比喻成测试用例的骨架，那么测试数据就是测试用例的血液，只有将测试步骤和测试数据组合起来才能形成一个好的测试用例。

5.3.1 测试数据的现状

测试数据经常被测试人员忽视，绝大部分商用软件系统的功能测试中的测试数据是靠测试人员通过分析和设计手动生成的。但是有些特殊的软件系统，比如一些复杂的网络系统、操作系统、硬件系统等，由于测试数据总量巨大，并且类型众多，因此一般需要靠特定的数据系统来自动生成测试数据。此外，对于一些特定的测试类型，比如模糊测试、猴子测试、错误注入测试（Fault Injection Test，FIT）等，也是需要自动生成测试数据的。

5.3.2 测试数据的分类

测试数据的类型非常多。根据不同的维度，测试数据可以分为不同的类型，比如根据存储的地方不同对测试数据进行分类。

1. 数据存储在测试用例文件中

使用测试用例文件存储数据是最常见的一种存储测试数据的方式。在传统的测试中，我们直接将测试数据写入测试步骤的语句中，比如：

```
用例 1：申请一个新账号成功
<理查德>准备申请一个新的账号
打开“注册”页面并单击“下一步”
“用户信息”页面成功打开
完成用户信息填写并单击“下一步”
“审核”页面成功打开
用户信息审核完成并单击“下一步”
新账号申请<成功>的页面成功打开
```

但是随着现代大型商用软件的业务系统越来越复杂，在测试步骤中嵌入测试数据的方法会导致后期面临巨大的维护成本。为了缓解维护成本巨大的问题，就需要靠业务行为和实例化需求（Specification By Example，SBE）的方式来编写测试用例和管理测试数据，比如：

```
用例集1： 申请一个新账号
Given <用户> 准备申请一个新的账号
When  完成新账号申请流程
Then  创建新账号<结果>
数据集:
| 用户     | 结果  | 描述          |
| 理查德   | 成功  | 他是一名管理员 |
| 尼奥     | 失败  | 他是一名黑客   |
```

在测试用例中，这是最为常用的两种测试数据管理方式。它们最大的区别就是维护成本的多少，以及编程模块化思维的复用性所减少的开发成本。

2. 数据存储在专用文件中

使用专用文件存储数据也是传统软件开发中十分常见的方式之一，可以和上一种数据存储方式配合使用。它最主要的特点就是可以解决同一个测试用例需要大量的、不同的测试数据，或者同一个测试用例需要在不同的环境中使用不同的测试数据来进行测试的问题。专用文件可以有效地解决这两个问题。这其实是抽象化思维的一种体现，将行为和数据分离，可以有效地分别进行开发和维护，有效降低开发测试行为和维护测试数据的成本。

3. 数据存储在数据库中

将数据存储在数据库中，不仅包含前两种数据存储方式所有的优点，还有一个优点就是可以让很多人同时使用数据，并且可以快速地进行修改和让修改后的数据生效。但是这种数据存储方式在拥有更多优点的同时也存在一定的缺点，即增加了搭建和维护数据库本身的成本，而且数据更容易被人修改和更难以还原。但是对于某些特定的复杂软件系统的测试，这些缺点又变成了优点，比如可以更容易地记录数据的变化以及中间状态。所以针对不同类型的软件系统，没有“银弹”，所谓的优点和缺点只是相对的。

4. 数据存储在测试数据系统中

对于需要大量测试数据的复杂软件系统，测试数据需要靠特定的测试数据系统来生成和管理。由于测试数据数量巨大，这很难由人工通过分析和设计来完成。测试数据系统既可以通过人工输入测试数据，也可以根据特定的规则和模型生成测试数据，还可以随机自动生成测试数据。测试数据系统允许使用 RESTful API、SOAP API 等多种方式来访问数据。测试数据系统功能强大，掌握它需要一定的学习和前期成本。但是一旦学习和做好前期准备之后，后期的使用和维护成本就相对较低了。在测试数据数量巨大、类型众多的情况下，使用测试数据系统是一个明智的选择。

除了根据存储的地方不同对测试数据进行分类，也可以根据数据生成规则的不同，对测试数据进行分类。

（1）根据验收条件或业务功能生成测试数据（AC-based Data）

此类测试数据既可以通过手动分析验收条件来生成，也可以通过在数据生成系统中录入验收条件来生成，未来还可以通过 AI 自主学习、分析来生成。

（2）根据业务模型生成测试数据（Model-based Data）

首先针对业务创建一个模型，然后定制行为和行为之间的关系以及行为和系统之间的关系（有限状态机），然后通过支持这个模型的数据生成系统来生成测试数据。

5.3.3 测试数据的未来

Model-based Data 虽然现在只是一些特殊软件系统的测试数据生成方式，但它未来一定会慢慢成为大型软件系统主要的测试数据生成方式，从而保证测试数据的全面性。随着测试数据的数量和多样性的增加，测试数据的管理系统也需要越来越强大，从而大量节约测试数据的管理和维护成本。

此外，随着 AI 技术的发展，使用 AI 技术来生成测试数据一定会得到很大的发展。但是使用 AI 技术生成测试数据也存在一些问题，只有解决了这些问题，使用 AI 技术生成测试数据才能得到更广泛的应用。

如何更加简单和准确地生成输出数据（即用来验证测试是否通过的验证数据）呢？每一个输入数据都需要一个输出数据作为验证条件，并且我们只有根据一个特定的模型或业务流程才能知道正确的输出数据。由于业务流程千差万别，在没有准确的数据模型的情况下，通过当前的 AI 技术，我们很难根据输入数据生成正确的输出数据。所以只有在 AI 技术能正确理解业务功能的情况下，才有可能正确生成输出数据，这也是 AI 能在自动生成测试领域大规模应用的前提条件之一。

AI 学习会产生大量的测试输入数据，而如何归类测试数据让测试数据更明确，减少相同的等价类测试数据，以及保证生产的测试数据完全准确，则是非常困难的。特别是数据的准确性和表意性，更加难以做到完全准确。如果不能保证测试数据的准确性和表意性，则在数据量巨大的情况下，将会导致测试人员对于测试结果的信任程度不高，并带来巨大的分析审查和维护的工作量。

5.4 测试中台

测试中台的设计思路可以总结为“测试服务化”。也就是说，测试过程中需要使用的任何功能都通过服务的形式提供，每类服务完成一类特定功能，这些服务可以采用最适合自身的技术栈，独立开发、独立部署。至于需要哪些测试服务，则是在理解测试基础架构的内涵并高度抽象后得到的。从本质上看，这种设计思路和微服务不谋而合。

根据业内的大量实践与经验总结，我们把理想中的测试中台的顶层设计概括为图 5-17 所示的形式。

我们理想中的测试中台包括 6 种不同的测试服务，分别是统一测试执行服务、统一测试数据服务、全局测试配置服务、测试报告服务、测试执行环境准备服务以及被测系统部署服务。接下来，我们一起看看这 6 种测试服务具体是什么。

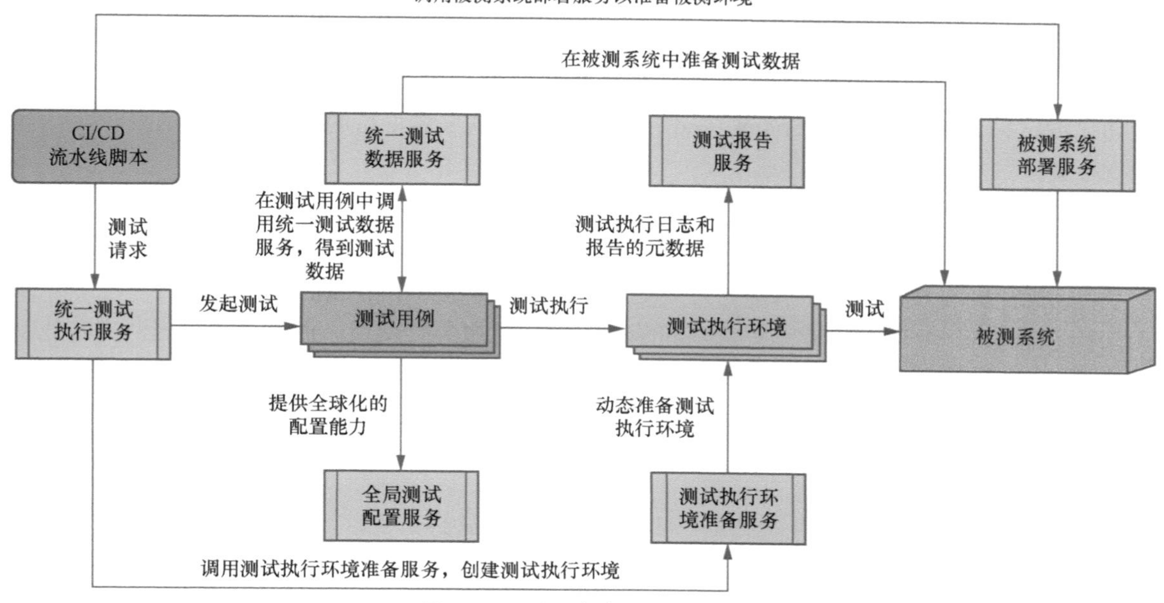

图 5-17　测试中台的顶层设计

5.4.1　统一测试执行服务

统一测试执行服务其实和统一测试执行平台是同一个概念，只不过统一测试执行服务强调的是服务，也就是强调测试执行的发起是通过 Restful API 调用完成的。以 Restful API 的形式对外提供测试执行服务的方式，兼具测试版本管理、Jenkins Job 管理以及测试执行结果管理的能力。

统一测试执行服务的主要原理是，通过 Spring Boot 框架提供 Restful API，在内部实现通过调度 Jenkins Job 发起测试，这也是前面测试基础架构中的内容。还记得前面提到的将测试发起与 CI/CD 流水线集成的内容吗？统一测试执行服务采用的 Restful API 调用，我们可以通过统一的 Restful API 来发起测试。

5.4.2　统一测试数据服务

统一测试数据服务其实就是统一测试数据平台。对于需要准备测试数据的任何测试，都可以通过 Restful API 调用统一测试数据服务，然后由统一测试数据服务在被测系统中实际创建或搜索符合要求的测试数据。而对于测试数据的使用者来说，具体的测试数据创建或搜索的细节是不需要知道的。也就是说，统一测试数据服务会帮助我们隐藏测试数据准备的所有相关细节。同时，在统一测试数据服务内部，通常会引入内部数据库管理测试元数据，并提供有效测试数据数量自动补全、测试数据质量监控等高级功能。

在实际项目中，测试数据的创建通常是通过调用测试数据准备函数来完成的，而这些函数内部主要通过 API 和数据库操作相结合的方式，实际创建测试数据。

5.4.3　测试执行环境准备服务

这里的“测试执行环境”是一个狭义的概念，指具体执行测试的测试执行集群：对于 GUI 自动化测试来说，指的是 Selenium Grid；对于 API 测试来说，指的是实际发起 API 调用的测试执行集群。

测试执行环境准备服务的使用方式一般有如下两种。

- 根据测试负载情况，由统一测试执行服务主动调用测试执行环境准备服务来完成测试执行机的准备，比如启动并挂载更多的 Node 到 Selenium Grid 中。
- 测试执行环境准备服务不直接和统一测试执行服务打交道，而是自行根据测试负载动态计算测试执行集群的规模，并完成测试执行集群的扩容与收缩。

5.4.4　被测系统部署服务

被测系统部署服务主要用来安装与部署被测系统和软件，实现原理是调用 DevOps 团队的软件安装和部署脚本。

- 对于那些可以直接用命令行安装的软件来说，一般只需要把安装步骤的命令行组织成脚本文件，并加入必要的日志输出和错误处理即可安装。
- 对于那些通过图形界面安装的软件，一般需要找出静默（silent）安装模式，然后通过命令行安装。

如果被测软件安装包本身不支持静默安装模式，那么强烈建议给软件发布工程师提需求，要求他们加入对静默安装模式的支持。

被测系统部署服务一般由 CI/CD 流水线脚本来调用。在没有被测系统部署服务之前，我们在 CI/CD 流水线脚本中一般直接调用软件安装和部署脚本；而在引入被测系统部署服务后，就可以在 CI/CD 流水线脚本中直接以 Restful API 的形式调用标准化的被测系统部署服务，这样做的好处是可以实现 CI/CD 流水线脚本与具体的软件安装和部署脚本的解耦。

5.4.5　测试报告服务

测试报告服务也是测试基础架构的重要组成部分，主要作用是为测试提供详细的报告。测试报告服务的实现原理和传统测试报告的区别较大。

传统的测试报告（比如 TestNG 执行结束后的测试报告以及 HttpRunner 执行结束后的测试报告等）通常直接由测试框架产生。也就是说，测试报告和测试框架绑定在一起。

对于大型软件项目而言，因为各个阶段都会有不同类型的测试，所以测试框架本身就具有多样性，对应的测试报告也多种多样。而测试报告服务的设计初衷，就是希望统一管理这些格式各异、形式多样的测试报告，同时希望从这些测试报告中总结出面向管理层的统计数据。

为此，我们在测试报告服务的实现中引入了 NoSQL 数据库，用于存储结构各异的测试报告元数据。在实际项目中，我们会改造每个需要使用测试报告服务的测试框架，使其在执行完测试后将测试报告的元数据存入测试报告服务的 NoSQL 数据库中。这样在需要访问测试报告的时候，直接从测试报告服务中提取即可。

同时，由于各种测试报告的元数据都存放在一个 NoSQL 数据库中，因此我们可以开发一些用于统计分析的 SQL 脚本，以帮助我们获得与软件质量相关的统计数据。

测试报告服务的主要使用者是统一测试执行服务和测试工程师。对于统一测试执行服务来说，它会调用测试报告服务以获取测试报告，并将其与测试执行记录绑定，然后进行显示。测试工程师则可以通过测试报告服务这个入口，获取自己想要的测试报告。

5.4.6 全局测试配置服务

全局测试配置服务用于解决测试配置和测试代码的耦合问题。这个概念有点抽象，下面让我们一起来看一个例子。

大型全球化电商网站在全球很多地区都有站点，这些站点的基本功能是相同的，只是某些小的功能点会有地域差异。

假设在测试过程中需要设计一个 getCurrencyCode() 函数来获取货币符号，那么这个函数中势必会有很多 if-else 语句，用于根据不同国家或地区返回不同的货币符号。图 5-18 所示的代码展示了全局测试配置服务的基本原理。

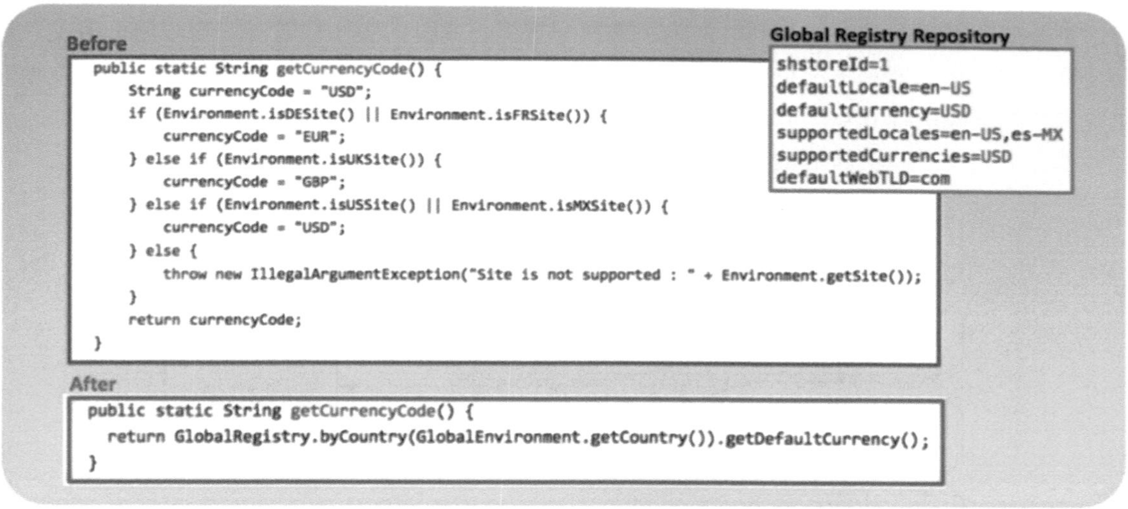

Before

```
public static String getCurrencyCode() {
    String currencyCode = "USD";
    if (Environment.isDESite() || Environment.isFRSite()) {
        currencyCode = "EUR";
    } else if (Environment.isUKSite()) {
        currencyCode = "GBP";
    } else if (Environment.isUSSite() || Environment.isMXSite()) {
        currencyCode = "USD";
    } else {
        throw new IllegalArgumentException("Site is not supported : " + Environment.getSite());
    }
    return currencyCode;
}
```

Global Registry Repository

```
shstoreId=1
defaultLocale=en-US
defaultCurrency=USD
supportedLocales=en-US,es-MX
supportedCurrencies=USD
defaultWebTLD=com
```

After

```
public static String getCurrencyCode() {
  return GlobalRegistry.byCountry(GlobalEnvironment.getCountry()).getDefaultCurrency();
}
```

图 5-18 关于全局测试配置服务的示例代码

比如，“Before”代码段中有 4 个条件分支。如果当前国家（地区）是德国（isDESite）或法国（isFRSite），那么货币符号应该是“EUR”；如果当前国家（地区）是英国（isUKSite），那么货币符号应该是“GBP”；如果当前国家（地区）是美国（isUSSite）或墨西哥（isMXSite），那么货币符号应该是“USD”；如果当前国家（地区）不在上述范围内，就抛出异常。

getCurrencyCode() 函数的实现逻辑比较简单，但是当需要添加新的国家（地区）和货币符号时，就需要添加更多的 if-else 分支。当 if-else 分支较多的时候，代码的分支也会很多。更糟糕的是，当添加新的国家（地区）时，你会发现很多地方的代码需要加入分支处理，很不方便。

那么，有没有什么好的办法可以做到在添加新的国家（地区）时，不用改动代码呢？

其实，仔细想一下，之所以要处理这么多分支，无非是因为不同的国家（地区）需要不同的配置值［在这个示例中，不同国家（地区）需要的不同配置值就是货币符号］。如果我们可以首先把配置值从代码中抽离出来并放到单独的配置文件中，然后让代码通过读取配置文件的方式来动态获取配置值，就可以做到在添加新的国家（地区）时，不用再修改代码，而只需要加入一份新国家（地区）的配置文件就可以了。

于是就有了图 5-18 底部的“After”代码段以及右上角相应的配置文件。“After”代码段的实现逻辑是通过 GlobalRegistry 并结合当前环境的国家（地区）信息来读取对应国家（地区）配置文件中的值。比如，如果 GlobalEnvironment.getCountry() 的返回值是“US”，也就是说，当前环境的国家（地区）是美国，那么 GlobalRegistry 就会从“US”的配置文件中读取配置值。这样实现的好处是，当需要添加一个国家（地区）的时候，getCurrencyCode() 函数本身不用做任何修改，只需要增加关于这个国家（地区）的配置文件即可。

上面我们通过一段代码介绍了全局测试配置服务的实现原理和基本思路，但上述示例是基于 Java 实现的，如果其他的编程语言想要使用这个特性，可能就不是很方便。为此，我们沿用之前讲的测试数据服务的思路，自然而然就会想到将全局测试配置这个功能通过 Restful API 的形式来提供，这样任何测试框架和编程语言（只要能够支持发起 HTTP 请求），就都能够使用这个全局测试配置的功能。同时，为了方便配置文件本身的版本化管理，可以将配置文件纳入配置管理中，也就是把配置文件本身也提交到 Git 之类的代码仓库中，这样就可以方便地对配置文件的更改进行完整的追踪。

基于上述想法，全局测试配置服务的架构如图 5-19 所示。

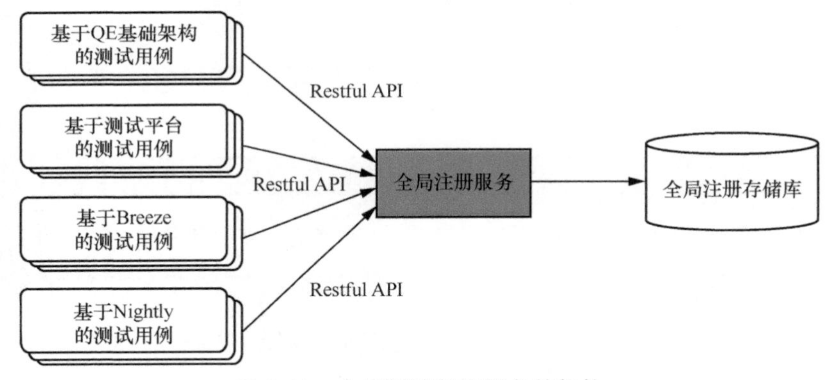

图 5-19　全局测试配置服务的架构

至此，我们一起了解了测试中台的顶层设计，以及其中的 6 种主要测试服务的作用及实现思路。接下来我们通过一个示例，看看这样的测试中台是如何工作的，以帮助读者进一步理解测试基础架构的本质。

5.4.7　大型全球化电商网站测试中台的使用示例

本节所讲示例以 CI/CD 作为整个流程的起点，因为在实际项目中，自动化测试的发起与执行请求一般来自 CI/CD 流水线脚本。

首先，CI/CD 流水线脚本会以异步或同步的方式调用被测系统部署服务，安装、部署被测软件的正确版本。被测系统部署服务会访问对应软件安装包的存储位置，并将软件安装包下载到被测环境中。然后，调用对应的部署脚本，完成被测软件的安装。最后，在 CI/CD 流水线脚本中启动被测软件，并验证新安装的软件是否可以正常启动。如果这些都没问题，被测系统部署服务就完成了任务。

这里需要注意以下两点。

- 如果之前的 CI/CD 流水线脚本以同步方式调用被测系统部署服务，那么只有当部署、启动和验证全部通过后，被测系统部署服务才会返回，CI/CD 流水线脚本才能继续执行。
- 如果之前的 CI/CD 流水线脚本以异步方式调用被测系统部署服务，那么被测系统部署服务会立即返回，等部署、启动和验证全部通过后，才会以回调的形式通知 CI/CD 流水线脚本。

被测系统部署完之后，CI/CD 流水线脚本就会调用统一测试执行服务。统一测试执行服务首先会根据之前部署的被测软件版本选择对应的测试用例版本，然后从代码仓库中下载测试用例的 JAR 包。接下来，统一测试执行服务会将测试用例的数量、浏览器的要求以及完成执行所需的时间作为参数，调用测试执行环境准备服务。

测试执行环境准备服务首先会根据传过来的参数，动态计算所需的 Node 类型和数量，然后根据计算结果动态加载更多基于 Docker 的 Node 到测试执行集群中。此时，动态 Node 加载是基于轻量级的 Docker 技术实现的，所以 Node 的启动与挂载速度都非常快。统一测试执行服务通常以同步方式调用测试执行环境准备服务。

测试执行环境准备好之后，统一测试执行服务就会通过 Jenkins Job 发起测试执行。测试用例在执行过程中依赖统一测试数据服务来准备测试需要用到的数据，并通过全局测试配置服务获取测试相关的配置与参数。测试执行结束后，测试报告以及测试报告的元数据自动被发送给测试报告服务以进行统一管理。

第 6 章　软件测试常见困惑

6.1 测试人员和开发人员的理想比例是多少？

一般在交付项目的过程中，主要涉及 PM（项目经理）、开发人员以及 UX（用户体验）、BA（业务分析）、QA（质量保证）人员等，有些特殊的项目还涉及 DevOps 人员。基于敏捷测试和质量内建的方法论决定了团队中的每个角色都得对质量负责，但是落实到具体的交付工作中，每个角色是有其专业侧重的技能和分工的，有些专业技能（比如测试分析与测试设计、性能测试等）是其他角色在短时间内很难学会并掌握的，甚至是其他角色不愿意学习的；而有些具体的工作（比如编写测试用例、执行测试、编写自动化测试等）则是其他角色不愿意做的。

如果希望一个团队有良好的氛围和产出，那么其中的每个角色都应该愿意并且高效地利用自己所掌握的技能，但不同的技能是需要足够的时间来学习和磨练的，所以一个角色很难有效地掌握大量的不同角色的技能，毕竟大家的时间和精力都有限。

根据团队人员能力以及项目类型、规模和质量要求的不同，需要的 QA 能力级别和数量也是不同的。由于这个问题的约束条件比较多，为了方便讨论，需要简化它们，比如一个中小规模的团队（10 ～ 20 人），要全新开发一个保险项目，则无法在交付前实施线上真实用户测试，因为质量要求很高，开发周期仅为 1 年，且需求是在开发过程中持续确定的并有少量变化。团队中各种角色都有，包括 PM 以及 PO（产品运营）、UX、BA、Dev、QA 人员等，QA 人员中至少要有一位质量保证专家。在这样的前提约束条件下，如果想要 QA 人员比较全面地实施敏捷测试和质量内建的相关工作（包括高覆盖率的功能自动化测试），则 QA 人员和开发人员的比例应该在 1∶3 左右，随着 QA 资源的减少，QA 相关的工作内容也需要随之减少，或者由其他角色来完成，可以减少的工作包括全面深入的探索性测试、性能测试和安全测试，以及一些不重要的自动化测试开发等。

而当这个比例在 1∶5 左右的时候，就达到了一个自动化功能测试的极限值，随着 QA 资源继续减少，自动化功能测试的开发工作也要随之减少。当这个比例降到 1∶10 的时候，QA 人员几乎没有时间来实施自动化功能测试，因为常规的测试和质量相关工作已经占用了 QA 人员的绝大部分时间，基本上所有的自动化功能测试相关的工作需要交给开发人员来完成。但是一些特定的测试，比如性能测试，仍然需要 QA 人员来实施，并且也只能实施主要的性能测试，无法全方位实施全量的性能测试。

日常测试中最主要并且工作量最大的工作包括测试策略与测试架构的设计和实施、测试流程的实施和管理、测试分析与测试设计、测试用例执行（包括手动和自动）。对于比较大的团队，还需要对团队进行测试赋能，甚至建设质量体系。

对于以业务复杂度为主的业务系统，如果团队没有人力资源来实施自动化测试，那么在这种情况下可以引入外部承包商来执行手动功能测试。但是测试分析与测试设计一般还是需要由团队内部员工来实施，建议由团队中的 QA 人员来实施，也可以由具备相应能力的 BA 人员和开发人员来实施。比如某大型通信厂商，其很多项目的测试分析和测试用例的设计工作是由高

级系统工程师完成的，而不是由测试人员和 QA 人员来完成。

如果改变了这些约束条件，那么 QA 人员的比例需要进行一定的调整，但最重要的影响因素还是质量要求的高低。如果项目的质量要求高，就一定要有足够的时间，实施足够的测试，并且最好由专业的 QA 人员来实施。如果没有专业的 QA 人员，则建议这项工作由拥有足够丰富专业技能的其他角色兼职来完成。

所以常规情况下，对于质量要求不高的项目，测试人员和开发人员的比例为 1∶10～1∶5。如果质量要求高，则需要提高这个比例，理想比例是 1∶3。

6.2 系统出现漏测，这个“锅”应该谁来背?

漏测是指某些软件缺陷未能在测试阶段发现，直到软件系统发布到生产环境后才被终端用户发现，或直到对终端用户造成影响后才被发现。

由于测试的不可穷举性，漏测是不可能完全避免的；因此笔者并不认同将漏测简单视为“锅”（即过错），从而让某个角色去承担责任。软件的质量保障由软件项目中的各个角色共同负责，我们应该积极总结问题，防止类似的漏测情况再次发生。

漏测是有很多原因的，我们总结了以下 4 种原因以及应对方法。

（1）测试用例设计不完善导致的漏测。这种问题其实是最容易解决的，测试人员需要进行复盘，抽象出测试用例设计不完善的共性点（如未考虑边界值、等价类划分不合理等），并对其他测试场景进行查遗补漏，预防类似问题的产生。

（2）流程缺失导致的漏测。常见的案例是缺乏测试用例评审，测试用例的设计和执行出现测试人员“一言堂”的现象。一个人的认知是很容易出现疏漏的，这并不是错误，而是人类思维所固有的局限性。测试用例评审通过交叉验证的方式，能减少个体的认知局限，是必须进行的流程环节。

（3）时间紧张导致的漏测。这种情况在大部分公司十分常见，测试人员的工作特点决定了他们的工作很容易成为项目交付的最后一个环节，而公司的业务迭代速度又非常快，于是测试人员经常成为时间最紧张的那一群人。在这种情况下，我们的建议并不是让测试人员加班，而是应该加强整个质量体系的建设，确保服务具备灰度发布的能力，完善监控告警机制，并制定有效的故障止损预案，避免对测试工作产生单点依赖。

（4）沟通不畅导致的漏测。常见的几种情况如下：上报的缺陷被误判为可接受的低优先级缺陷，导致实际未被修复；测试人员仅仅口头告知缺陷，导致缺陷最终被遗漏；等等。这些问题产生的根本原因其实还是流程有问题，所有的缺陷都需要被持久化地记录下来，并且能够被追溯，在服务上线前，需要对未修复的缺陷进行再次确认，明确风险是否可以接受。

总而言之，当软件系统出现漏测的情况时，我们的重点不应该是追责，而应该分析漏测产生的根本原因，防患于未然。

6.3 测试工程师如何应对“一句话需求”？

测试人员在设计测试方案和撰写测试用例时，一般需要基于完整的需求文档和技术方案。但现实情况是，几乎每个测试人员或多或少遇到过描述模糊的需求，甚至是“一句话需求”，例如：

- 我们需要一个红包功能，用户在下单时可以选择红包，抵扣相应金额；
- 我们需要一个抢单大厅，让空闲的骑手可以主动抢单；
- 我们需要一个退单功能，在订单未完成时，用户可以申请退单。

开展软件测试工作最基本的要素是确定输入值和预期结果，但面对这样的“一句话需求”，我们几乎无法提取出准确的输入值，也无从知晓预期结果是什么，这种情况如何应对呢？

“一句话需求”本质上是高速迭代的项目需求与撰写完善的需求文档的成本之间的博弈，如果不能降低迭代速度或减少撰写需求文档的成本，这个问题就是无解的。相信很多读者都有过直接要求产品经理提供完善的需求文档，但处处碰壁的遭遇。

我们推荐的解决方案是鼓励开发人员和测试人员“向前站”，帮助产品人员完善需求，但问题是开发人员和测试人员往往也很忙碌，如何高效地“帮忙”呢？需求实例化是一种不错的实践方法，我们以最精练的语句进行介绍。

简而言之，需求实例化就是用实例来说明需求。例如有人问“苹果”是什么，我们有两种解释方式，第一种是拿出字典查找“苹果”一词，并阐述字典中的解释；第二种是直接拿一个苹果给提问的人看。显然，第二种方式更容易理解，因为我们拿了一个实实在在的物品呈现给提问者。这就是需求实例化的精髓，我们不是用自然语言对一个事物进行描述，而是直接给出具体的例子，展示这个事物。

如图 6-1 所示，需求实例化分为澄清价值、识别操作和步骤、定义业务规则 3 个阶段。

- 澄清价值：明确业务目标和关键业务指标，确保后续工作不会偏离目标。
- 识别操作和步骤：借助 XMind 等工具，根据经验梳理业务流程，与业务方讨论后逐步完善流程。
- 定义业务规则：业务规则是对业务流程的补充，将它们两者结合起来，便可以形成定义清晰的业务场景。

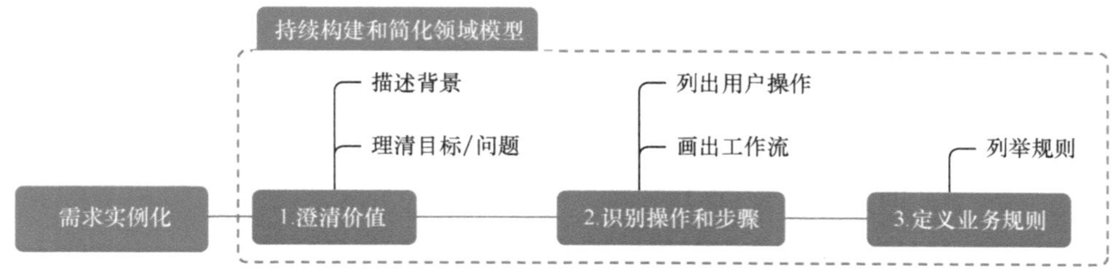

图 6-1 需求实例化的流程

开发人员、测试人员和产品人员（或业务方）是需求实例化的参与者，我们可以在 Sprint 计划会上启动需求实例化工作，确保在分配具体任务前，各方对需求都能达成统一认知。一般

来说，产品人员对需求实例化通常是比较欢迎的，因为它能够避免产品人员陷入撰写形式化文档的工作中，又有开发人员和测试人员协助分担工作量。

6.4 测试工程师必须要有开发能力吗?

随着互联网行业的发展，测试工程师的角色定位和技能要求也是在不断演进的。

国内互联网公司的业务迭代速度普遍较快，而开发人员聚焦于编码和部署等工作，对测试工作的关注度不高，我们能够观察到一些小型公司和创业公司甚至都没有专职的测试人员，开发人员一般就是“随便测一测”，这样是很难保障软件产品的质量的。但这种做法有着非常明显的阶段性特征，企业在初创阶段往往需要进行高频试错，以验证业务模式的可行性，此时质量并不是第一位的，尽快将业务产品投放市场获得反馈才是最迫切的需求。因此，适当地减少一些质量保障工作，在这个阶段是一种权衡（trade-off）。

随着企业的不断发展，尤其当业务模式跑通之后，就需要交付高质量的产品来留住用户，走可持续发展的道路。此时，全职的测试工程师就会被引入承担质量保障的角色，让“专业的人干专业的事”。测试工程师必须具备全面的业务领域知识和测试方法，因为处于业务快速增长期的企业，软件产品变更频繁，自动化测试等工作的性价比还不高。对于测试工程师来说，基于业务领域知识和专业的测试方法，从黑盒的视角手工完成测试是常态，也是最容易应对变化的方式。在这一阶段，测试工程师并不需要具备开发能力。

当企业发展到更大的规模，产品功能不断趋于稳定以后，传统手工测试的性价比逐渐降低，回归测试的工作量开始超过新功能验证的工作量。在这种情况下，测试工作的重心将逐渐从粗放式的手工测试转为更高效的自动化测试，并通过各种测试工具来提升测试效率。大量的自动化回归测试用例将被集成到 CI/CD 流水线中自动执行，质量反馈更及时、更高频，研发人员也可以基于各种测试工具完成更多的自测工作，测试工程师则从原来的质量保障执行者，转型为质量保障驱动者。要达到这些目标，测试工程师需要具备两项能力：阅读代码的能力（白盒测试）和工具开发能力。这也是目前很多互联网大厂对测试工程师的普遍要求，基本上已经成为行业共识。

互联网的技术发展趋势有一个明显的特点，即不断让机器去做更多重复的基础工作，而让人逐渐去做更高级的事，循环往复。这意味着越来越多的手工测试工作将被自动化技术，甚至人工智能技术所取代。作为一名测试工程师，如果不能往更高级的技术领域发展，是很容易被时代淘汰的。

6.5 编写测试用例文档花费了大量的时间和精力，是否真的值得?

随着软件系统规模的持续增大，以及业务复杂度的持续增加，软件测试工作的复杂度也越来越大。而软件测试工作复杂度的直接体现就是测试用例的编写、维护、执行和管理，所以编写易读、易维护和易管理的测试用例可以有效降低软件测试工作的复杂度。良好的测试用例或测试用例文档也是重要的项目资产，将系统真实的业务知识传递给以后的维护人员，也可以极大地降低维护成本。

在软件测试工作中，测试用例是最重要的基础。对于一个好的测试用例，测试人员可以更容易地阅读、理解、修改并管理它，从而提高测试工作的质量和效率。

为了编写一个好的测试用例，首先需要对业务需求和验收标准进行深入的分析，并确定业务需求和验收标准的正确性和合理性。然后进行测试分析，并完成一整套测试用例的设计和编写，其中包括功能测试用例、端到端测试用例、异常测试用例等。在分析和设计测试用例的过程中，可以通过启发式测试策略模型（Heuristic Test Strategy Model，HTSM）来对测试用例进行分析，并通过等价类、边界值、决策表、Pairwise 等方法来设计测试用例。

其中的难点是如何让测试用例尽可能覆盖到验收标准，从而实现验收功能的高覆盖测试率。同时要尽可能找到业务需求、技术架构等系统相关的各种限制，通过分析这些限制可以得到更多的测试用例，其中包含异常测试用例。

对于设计好的测试用例，需要进行分类并管理，然后根据不同的分类对它们进行分层测试。通常情况下，测试可以分为端到端测试、功能测试、集成测试、单元测试等。根据以上分类方法，快速进行测试的分层管理，也就是将有的测试用例放在端到端测试类型里，而将有的测试用例放在集成测试类型里，等等。

根据测试用途，还可以将测试分为回归测试、验收测试、健全测试和冒烟测试等。一个测试用例可能既属于回归测试，又属于冒烟测试，这种情况下就需要一个良好的测试管理系统或管理方法来对大量分类后的测试用例进行管理。

编写和管理测试用例文档的工作量巨大并且非常烦琐，需要耗费大量的时间和精力。测试用例文档质量的高低直接影响到测试工作是否能高效和顺利地进行并完成。所以结合产品类型和团队情况，选择适合自己团队的测试用例文档编写和管理方式，可以事半功倍。

6.6 现在很多公司都在去测试化，我们究竟还要不要专职的测试人员？

当前业界关于软件测试和质量的讨论非常多，各种不同的声音也层出不穷，比如去测试人员、测试人员无用论、测试技术化、测试工程化、测试与质量赋能、敏捷测试、持续测试、全程自动化测试等。

但是，一个项目只要追求高质量，就一定需要实施大量的、系统化的、专业的测试和质量保障工作，而这些工作也一定需要拥有专业知识的人员来做。

虽然一些互联网公司或项目声称可以在没有专职的测试人员的情况下成功交付，但这需要基于一定的前提条件，比如项目规模不大，团队的业务分析和开发人员拥有专业的测试与质量能力，他们也愿意做测试与质量相关的工作，并且时间足够；或者项目的质量要求不高，允许带着问题和风险上线；或者项目已经非常成熟，并且测试、质量、基础设施相关的工作做得很好，只需要做一些维护和扩展工作；或者项目还处在探索和实验阶段等。

但是对于一个追求高质量的项目，如果业务分析和开发人员没有测试与质量相关的专业技能，或者业务分析和开发人员不愿意并且没有时间做测试与质量相关的工作，那么在这样的前提条件下，团队一定需要专职的测试人员。

对于专职的测试人员来讲，职责就是帮助项目提升和保证质量，从而满足项目的质量要求。专职的测试人员引以为傲的就是能够帮助项目获得高质量的结果。如果一个项目本身对质量的要求很低，不在测试与质量工作上以及测试人员身上进行足够的投入，就会导致测试人员举步维艰，缺乏安全感和成就感，所以一个对质量要求低的项目是可以不需要专职的测试人员的。但是那些对质量要求高的项目，则必须给予足够的专职测试人员——不管是内部员工还是外部承包商；如果不能给予足够的专职测试人员，则需要给予足够的时间和资源，进行高度的质量内建实践，并且所有角色都需要分担所有需要做的测试与质量工作，只有这样才能有效地保证项目产出结果。“术业有专攻”，专业的事留给专业的人去做，不仅仅是为了获得更好的结果，也是为了节约时间。

6.7 质量与效能，鱼和熊掌真的不能兼得吗?

不少软件企业在技术团队的规模不断增长时，都会遇到这样的问题：测试团队逐渐难以适应业务产品的交付速度，测试研发比从 1∶5 逐渐发展到 1∶3，但增加人手似乎也无法根治问题，质量保障的成本越来越高。一些管理者会要求团队去做一些质量效能提升的事情（如自动化测试），但这些事情在落地时往往存在资源矛盾（其实更多是管理不善导致的），引发软件质量的波动（至少是短期的）。久而久之，管理者就容易将质量和效能列为一对矛盾，认为提升了效能就一定会损失质量。

笔者认为，质量和效能是可以做到“鱼和熊掌兼得”的，而且它们之间存在很深的关联，提升效能的同时也间接提升了质量本身，例如：

- 通过引入自动化测试，减少了回归测试手工执行的工作量，测试人员有更多时间进行探索式测试，能够发现更多隐藏的缺陷；
- 通过引入精准测试，缩小了测试的范围，开发人员能更快地获得质量反馈，及时修复缺陷；
- 完善的效能工具能够降低测试人员工作的心智成本，当测试人员处于较好的工作状态时，更容易设计出完善的测试用例，在测试执行时也不容易犯错。

当然，效能提升对质量提升的体现并不是即时的，所以团队可能会经历这样一个阶段：需要腾出人手提升效能，而效能提升又不足以带来质量的提升，此时为了保证项目交付的速度和质量，既要一定程度上保留旧的做法，又要同时推动新的做法，这对团队管理和资源分配提出了较高的要求。对此，我们给出如下实践建议。

（1）鼓励团队成员“一专多能”，即每位成员都拥有一个较为固定的领域作为主项工作点，同时对其他若干领域的工作具备一定的熟悉程度，可以随时补位。这样团队就有了很好的“弹性”，管理者可以在短期内加入一些质量效能提升的工作，而不会影响整个团队的交付能力。

（2）不要想得太远，在建设质量效能工具或平台时，追求可扩展性和良好的架构设计都是好事，但凡事都要有个“度”，如果一味地追求高标准，而忽略团队所能够投入的成本，往往得不偿失。这在一些创业公司尤为多见，快速交付一个可用的、质量尚可的产品才是更重要的。

（3）小步快跑，不要尝试一步到位，先做有限的投入，确保这些投入产生了效果，再去规划下一笔投入，严格控制好总的资源投入量。

6.8 大规模敏捷团队中有哪些测试问题和痛点?

6.8.1 背景介绍

随着全球、全产业数字化需求的进一步增加，越来越多的传统行业和复杂业务转向了数字化。要完成数字化转型，软件系统一般是必不可少的，但是对于很多传统行业中的复杂业务，则需要大型的软件系统。而大型的软件系统一般是由大规模的开发团队开发的。传统的瀑布模型看起来似乎非常适合大型项目的开发，但是随着软件危机的出现，软件研发专家提出了敏捷软件开发，以应对模糊不清和不断变化的业务需求，尽早、快速和持续验证开发中的软件功能。

但敏捷开发的特性和实践更适合中小规模团队，在大规模团队中实施则会遇到很多问题和痛点。比如敏捷开发中的测试实践，一般并不依赖独立的测试团队，这也影响了敏捷测试在大规模团队中的实施，产生不少问题和痛点。解决这些问题和痛点的难度较大，第一次遇到它们时甚至会有点手足无措。笔者在一些大型项目中，曾或多或少遇到过这些问题和痛点，并且花了不少时间尝试分析和解决它们，甚至在一些特定的环境中根本无法解决部分问题和痛点，以至于浪费了不少时间。在 6.8.2 节中，笔者专门总结了这些问题和痛点，希望能帮助更多的人。

6.8.2 问题和痛点

首先定义所谓的大规模敏捷团队，如图 6-2 所示，开发同一个软件系统，后台是一个包含 5 个以上不同但又互相依赖的子系统或领域微服务的平台，前端应用可以是多个平台，并且拥有 5 ～ 20 个独立开发组，每组 8 ～ 20 人。这种规模的团队就非常容易遇到不少特定的问题和痛点，我们将这些问题和痛点分为 3 类：流程、人员和技术。大规模团队和小规模团队最大的区别就是人多了，导致各种信息差的存在，这是产生这些问题和痛点的根本原因。

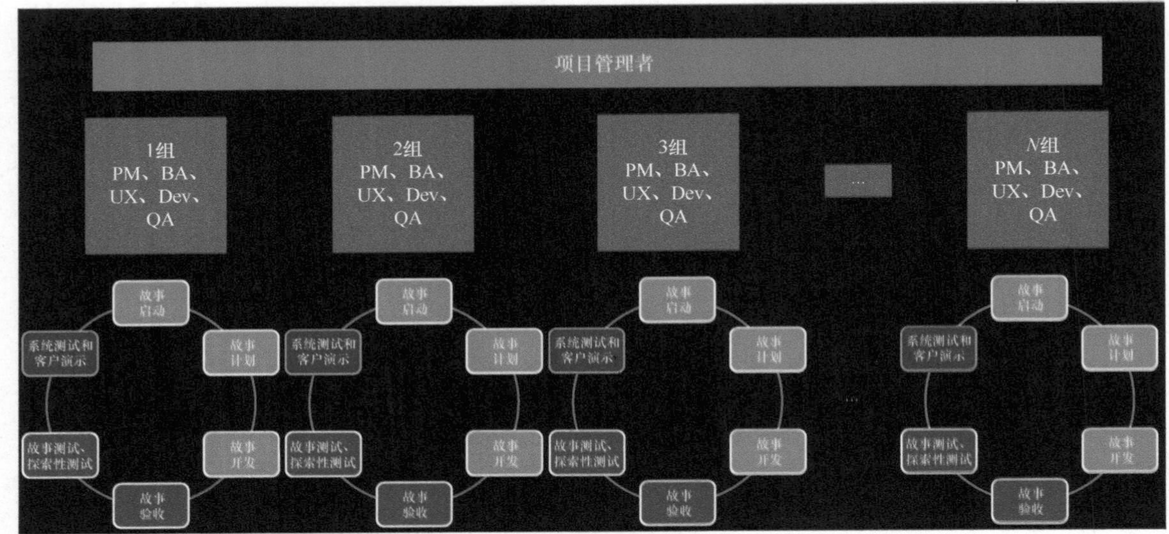

图 6-2　大规模敏捷团队架构实例

1. 流程

流程贯穿整个软件研发生命周期，涉及团队所有人员，所以基于流程的问题和痛点相对最多。

（1）谁以及如何设计出跨团队的基于产品的 User Journey Test？

这是大规模敏捷团队最常遇到的一个问题。一般情况下，大规模敏捷团队会被划分成独立的功能团队，每个功能团队都有自己的 BA、QA 和 Dev 人员，他们一般情况下只知道自己开发的那部分功能和业务，从而导致没有知道整体业务的 QA 或 BA 人员。而整体业务一般只有产品经理或业务架构师知道。但是他们又太忙，不太可能亲自编写测试用例。

在这种情况下，解决方案有 3 个。

方案 1：选出一些经验丰富的高级系统工程师，由他们组成一个系统工程组，负责设计和编写测试用例。

方案 2：从每个功能团队中选出各自的 BA 人员和 PO，组成一个虚拟的团队，安排固定的时间，让他们一起合作完成测试用例的设计和编写。

方案 3：在项目开发的中后期，从每个功能团队中选出一两名 QA 人员，组成一个虚拟的系统测试组，安排固定的时间，让他们合作完成测试用例的设计和编写。

方案 1 主要适合人力资源丰富且质量要求很高的软件系统，比如电信通信系统。方案 2 主要适合大型交付项目，编写的 User Journey Test 属于验收测试用例的一部分。方案 3 则是在无法实施方案 1 或方案 2 情况下的折中方案，一般不建议使用。

（2）跨团队的集成测试如何有效开展？谁来主导或统一规划？

这是大规模敏捷团队最常遇到的另一个问题，原因和上一个问题类似。但是集成测试需要尽早开展，并且实施人员主要是 Dev 人员。解决方案主要如下：首先，项目需要一个整体的测试策略，并在测试策略中明确指出需要开展模块之间的集成测试；其次，模块之间的集成测试实践包括编写自动化集成测试、契约测试和 Schema 测试等。

（3）整个项目的敏捷测试流程、测试策略的一致性如何保障？

首先，项目越大，信息同步越难，信息传递失真越严重。其次，人员变化越频繁，信息越难以准确地传递给新来的人员。最后，很多大型项目的不同功能团队有着不同的 KPI（Key Performance Indicator，关键绩效指标）和 OKR（Objectives and Key Results，目标与关键成果），导致这些功能团队的工作流程和工作方式与项目整体的策略是冲突的，从而很多时候为了团队的 KPI 和 OKR 而有意或无意地违背项目整体的测试（见图 6-3）。

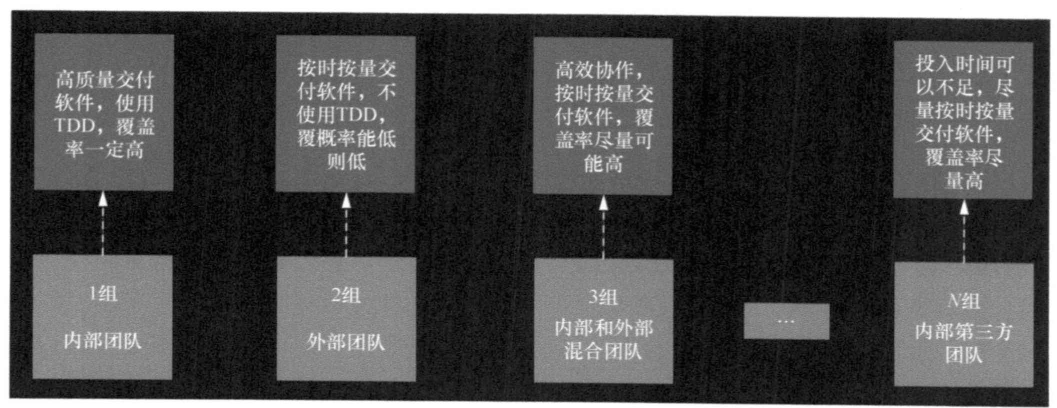

图 6-3 团队差异

这个痛点非常难以解决，对于信息同步和传递的问题，需要建立起一套有效的信息同步和传递机制，比如有效的文档和高效的会议模式，以及快速的反馈通道，让所有人都可以快速地反馈自己的问题，从而得到需要的信息。但是对于团队利益和项目利益冲突的问题，只能尝试互相妥协和退让，并努力找到双赢的解决方案，不然一定两败俱伤。局部最优还是全局最优，是一个永恒的难题，整体的最优解一定是双赢的，但双赢绝对不是某一方的最优解，所以如果某一方一定要追求自己的最优解，则大概率会损害另一方的利益，从而大概率导致整体利益受损。

（4）如何验证测试用例的有效性？如何验证测试结果的有效性？

大型项目中测试用例的数量是巨大的，对于项目的质量管理者来讲，如此大量测试用例的有效性是非常难以验证的，并且由于编写测试用例的人员能力不一，很难保证测试用例的有效性。

解决这个问题需要借用软件开发的一些方法和技术。

- 使用类似结对编程和代码审查的方法，要求测试用例编写人员结对编写测试用例，或在编写完测试用例之后，由另一名 QA 人员或 PO 来审查测试用例。
- 使用变异测试这种技术手段来验证自动化测试用例的有效性，但无法验证非自动化测试用例的有效性，这也是这种技术手段的局限性所在。
- 使用 BDD 和活文档这样的方法和技术，让测试用例可以更好地被理解和呈现，从而降低理解和审查测试用例的难度。

（5）不同团队的质量状态、质量风险如何同步共享给整个项目组 / 产品团队？

这也是大型项目中常见的问题之一，项目越大，复杂度越高，导致越难以度量质量状态和质量风险等。解决这个痛点最好的方式是使用 Quality Dashboard，但全方位的 Quality Dashboard 都是每个项目根据自身情况自定义开发的，所以需要一定的定制化和开发成本，导致有些项目并不愿意投资这样的 Quality Dashboard，转而使用一些通用的局部 Quality Dashboard，比如 SonarQube 等。虽然这些通用的局部 Quality Dashboard 只能度量和展示部分质量状态和质量风险，但它们在没有办法提供全方位的、定制化的 Quality Dashboard 的情况

下，也是非常有用的。

（6）是否需要了解其他团队的业务需求？如果需要，有哪些高效的方法来实现？

这个问题的答案是需要了解，但不需要精通。我们的目的是设计出更有效、更全面的测试用例。最高效的方法是参加其他团队的 Story Elaboration 和 Story Showcase，这样就可以在最短的时间内了解其他团队所开发的业务功能。

2. 人员

所有的工作都是由人来完成的，人员是最重要的因素，所以基于人员的问题和痛点也不少。

（1）如果有外部 QA 人员，如何管理外部 QA 人员？

由于大型项目一般需要很多人，而公司储备的技术人员很可能不足，因此很多大型项目或多或少会有一些外部人员，甚至有些大型项目被整体外包给另外一家公司来开发。

而当团队中有外部 QA 人员的时候，最大的难题就是如何对齐能力，从而保证工作有效性和工作产出。为了管理外部 QA 人员，可以首先通过面试和培训对齐他们跟团队内部 QA 人员的能力，然后通过团队反馈、测试策略、测试流程、测试系统、流水线等流程和基础设施来规范工作内容，通过 Quality Dashboard 上的数据来度量工作产出和工作有效性。

（2）分布式团队中的 QA 人员如何高效协作？

在很多大规模敏捷团队中，不同的子团队很有可能分布在同一个国家不同的城市，甚至分布在不同的国家和时区，导致协作比较困难。要做到高效协作，就需要先做到统一协调、主动同步、知识共享和及时响应等。

- 统一协调是指在整个项目级别需要有一个 Program QA Leader 来统一协调 QA 人员的工作，从而尽量避免由于信息不同步而带来的工作浪费，以及由于没有全局观而带来的错误决策。
- 主动同步是指不同团队的 QA 人员需要主动将自己团队中的一些测试和质量相关的工作信息同步给其他团队，从而避免造成工作上的一些冲突或浪费。
- 知识共享是指需要有一个统一的地方将不同团队以及通用的知识进行发布和共享，比如通过一个统一的 Google Doc 文件夹或 Confluence 工作空间来共享 QA 人员所需要的知识。
- 及时响应是指每个团队的 QA 人员都需要对其他团队的需求以及遇到的问题及时响应，但肯定不是每一个问题都需要及时响应，应该有一个统一的优先级标准。对于紧急且重要的要第一时间响应；重要但不紧急的可以稍缓响应，但是需要给出一个大概的响应时间。

以上是最主要的 4 项实践，此外，还有一些需要根据不同团队的真实情况来定制的实践。只有高效地完成这些协作的实践，分布式团队中的 QA 人员才能高效协作。

（3）如何构建高效的 QA 能力建设机制，提高人员成长速度？

能力建设是一个非常困难的问题，因为它涉及主观意愿，而不是只靠制度就可以完美解决。往往过于严苛的培养制度，会直接导致被培养者放弃，所以好的培养制度一定是双向满意并且张弛有度的。

首先，构建高效的 QA 能力建设机制的第一步，一定是选择愿意建设自己能力的人，而不是选择拒绝建设自己能力的人，特别是内心不愿意在测试与质量领域提升能力的那些人。

其次，需要有针对项目的所需技能的培训课程，让QA人员能快速掌握项目所需的基本技能。

最后，每个团队的QA领导和PM需要针对每一名QA人员制定他们各自的成长计划和工作目标，并且需要细化到可以落地操作的程度，比如学习哪个工具、掌握到什么程度、学习什么方法、如何在项目中落地实施，等等。

所有高效的QA能力建设制度首先都是正确地选择愿意提升自身能力的人，然后通过体系化的项目培训以及团队定制化培养和反馈机制，加速他们的成长。

3. 技术

技术是相对单一且固定的，变动也不会很大，所以基于技术的问题和痛点相对较少。

（1）如何统一选择测试技术栈？

这里说到的技术主要是指自动化测试技术，针对它的选择是一个非常敏感的话题，因为它不仅涉及实施成本、学习成本等问题，还涉及资源复用的问题。对于一个小型的项目，资源复用也许没有那么重要；但是对于一个大型的项目，特别是人员多的项目，资源复用就特别重要，因为可以节约不少的成本。这里所说的资源复用主要是指自动化测试代码和产品代码之间的资源复用，以及QA和开发之间的资源复用。

所以在选择测试技术栈的时候，为了实现这两者的复用，一般尽可能选择和产品开发一样的技术栈。比如一个后台基于Java开发的微服务系统，前端是一个基于React的Web系统，则自动化测试可以选用基于Java的REST-Assured来做Web API自动化测试，并选用基于Java的Gatling来做性能测试，以及选用基于JavaScript的Playwright来做前端Web功能测试，从而统一开发技术栈和测试技术栈，并且当测试人员不足时，可以通过复用开发来写自动化测试，这是笔者经常使用的方法。

但是对于一些无法复用开发的团队，可以退而求其次，尽可能统一所有不同类型的自动化测试技术栈，从而降低学习成本。比如选用基于JavaScript的Cypress来做前端Web功能测试和后端Web API的自动化测试，并选用基于JavaScript的k6来做性能测试，从而统一开发技术栈。

但是相较于降低学习成本所带来的收益，笔者认为复用带来的收益更大，所以在能复用开发的情况下，应尽量选择和产品开发一样的技术栈。

（2）跨团队的技术栈，是否有必要完全统一？什么情况下建议统一，什么情况下不建议统一？

在大型项目中，最理想的情况是统一所有团队的技术栈，从而节约大量成本。但是在实践中，不少团队基于不同的原因，没有或无法统一他们各自的技术栈。

如果不同团队开发的是同一个系统的不同组件，或是同一个系统的不同业务功能，则一般建议统一技术栈。但是，如果不同的团队开发的是不同的子系统，且不同的子系统之间是通过消息队列（Message Queue，MQ）、远程过程调用（Remote Procedure Call，RPC）等进行通信的，而不同子系统之间还使用了不同的开发技术栈，则不建议统一技术栈。

6.8.3 总结

以上这些问题和痛点在小型的敏捷团队中或许不严重，或者说比较容易解决。但是一旦团

队规模大了，在项目复杂度很高的情况下，它们就会变得非常严重，并且解决起来的难度也急剧增加，甚至有些可能无法解决，只能通过增加成本来减弱它们对团队的影响，比如实施契约测试和 Schema 测试等。如果你有机会参与一个大型软件的测试，并且还有机会实施敏捷开发和敏捷测试的话，希望本节能帮助你提前认识到这些问题和痛点，并且当真正遇到的时候能尽快解决和改善，甚至提前进行一些实践，阻止它们的发生，从而做到事半功倍。

第 7 章　软件测试行业案例

7.1 某大型电商公司推动质量中台建设的成功经验与失败教训

中台是如今软件行业的热点话题之一，各式各样的中台概念层出不穷，但在一个热门概念的背后，往往也充斥着偏见和谬误。本节将介绍某大型电商公司建设质量中台的曲折过程，希望通过对这个案例的剖析，能帮助读者深入理解质量中台的本质和建设方法。

7.1.1 背景

先介绍一下这家电商公司的基本情况，这是一家处于高速成长期的公司，订单量从几十万快速增长到了千万级别，技术团队也逐渐发展到了上千人。团队规模的快速扩大也带来了一些组织上的问题，我们侧重于对质量方面的隐患展开说明。

首先，公司软件产品的迭代速度较快，测试工作大多是由测试人员以手工执行的方式完成的，随着公司业务规模和经营范围的扩大，手工测试的边际递减效应逐渐呈现，测试研发比从 1∶5 逐渐发展到了接近 1∶3，而测试工作仍然是影响软件交付速度的首要瓶颈。图 7-1 展示了测试工作的相关指标，其中测试前置时间（Test Lead Time）一度达到 5 天，说明一个软件功能开发完毕后最长要等待 5 天才能进入测试阶段，这实在太夸张了。显然，在这种情况下单纯依靠“加人”是无法消除瓶颈的。

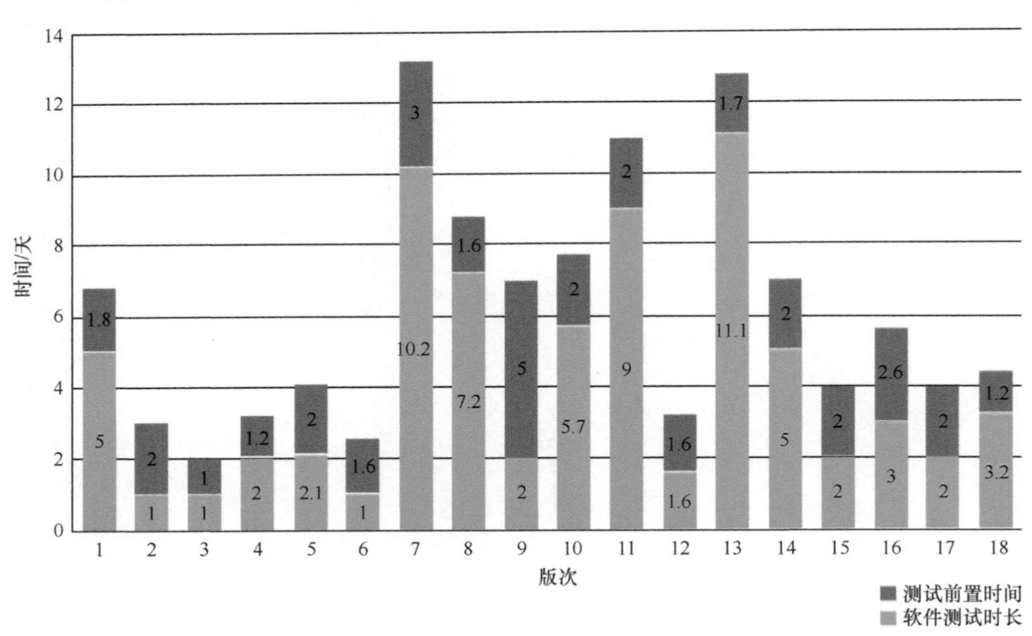

图 7-1 某大型电商公司的软件测试时长和测试前置时间

其次，公司团队是按照业务领域划分的，例如 C 端研发部、B 端研发部等，每个业务团队拥有自己的研发人员、测试人员、运维人员和产品人员，能够完整地进行闭环工作。因此，公司不存在独立的测试团队，每个业务团队对各自领域的产品质量负责。这种组织形式的好处是执行力强、决策链短，缺点是每个业务团队各自为政，容易出现重复造轮子的情况。在这家公司，重复造轮子的情况就比较严重，甚至在一次员工晋升答辩会上，出现过好几位晋升候选人展示同一类工具成果的“盛况”，造成了极大的资源浪费。

最后，公司已经在细分领域逐渐成长为行业内规模数一数二的企业，但与质量相关的基础设施依然薄弱，自动化程度差，与公司的业务领先地位不符。而公司始终没有一个团队（或组织）能专项负责质量基础设施建设的工作，在组织管理上也较为落后。

幸运的是，公司的管理层逐渐意识到了这些问题，开始推动组织变革，加强质量基础设施建设。当然，这一过程不是一帆风顺的，下面重点展开介绍该公司推动质量基础设施建设所走过的弯路。

7.1.2 推动质量基础设施建设所走过的弯路

在推动质量基础设施建设伊始，该公司授权团队 A 负责这项工作，主要目标是收口重复工具，提供统一框架，并在各业务团队进行推广。经过近半年的努力，这项工作最终未能达到预期的效果，各业务团队依然各自为政，重复造轮子的现象并未得到改观。

造成这一局面的实质在于，团队 A 看似有了上级的授权，但短期内仍无法支撑大量业务测试团队的工具需求，也就是说，团队的能力并不适配它所拥有的权利。结果也就显而易见了，业务测试团队的需求无法得到及时满足，迫于业务交付压力只能选择自己“单干”，最终依然是一盘散沙的局面。

其实，公司的业务团队也不愿意重复造轮子，因为团队的资源很紧张，即使团队拥有少量测试开发人员，他们时常也要协助业务测试人员执行手工测试，很难在工具建设上投入太多的精力。但苦于团队间缺乏互通的渠道，一个团队往往并不知道另一个团队开发了什么测试工具，或者由于获取这方面信息的成本很高，很难避免重复造轮子的情况。此外，各业务测试团队开发的测试工具都是供团队内部使用的，一般不会过多考虑可扩展性，因此也很难适配其他团队的需求。

要解决这一问题，需要在源头上进行改变，在质量基础设施建设初期，就进行合理的规划和组织协调。为此，该公司成立了一个质量虚拟组织，由各业务测试团队的负责人以及全局架构师组成，共同讨论质量领域的公共话题，包括但不限于公共 KPI（Key Performance Indicator，关键绩效指标）、人才盘点、测试标准、工具建设、创新点等内容。这一组织形式起到了不错的作用，它就像一面透明的镜子，帮助各业务团队了解了彼此的工作重点，避免了信息不通畅导致的重复建设；此外，它还搭建了一个舞台，让各业务团队对质量基础设施建设进行充分讨论，使共建工具成为可能。一个典型的例子是，通过质量虚拟组织的协调和推动，各业务测试团队协作完成了生产环境测试数据闭环工作，这在以往是不可想象的。

不过，虚拟组织的形式未必适合达成长期的组织目标，虽然虚拟组织可以约定将一定的 KPI 比例投到公共目标上，但一旦这些公共目标与各团队的业务目标发生冲突，公共目标的优先级往往是最靠后的。因此，虽然虚拟组织能够在一定程度上提升质量保障的效率，但提升的幅度较小、速度较慢，仍然不是最优解。

经过公司管理层的多次头脑风暴和讨论，以及不懈地探索后，该公司形成了质量中台的实践方法，取得了更好的效果。下面对该公司的质量中台建设进行介绍。

7.1.3 质量中台建设

这里谈到的质量中台是一个组织概念，它负责所有质量基础设施的建设工作。与前面提到的团队 A 的职责不同，质量中台并不全权负责所有测试工具的开发工作，而仅仅负责开发那些被大量复用的公共组件，并保证这些公共组件足够灵活，能够最大地满足上层组件的需求。各业务测试团队原有的测试工具可以继续使用，如果有进一步的定制化需求，业务测试团队可以评估是基于质量中台的公共组件实现，还是继续在团队原有工具上实现，这对质量中台也是一种鞭策。

图 7-2 展示了质量中台与业务测试团队在工具建设领域的关系。这种关系的好处是既能减少重复的质量基础设施建设，也能最大程度地兼容各业务测试团队原有的工具体系，且质量中台不容易成为工具交付的瓶颈。

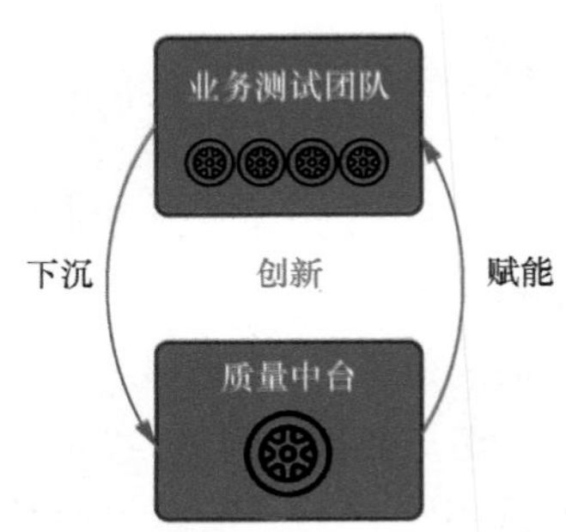

图 7-2　质量中台与业务测试团队在工具建设领域的关系

此外，质量中台鼓励“小轮子经济”，它不仅不会抢占业务测试团队的“地盘”，还能帮助业务测试团队减少重复工作（统一大轮子）。各业务测试团队可以在各自领域进行技术微创新（建造小轮子），一旦这些微创新发展成熟有了更多的应用点，就可以下沉到质量中台的公共体系中服务于更多业务测试团队，形成新的基础设施。

在质量中台的帮助下，各业务测试团队的优秀工具和组件都有了更大的舞台，实现了“双赢”，这才是真正的全局最优。

7.1.4 总结

质量中台是组织规模扩大后，为解决质量保障成本和效率的矛盾而诞生的。当团队规模尚小时，这部分矛盾并不严重，建设质量中台的必要性也不大，但在团队规模扩大后，是否需要将质量建设中台化是值得思考的。

在这个案例中，虽然团队 A 和虚拟组织都未能彻底解决公司遇到的质量保障瓶颈，但采取的并不是失败的做法。正是有了这些“垫脚石”，我们才能获得更多的经验，尝试更科学有效的组织方式和管理手段，最终形成质量中台的优秀实践。

7.2 某“头部”券商数字化转型中的软件测试实践探索

7.2.1 背景

在数字化、信息化大潮的冲击下，作为我国金融行业的重要组成部分，券商应以开放包容的姿态，快速转变自身的经营理念，把高新技术尽快融入服务投资者的产品中。某“头部”券商积极借鉴互联网、券商同行及开源社区的经验，结合自身研发特点和质量保障具体要求，在接口自动化测试、性能测试、App 兼容性测试、UI 自动化测试等方面积极探索，形成了一套灵活高效的解决方案和工具平台。

7.2.2 数字化转型中的测试技术应用

关于券商数字化转型的理论有很多，但只有真正把科技与日常工作相结合，发挥新技术的积极作用，为券商自身降本增效，才算把理论落到了实处。该券商的数字化转型实践已经应用于实际工作流程，具备了一定的成熟度。以下是一些实例的分享。

1. 接口自动化测试

技术团队基于开源的 pytest 框架，扩展并封装了定制的接口自动化测试框架，并将其成功运用到了 16 个项目组的接口测试中，特点如下：

- 该框架通过协议适配支持 HTTP、Dubbo 和企业内部的定制化接口；
- 通过将数据与测试代码解耦，实现数据驱动的测试，只需要编写 JSON 或 Excel 文件即可快速扩展用例；
- 通过灵活的前置处理、数据关联及描述性验证点等，支持复杂定制逻辑和多接口联动测试；
- 围绕 Jenkins 融入持续交付流程，实现接口用例集的每日自动回归，并通过邮件通知相关人员，测试报告一目了然，失败日志定位方便，如图 7-3 所示。

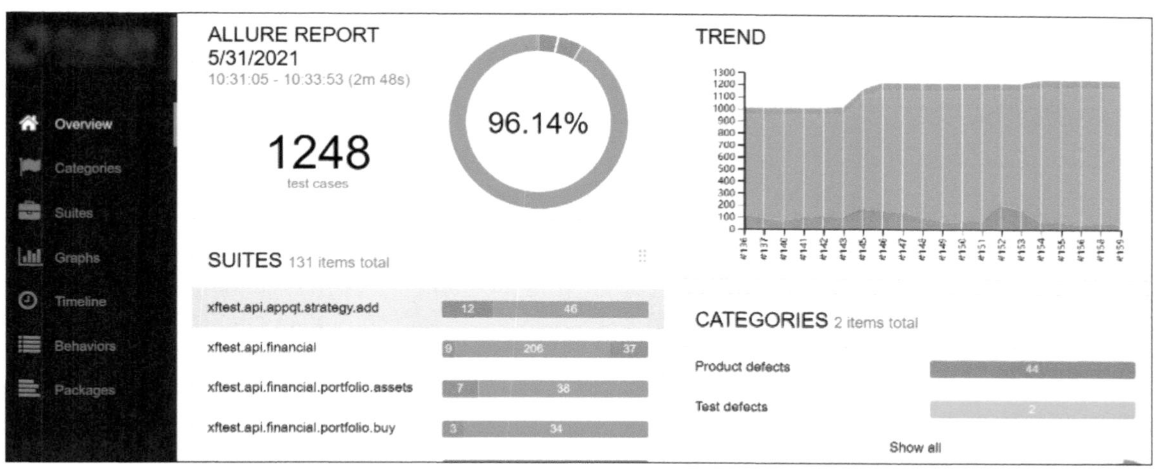

图 7-3 接口自动化测试报告

该框架由专职技术团队负责维护和优化，测试人员只需要关注各自业务服务的待测接口用例即可，效率得到大幅提升。在某个业务域，测试人员在 3 个月内（非全职）就整理完成了 200 多个存量接口的近千条用例的编写，而新增组件的接口会先通过 YApi 测试验证，在软件正式发布后 1 ～ 2 周内扩充到稳定接口用例集，纳入自动回归，持续测试。

2. 性能测试

技术团队研发了以 JMeter 为核心、支持容器化调度的动态压力测试云服务平台，将各业务线的测试人员从易错的测试配置和准备工作中解放出来。该平台支持秒级发起所需流量规模的压测负载，并实时展示性能指标和各项监控数据，辅助生成性能测试报告、定位性能瓶颈和验证系统优化效果。图 7-4 ～图 7-7 展示了该平台的主要功能界面。

该平台在超过 10 个项目中成功推广运用，一年时间里实施了各类性能场景约 450 个，成功执行 1800 多次，累计消耗近 400 万 VUM①，显著提升了性能测试执行和问题诊断的效率，从而保障了业务的高效可靠运行。

图 7-4　性能测试中的运行参数配置

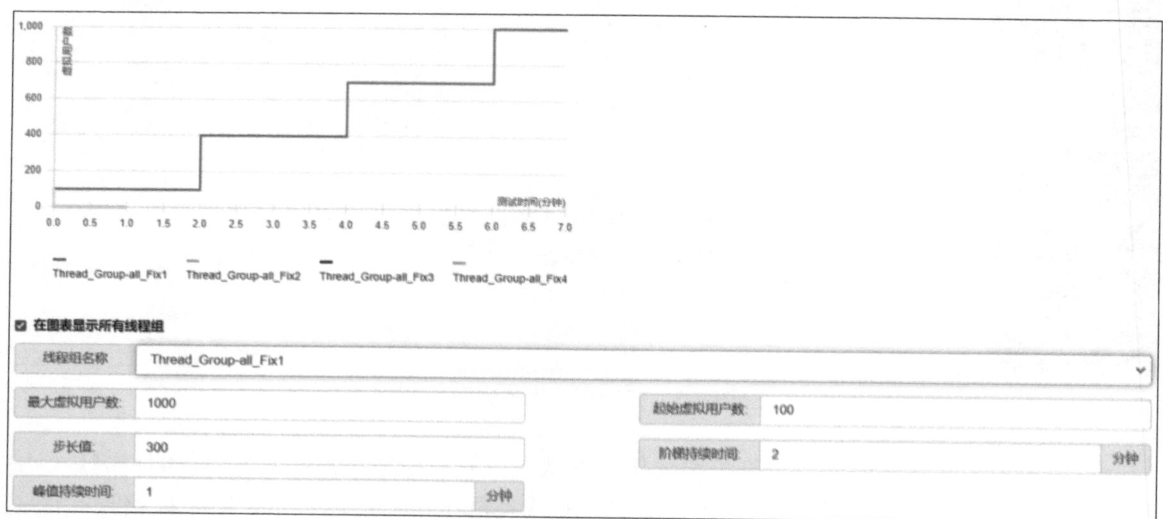

图 7-5　性能测试中更多参数的配置

① VUM 指任务对资源的消耗量，表示每虚拟用户每分钟。计算公式为 VUM=VU（虚拟用户数）×M（压测时长，单位为分钟）。

图 7-6 性能测试结果数据

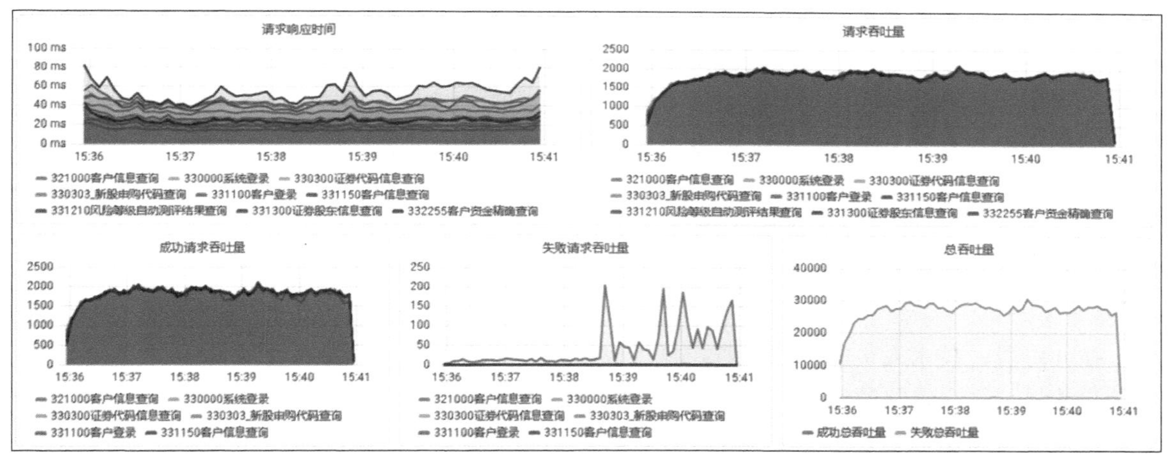

图 7-7 性能测试结果图形化展示

3. App 兼容性测试

基于降本增效的综合考虑，选择与 Testin 云测紧密合作。通过定制和维护兼容性测试脚本，覆盖 Android 系统的 600 款机型和 iOS 系统的 100 款机型，在每次正式发布软件前，对软件进行安装、启动、登录及主要功能的遍历测试。针对测试过程中的应用闪退、崩溃、功能异常以及 UI 不适配等问题进行收集，提供包含机型硬件配置信息、问题日志、截图、问题描述、错误原因以及 CPU/ 内存消耗等性能指标在内的详细测试数据报告，快速解决机型兼容性问题，避免机型兼容性问题导致用户流失。

4. UI 自动化测试

使用 Testin 云测的基于 AI 技术的 UI 自动化测试解决方案，建设自动化用例集，提升回归测试的执行效率。这一方案具有以下特点：

- 脚本开发基于自然语言，可读性和易用性强，学习成本低；

- 设备资源共享，动态分配，设备使用效率高；
- 基于 OCR（Optical Character Recognition，光学字符识别）和图像识别 AI 引擎，用一套脚本实现 Android/iOS 跨平台执行，极大降低了脚本编写和维护的成本。

在自动化落地实践过程中，自动化团队按图 7-8 所示步骤完成了手工用例的自动转换和使用。

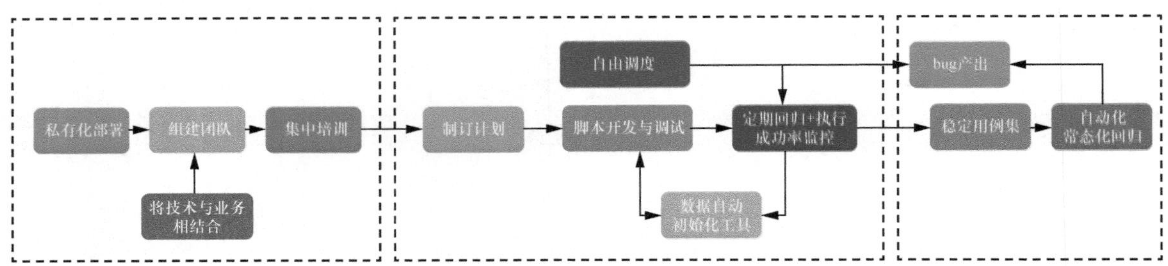

图 7-8　自动化测试的推进路线

前期，依靠 Testin 云测成熟的方案，技术团队快速完成了相关工具的私有化部署、组建团队、集中培训等工作。在自动化脚本开发团队组建过程中，采用技术与业务相结合的模式，相互交流沟通，融合促进，提升了后续脚本开发的效率。基于自然语言开发的平台脚本，简单易上手。历经 8 小时左右的培训，团队所有成员基本掌握了脚本开发技巧。

中期为脚本开发与调试阶段，技术团队选取每次回归测试都会覆盖的交易回归用例集作为自动转换的首要目标。在脚本开发与调试过程中，技术团队实现了数据自动初始化工具，按小时自动调用，保持自动化所需数据的稳定性，为自动化测试的成功提供坚实的基础；利用平台 OpenAPI，构建调度任务，分批按自定义频次完成自由调度、批量替换应用版本及邮件通知等功能。

在此阶段，技术人员需要每日监控执行成功率的变化，对失败脚本进行分析，解决包括脚本的鲁棒性、平台缺陷的修复、新的数据需求支持等各种问题。

后期为稳定回归和自动化提效阶段。自动化脚本经过数十次执行达到稳定状态后，即可加入稳定用例集，进入自动化常态化回归，保障被测应用功能的稳定性。

同时，稳定用例集也被运用到发版前的回归测试中，有效替代了手工测试，提升了整体测试效率，如图 7-9 所示。

到目前为止，该券商的 UI 自动化测试已积累了 1600 多条用例脚本，构建实时任务约 9400 个，覆盖交易、理财、会员、订单等多个模块，稳定用例集能够做到常态化运行，主要成效如下。

- 质量保障：通过 UI 自动化测试的常态化执行，定期回归，确保了业务核心功能的稳定性。
- 质量提升：UI 自动化测试的常态化执行从功能、性能、UI 多个层面发现产品缺陷，并验证问题的修复效果，大大促进了产品质量的提升。
- 效能提升：UI 自动化测试在回归测试中的试点推广，释放了回归测试环节 35% 的手工工作量（约 8.75 人 / 天）。后续随着更多模块用例的推出，覆盖率会更高，测试人员将有更多精力转向场景优化、复杂数据验证和系统稳定性提升等工作。

实践证明，Testin 云测的基于 AI 技术的 UI 自动化测试，相比传统手工测试更加简单、快速、可靠，能捕捉手工测试容易忽视的缺陷，值得推广。

图 7-9 稳定用例集管理

7.2.3 总结

把数字化的思维方式融入企业管理与经营，把科技转化为一线生产力，为投资者带来精准的投资策略及完美的使用体验，为券商本身的降本增效服务，才是券商数字化转型的最终目的。该“头部”券商能够主动拥抱变化，引入外部优秀服务商，提升软件测试工作水平，同时又能结合企业实际情况构建定制的解决方案和工具，这些都为券商行业的数字化转型沉淀下宝贵的经验。

7.3 AI 技术在质量领域的实践

UI 自动化测试对于用例脚本的维护以及历次维护投入的人力成本，一直都是各公司推进自动化测试的核心争议点之一。为此，往往需要通过不断发掘自动化测试对各个团队的附加价值，才能得到来自公司内部的支持。

随着近年来 AI 领域的融合创新，人们一直在探讨 UI 自动化测试和 AI 方面的一些创新，并试着通过 AI 技术解决自动化测试过程中用例自动生成、控件精准识别、测试数据生成等

问题。本案例介绍龙测科技关于 AI 技术在质量领域落地的一些技术成果，以及该公司的 AI-TestOps 云平台对于这些技术成果的落地实践。

7.3.1 背景

在传统的软件开发流程中，手工测试是一个耗时且费力的过程。随着软件开发周期的不断缩短和软件功能的不断增加，手工测试变得越来越难以应对测试的需求。同时，测试人员需要面对烦琐、重复、高风险的测试任务，很难保证测试的准确性和一致性。因此，自动化测试在软件开发中越来越重要，它可以提高测试的效率和准确性，同时降低测试成本和风险。然而，传统的自动化测试技术也存在一些问题。

现在市面上常见的自动化测试技术多基于 Appium、Selenium、Playwright 等方案实施，用例的生成机制大多是通过录制器进行脚本录制，或是通过自定义脚本进行编写。录制器虽然可以协助生成测试脚本，但对一些非元素级控件的定位和识别普遍存在一些准确性和稳定性的问题。与此同时，在混合模式下，又需要进行视图切换，所以录制器在执行过程中，经常出现由于控件位置变更而无法执行的情况。

AI-TestOps 云平台抛弃了传统的控件提取数据格式（DOM 结构），转而采用图像元素、文本内容以及图像坐标作为控件的元素信息，这样相较于传统的控件提取就有了更高的准确率和更广的适用范围。同时，AI-TestOps 云平台结合自身的 AI 能力，在针对文本的数据生成、用例的转换等场景中，有了一定的落地实践成果。

7.3.2 AI 应用场景

1. 测试用例录制

为了适配 EXE 应用、Web 应用、iOS 应用、Android 应用、小程序等多种应用场景，根据多个操作系统的实际测试情况，AI-TestOps 云平台设计了基于计算机视觉和语义理解的多模态控件定位的测试用例录制方案，使控件信息提取跟平台系统解耦，如图 7-10 所示。

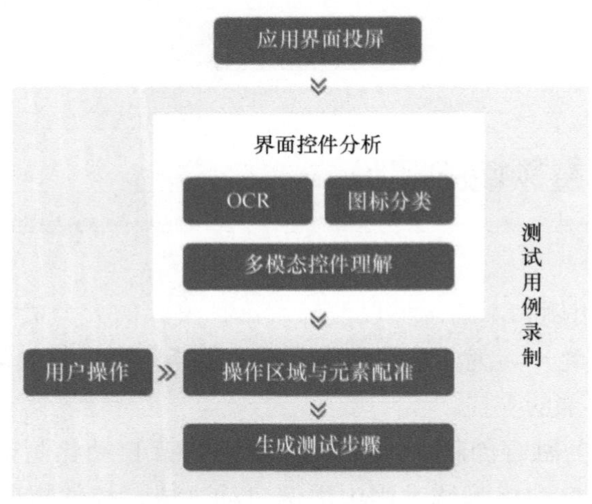

图 7-10　基于计算机视觉和语义理解的多模态控件定位的测试用例录制方案

同时，为了保障控件分析的稳定性和准确性，AI-TestOps 云平台的控件定位使用了多模态的理解模型，并且结合文本语义和图像特征采用多模态输入的方案。

具体解决方案如下。

- 使用 OCR 自动识别出页面中的文本相关信息，包括文本行以及文本区域位置信息，如图 7-11 所示。

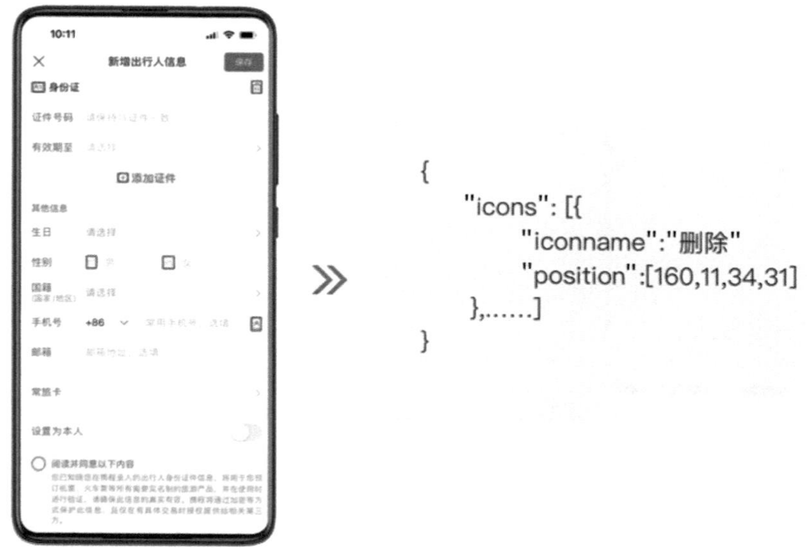

图 7-11 使用 OCR 自动识别文本相关信息

- 通过图标分类来识别出页面中存在的按钮、图标之类的元素，如图 7-12 所示。

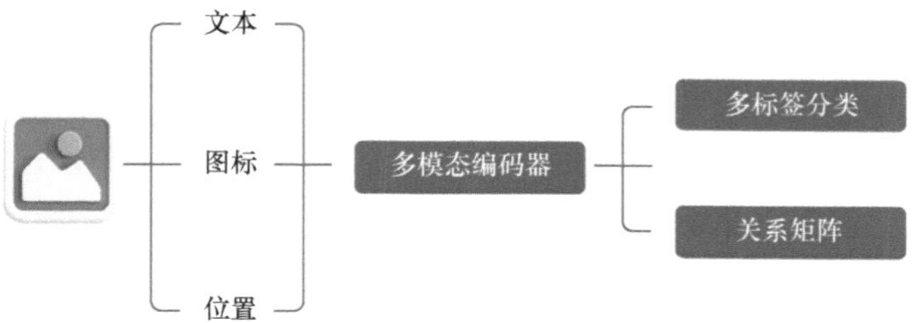

图 7-12 通过图标分类识别相关元素

- 同时对文本、图标、位置进行 AI 训练。

文本行图标、多标签的分类训练结果如图 7-13 所示。

$N \times N$ 文本行关系矩阵的训练结果如图 7-14 所示，其中黑色线段表示元素关系，红色字体表示元素类型。

从上面这个案例可以看出，AI-TestOps 云平台更好地完成了元素的识别和定位，使录制的脚本中的各元素操作都更加精准高效。

2. 测试用例执行

在测试用例执行过程（见图 7-15）中，测试步骤中包含页面元素以及执行区域等相关信息。AI-TestOps 云平台通过 AI 算法来辅助精准确定待测 App 界面的执行区域及页面元素，从而提

高测试用例执行的准确率。

{
    "textlines": [{
        "text":"识别证件添加信息"
        "position":[247,23,261,39]
    },......
    ]
}

图 7-13　文本行图标、多标签的分类训练结果

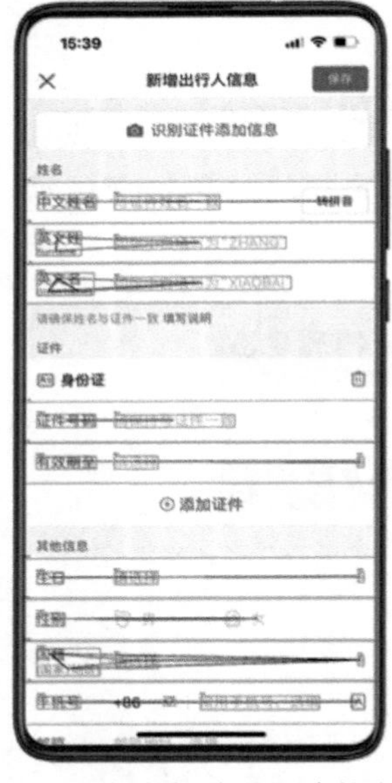

图 7-14　$N \times N$ 文本行关系矩阵的训练结果

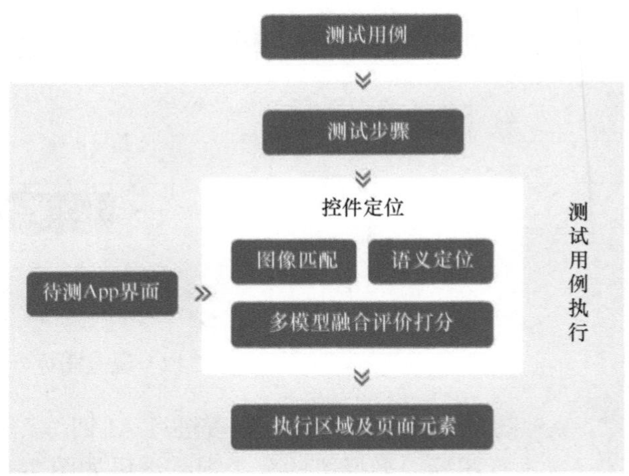

图 7-15　测试用例执行过程

具体解决方案如下。

（1）图像匹配

图像匹配是计算机视觉领域十分常见的一个课题，目标是在一幅图像中寻找与另一幅模板图像最匹配（相似）的部分。

传统的图像匹配算法主要有模板匹配、SIFT（Scale Invariant Feature Transform，尺度不变特征变换）匹配、ORB（Oriented fast and Rotated Brief）特征匹配等。AI-TestOps 云平台在传统图像匹配算法的基础上增加了深度学习的方案：使用开源预训练大模型（CLIP 模型）进行蒸馏，从而得到效果相似但是参数较小的特征提取模型（MINI 模型），再借助 MINI 模型对图像进行特征提取，最后计算图像特征的余弦相似度，如图 7-16 所示。

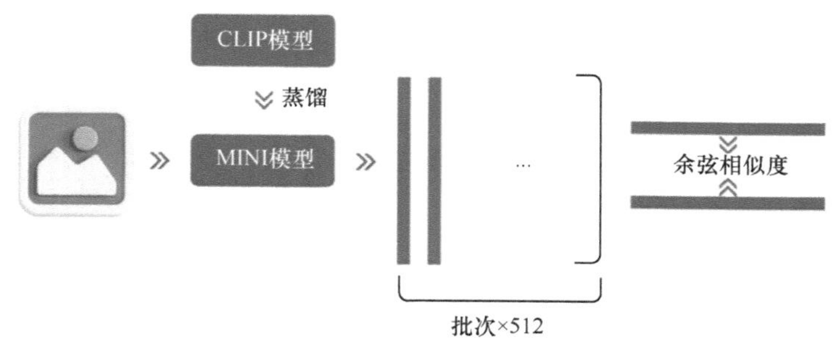

图 7-16　结合了深度学习的图像匹配算法

（2）语义定位

图像匹配能够找到图像在页面中的位置，但如果需要查找的图像中存在多个相同的元素，那么单靠图像匹配往往很难准确地找出想要的图像及元素，所以 AI-TestOps 云平台针对这个问题引入了语义定位。

语义定位主要利用录制时待匹配图像的周围元素信息进行联合查找，周围元素信息用于辅助确定最终应该选择哪个目标元素，如图 7-17 所示。其中，周围元素信息包含文本、图标、图像等。

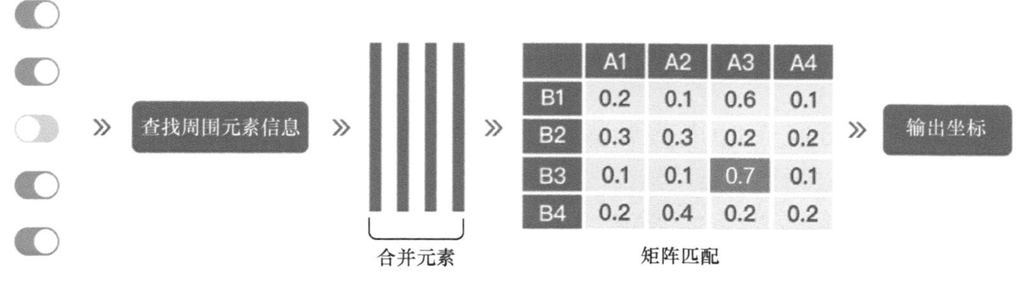

图 7-17　语义定位

（3）多模型融合评价打分

不管是基于图像匹配还是基于语义定位进行辅助修正，在运行过程中都会有结果返回，这就导致出现多个定位结果，该如何精准地使用这些定位结果呢？相对比较简单的方案是通过阈值来过滤一些定位结果，这种方案虽然能够解决一部分问题，但是单一数值的健壮性远远不够。

为了解决上述问题，AI-TestOps 云平台提供了一个评分模型。先将各个组件的定位结果归一化为具体的数值，再将这些数值作为这个模型的输入，这样就能够通过不断地训练模型来精准选择需要匹配的元素，如图 7-18 所示。

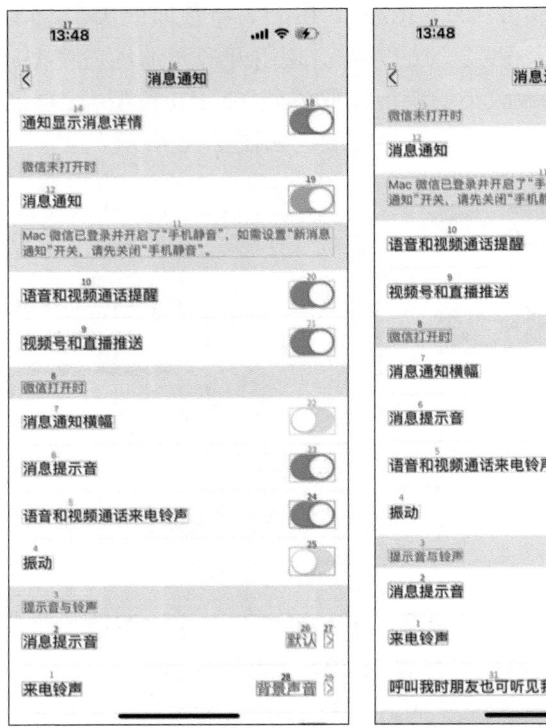

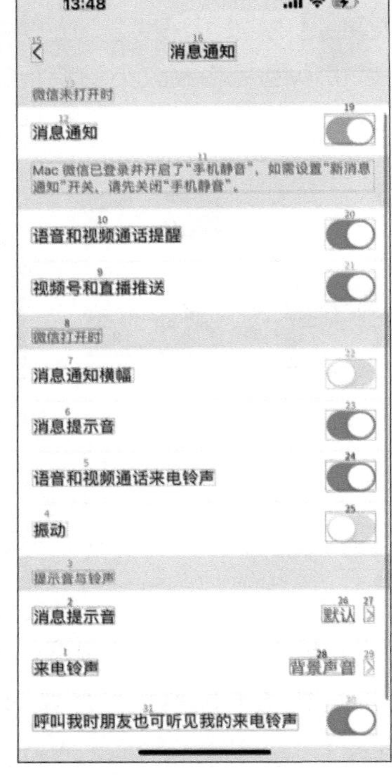

图 7-18　多模型融合评价打分

3. 视频转流程图

除了在上述测试用例录制和执行两大功能中应用 AI 算法，AI-TestOps 云平台还初步实现了通过视频解析生成可理解的流程图。而为了达成这个目标，AI-TestOps 云平台先对 Android 设备上的视频进行了研究，并最终形成一套视频转流程图的功能组件。

具体解决方案如下。

首先，利用 Android 手机的开发者模式，在用户操作的区域生成白色触点；然后，对视频帧进行触点检测，根据触点的运动轨迹进行操作的分类，例如单击、长按、滑动等；最后，将分类后的操作与页面信息相结合，形成一个相对完整的测试用例，如图 7-19 所示。

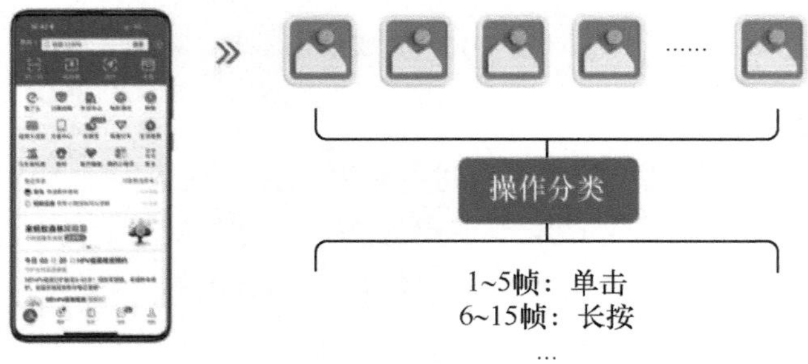

图 7-19　视频转流程图

操作分类模型借鉴了 NLP（Natural Language Processing，自然语言处理）任务中的实体抽取工作，把视频中的每一帧当作序列，通过 Transformer 对每一个序列进行分类，从而抽取对应的操作，如图 7-20 所示。

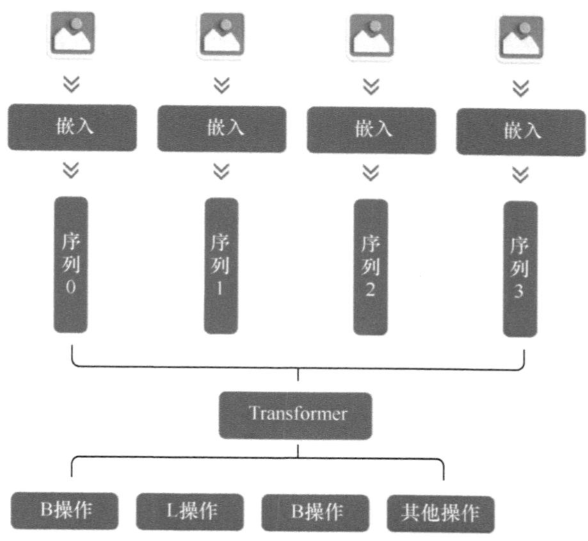

图 7-20　操作分类模型

4. 测试数据自动生成

功能测试涉及非常多的表单类型场景，目前在一般的自动化测试用例录制的过程中，所有的输入框都需要人工进行数据填充。其实除了一些特定的数据之外，大部分数据与平台无关，比如通用数据姓名、时间、日期等，这些数据其实是可以通过模型来自动生成的。

基于以上背景，为了提高测试用例的创建效率，AI-TestOps 云平台采用了通过模型来进行数据自动填充的解决方案，从而解决了工程手段中数据臃肿、固定等问题。此外，使用模型来进行数据的填充，也不用担心后续类型扩展的问题，只要不断地进行模型迭代就可以了。

图 7-21 展示了测试数据是如何自动生成的，具体如下。

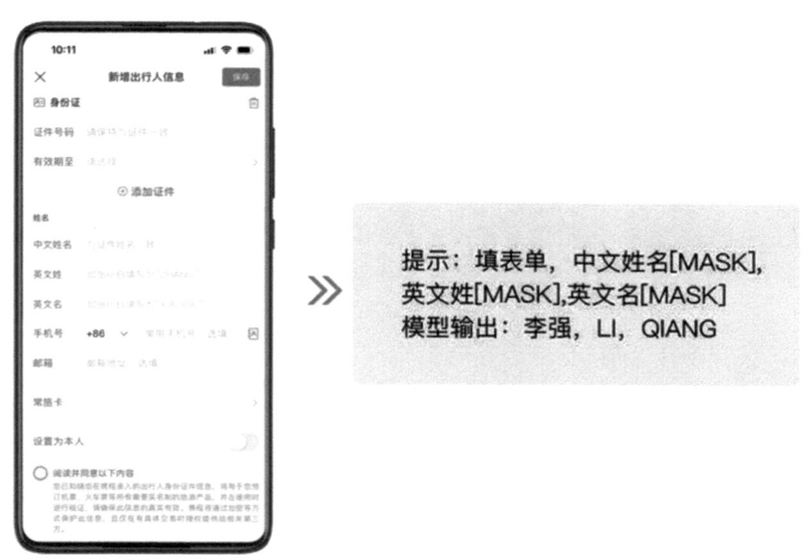

图 7-21　测试数据的自动生成

- 通过分析页面控件，定位出页面上需要填充的区域位置，获取整个页面的文本信息以及需要填充控件的关键字。
- 对整个页面上的文字进行拼接，并对需要填充的信息进行遮蔽，然后把整个训练过程当作 MLM（Masked Language Modeling，掩码语言建模）任务，对遮蔽的信息进行预测。

7.3.3 落地效果

1. 元素定位

在 UI 自动化测试中，对目标元素能够进行精确定位是 UI 自动化测试用例得以成功执行的关键。AI-TestOps 云平台将 AI 多模态控件定位功能应用到元素定位中，通过文本、图像来查找并定位目标元素。

在录制用例时，将定位功能切换为视觉定位，开启录制功能，并在投屏区对目标元素执行单击等操作，即可生成针对目标元素的测试步骤。将操作区域的 OCR 文本和 OpenCV 图像作为定位器保存到元素管理中，执行时通过开启的定位器进行组合定位，即可最终精确定位到目标元素，如图 7-22 所示。

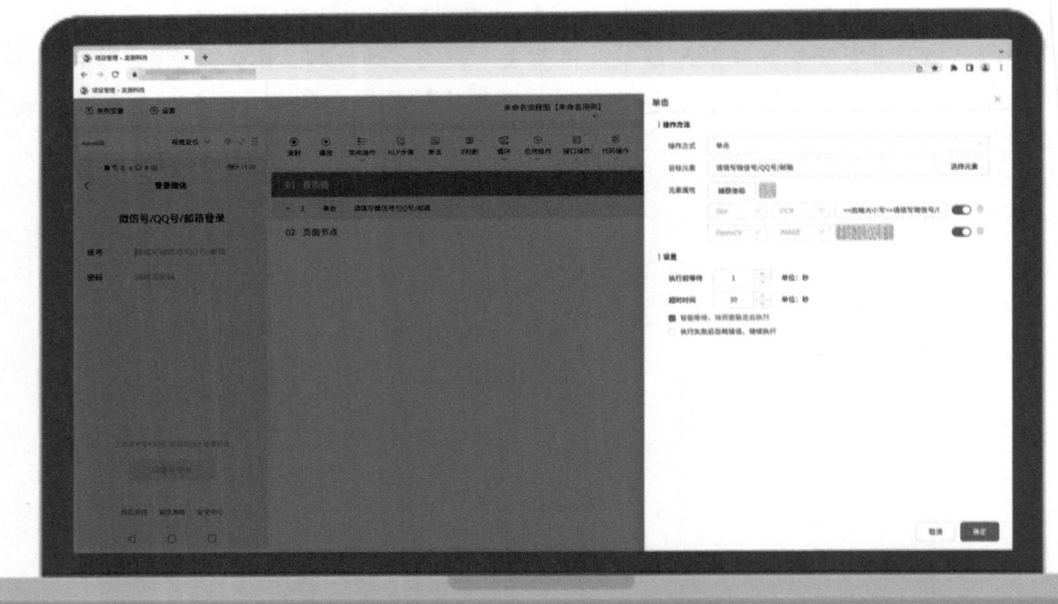

图 7-22　元素定位实例

2. 视频转流程图

打开 Android 录制设备的“显示屏幕触摸”功能（在不同品牌的手机上，该功能的名称略有差异，具体以实际为准），开启录制功能，然后对待测应用进行操作，如单击、长按、滑动等，与正常使用软件时的操作相同。操作视频录制完之后，上传至测试平台进行解析，如图 7-23 所示。

解析完之后，单击“查看流程图”打开目标流程用例，该用例与录制的用例在数据格式上完全一样，可单击“保存”将目标流程用例保存到流程图库中，如图 7-24 所示。

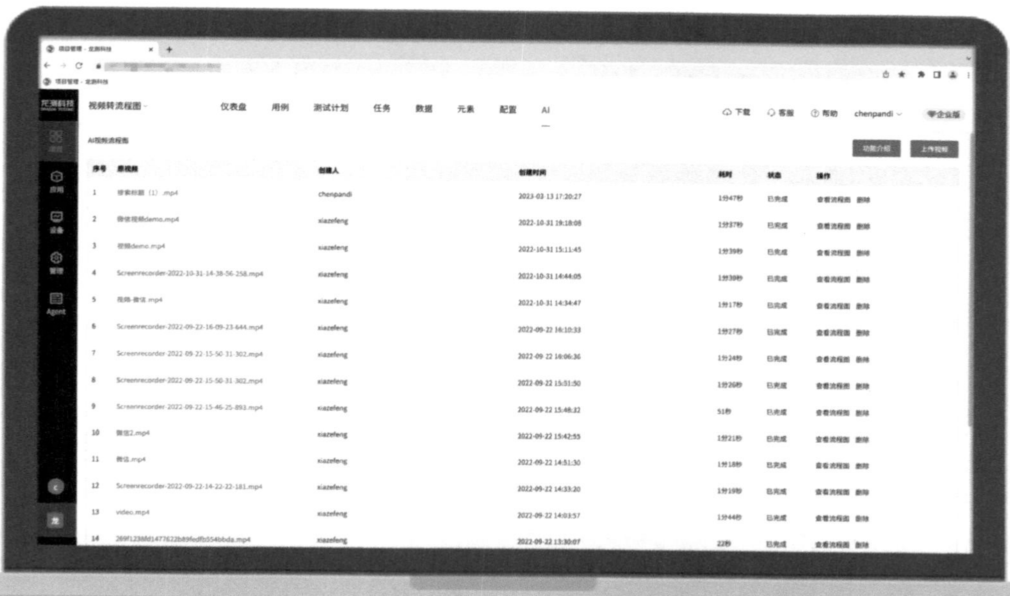

图 7-23　将录制的操作视频上传解析

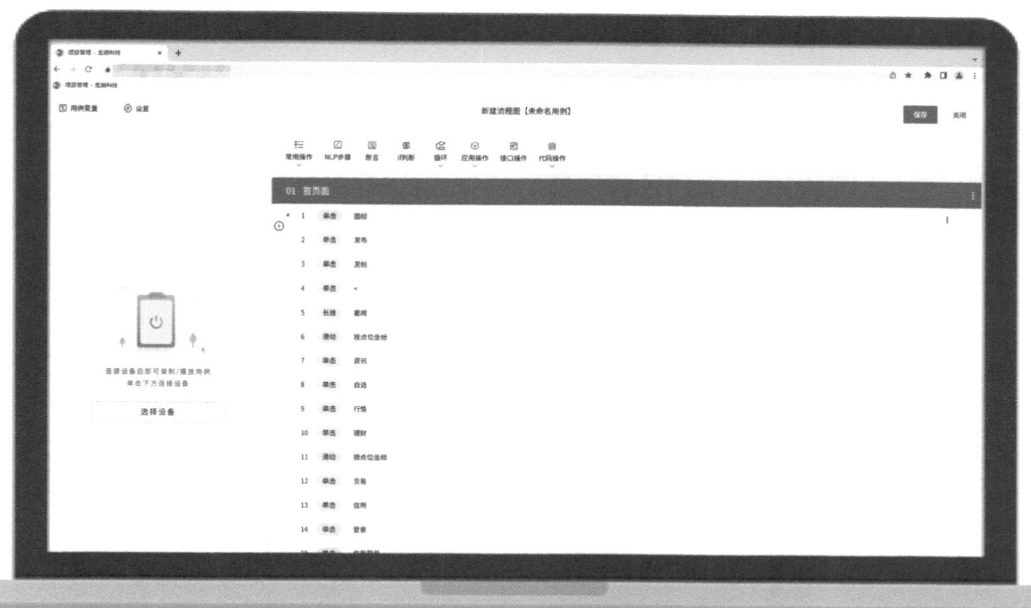

图 7-24　查看目标流程用例并保存

通过 AI 解析出来的元素定位步骤（见图 7-25）与录制的元素定位步骤相同。

3. 输入内容自动填充

由于接入了 AI 数据智能生成功能，用于输入内容的自动补全；因此在录制时，选择“文

本输入”后，AI 将自动识别目标元素需要填充的数据类型，并生成相应类型的数据，用于输入内容的快速填充，如图 7-26 所示。

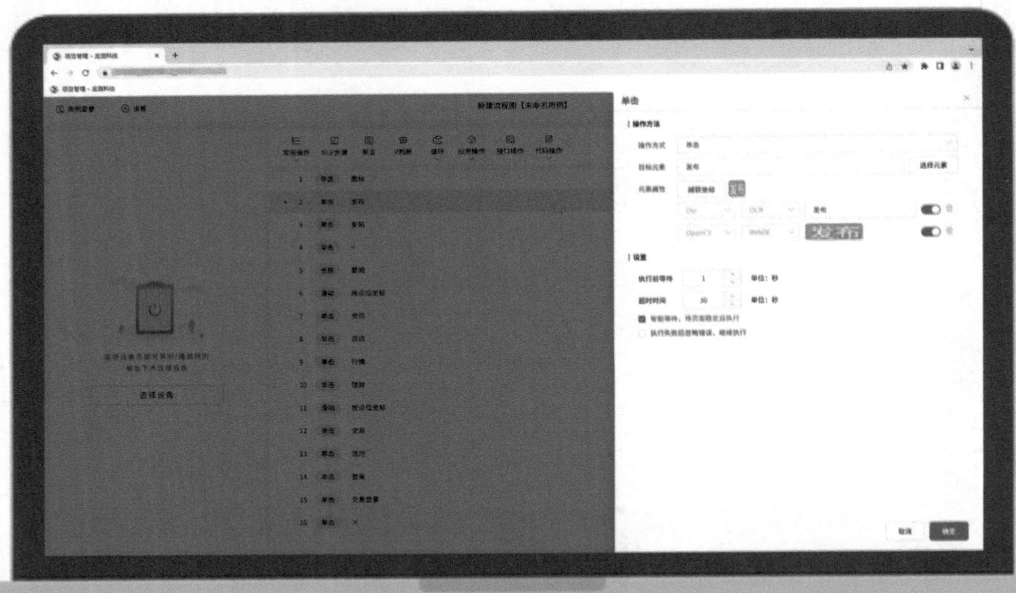

图 7-25 通过 AI 解析出来的元素定位步骤

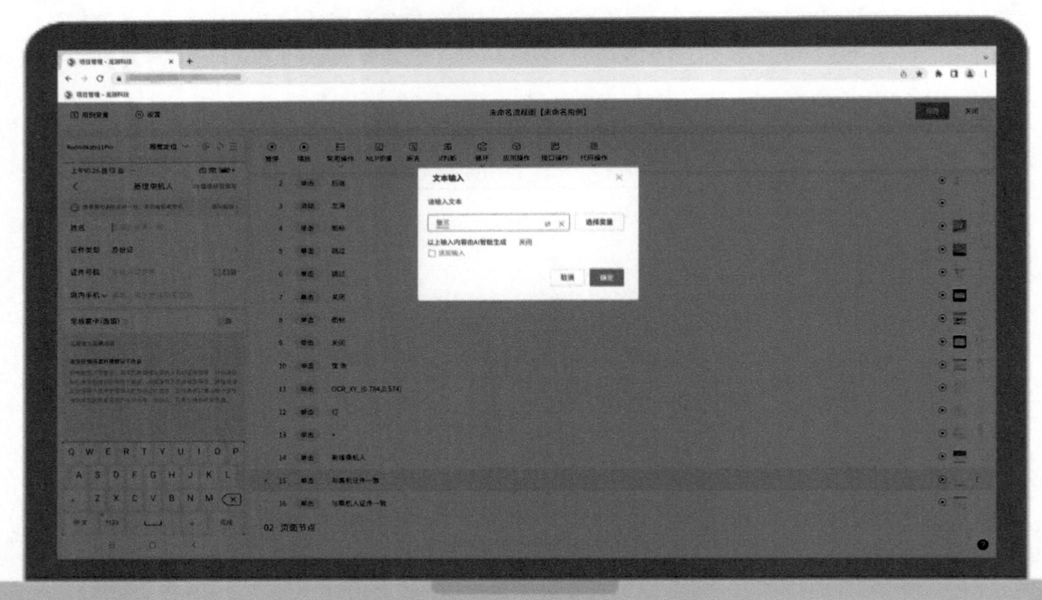

图 7-26 输入内容自动填充

如果当前数据不符合预期，可单击“换一换”图标，重新生成数据。

7.3.4 未来方向与展望

可以预期的是，在UI自动化测试领域，AI技术对于达成降本增效的目标将起到关键作用。近期随着ChatGPT的“大火”，大规模语言模型或多模态模型也如雨后春笋般涌出。

基于大规模预训练模型，未来我们可以开展更全面的用例自动生成、用户行为预测等方向的研究和探索。未来AI-TestOps云平台也会持续聚焦于UI自动化测试领域并进行更全面的深耕和探索。

7.4 某头部银行架构转型过程中的混沌测试实践

AI的发展加速数智时代的到来，新的技术革命以一种前所未有的姿态突然出现，赋能社会的同时，也给软件系统的质量保障带来了巨大的挑战。日益复杂的软件架构让传统的软件测试方法无法满足现在测试人员的工作要求。作为国内银行业龙头企业，某银行积极探索可靠性测试方面的实践，通过与争锋科技合作，建设了混沌工程平台，该银行企业完成了核心系统混沌测试工作，该测试有效覆盖了传统测试无法覆盖的范围，提高了工作人员的应急处置效率，提高了软件系统的质量。

7.4.1 混沌工程平台建设

1. 混沌工程平台功能模块概述

混沌工程平台功能模块如图7-27所示。

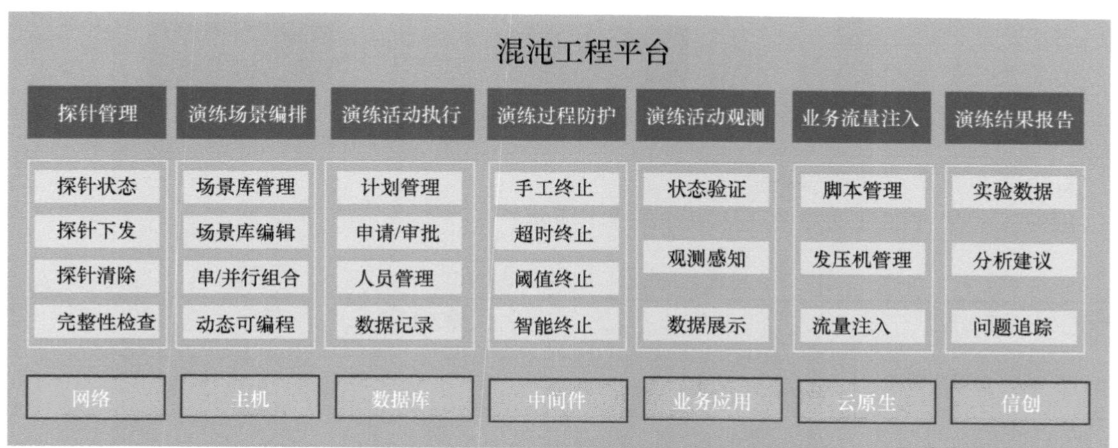

图7-27 混沌工程平台功能模块

争锋科技提供的混沌工程平台主要由故障演练活动（演练活动管理、演练报告、风险事项跟踪等）、故障演练管理（探针管理、应用管理、原子故障库管理、K8S集群管理、系统关联关系等）、观测指标管理（观测数据管理、接入源管理等）、故障演练大屏（演练活动看板、全景图）、演练统计分析（应用稳定性分析、演练活动量分析）等模块组成，覆盖 IaaS、PaaS、SaaS 层中 400 多个原子故障。

故障演练流程需要用户中各类人员共同协作完成如图 7-28 所示的流程。

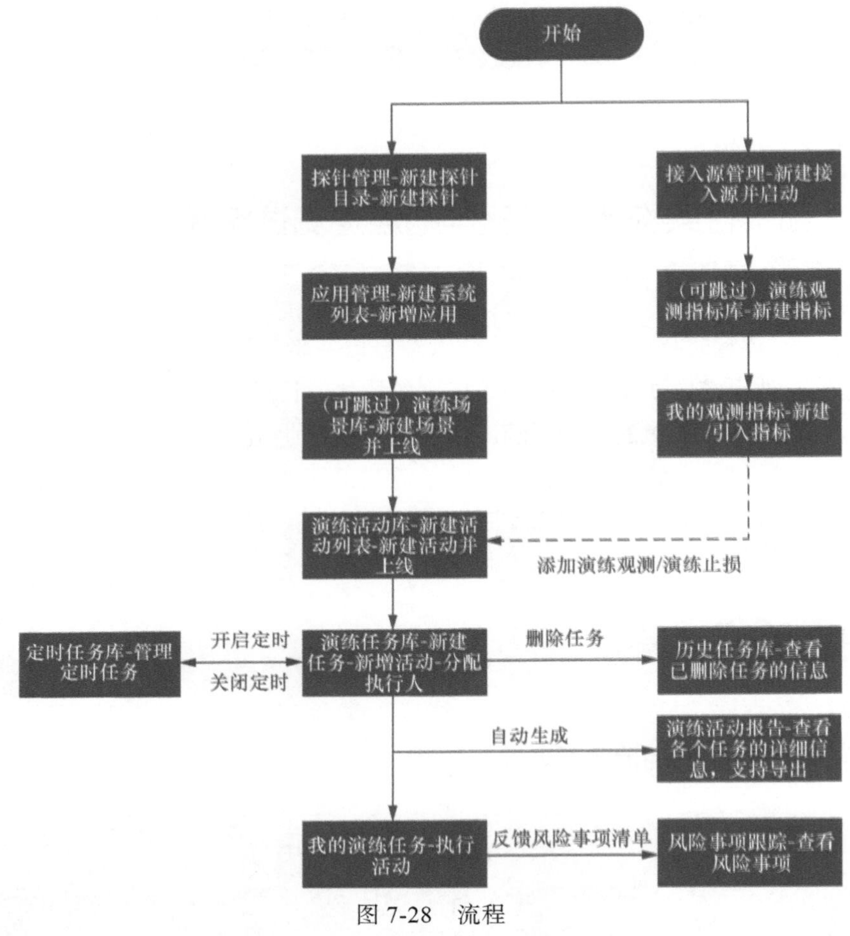

图 7-28　流程

2. 混沌工程平台功能模块清单

混沌工程平台部分功能模块清单如表 7-1 所示。

表 7–1　混沌工程平台功能模块清单

序号	平台能力	功能描述
1	原子故障库管理	• 原子故障的增、删、改、查 • 故障库分类编辑、展示、管理
2	演练场景管理	• 演练场景的增、删、改、查 • 演练场景分类展示、管理
3	接入源管理	• 为演练提供监测指标配置及管理功能 • 指标的新增、编辑、查看、删除 • 支持 promethus 和 influxdb 指标接入 • 支持性能指标、稳态指标的接入

续表

序号	平台能力	功能描述
4	活动库管理	• 演练活动的新增、编辑、删除、查看、启停等操作 • 演练活动批量复制、迁移、删除等 • 演练活动支持优先级划分 • 按条件分类筛选与查看活动
5	演练配置	• 演练活动人员的分配、任务中演练活动量统计、演练状态反馈 • 实验环境复制功能，可快速复用实验环境中的相关配置 • 支持自定义故障脚本功能，并能够对脚本新增、删除、编辑、查看
6	演练管理	• 演练计划的新增、编辑、复制、删除、导入 / 导出，以及日志查询 • 可按演练计划进行组织、人员、名称、运行状态、标签、状态等信息筛选与列表展示 • 支持演练计划定时与定期执行 • 演练过程中可手动暂停、终止 • 演练场景可并行、串行执行 • 演练计划中的活动可随机执行 • 可在演练的集群内随机注入故障 • 演练执行可留痕、可审计 • 自定义演练“爆炸”半径，超出“爆炸”半径范围自动终止，演练超时可自动终止 • 支持结果反馈，结束生成演练记录及报告，报告可按系统应用或版本发布计划的维度统计 • 可视化展示演练流程进度、监控指标、事件 • 支持环境恢复和检查 • 按照演练过程与结果指标量化、统计、测算系统稳定性
7	探针管理	• 支持批量一键安装、批量启停服务、批量跨架构部署探针
8	权限管理	• 支持按 RBAC 模型管控探针资源、系统应用、演练活动等 • 支持功能权限、用户管理
9	接口管理	支持接入招标人周边系统，包括但不限于以下平台： • 支持监控接入源插件化管理，适配接入基础资源层、应用层、业务层、客户感知层的多维度监控数据； • CMDB 等基础数据系统
10	风险事项跟踪	演练识别所有应用系统的风险事项的生成、分派、跟踪与关闭
11	演练安全管控	为开展生产演练，保障安全推进，需要以下能力： • 支持演练审批流程机制； • 支持平台黑白名单控制
12	演练大屏	多维度统计数据展示

3. 部分功能模块描述

（1）原子故障库管理

① 故障资源管理

故障资源管理对原子故障进行创建、编辑、删除、展示等操作（见图 7-29）。

- 原子故障资源创建与编辑：允许用户创建 / 更新故障资源，包括故障名称、描述、支持阶段、演练对象类型、命令等；软件提供了一个用户友好的表单界面，以便用户快速输入必要信息。
- 原子故障资源查询：供用户查看现有的故障，支持多种检索条件。
- 原子故障资源删除：提供关闭或删除原子故障资源的按钮，但用户进行关闭或删除操

作时应考虑历史记录是否需要保留数据的完整性。

- 原子故障资源状态更新管理：用户可根据需要上线或下架特定故障，以有效控制原子故障的可选性。

图 7-29　故障资源管理

② 故障流程管理

一个故障流程包括准备、注入、恢复注入、恢复准备步骤，且每个步骤将选择一个原子故障资源。故障流程管理界面支持对故障流程的增、删、改、查，如图 7-30 所示。

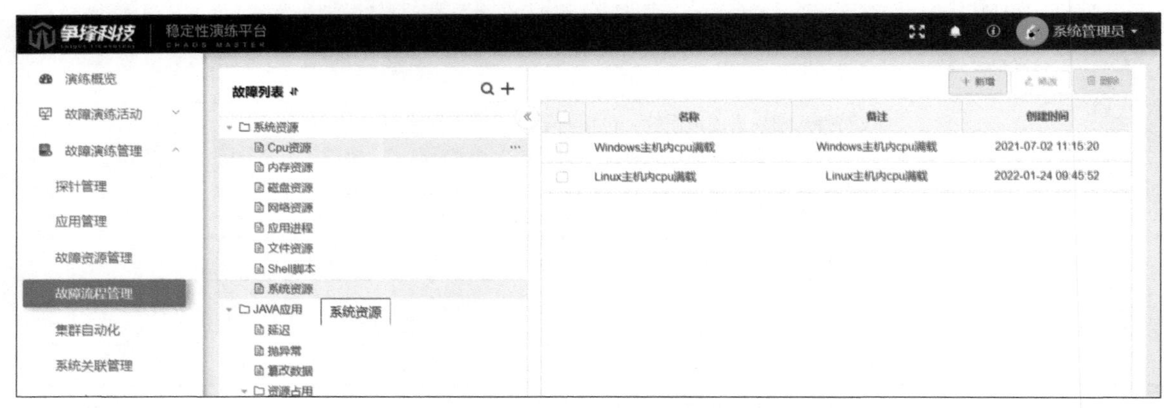

图 7-30　故障流程管理

（2）演练场景库管理

若干个演练场景组成一个演练活动。演练场景的创建分为两个步骤：选取演练对象（系统应用机器 + 若干演练故障流程）、场景信息配置（优先级、架构弱点等描述）。

另外，演练场景库的分类与系统应用相关联，新建演练场景时，用户选择了系统和应用后演练场景会自动挂在对应的应用目录下（见图 7-31）。

（3）演练活动库管理

为了保障故障演练活动的有序开展，所有演练活动需要经过图 7-32 所示的步骤。即所有演练活动创建后默认无法执行，需要通过审批流程批复同意后才能开展。

稳定性演练平台
系统管理员
演练活动库
演练活动审核
演练场景库
风险事项跟踪
演练活动报告
生产事件库
报告导出模板
故障演练管理
观测指标管理
系统应用列表
默认应用
test-xtl
数据库
linux
windows
151-new
K8S-2.5.0
12321
234
6546
123
a
gateway
order
+ 新建
演练场景名称
状态
更新人
操作
1
未发布
戴明琦
2023-06
上线 删除

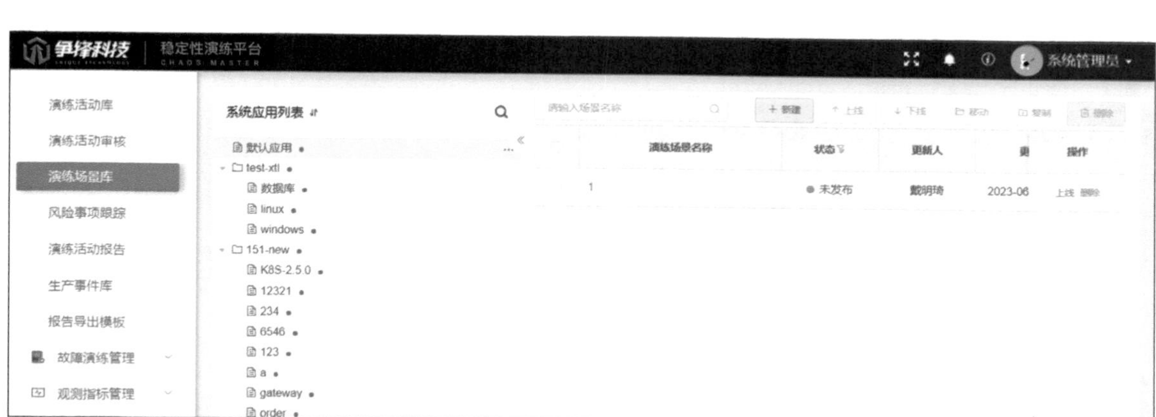

图 7-31　演练场景库

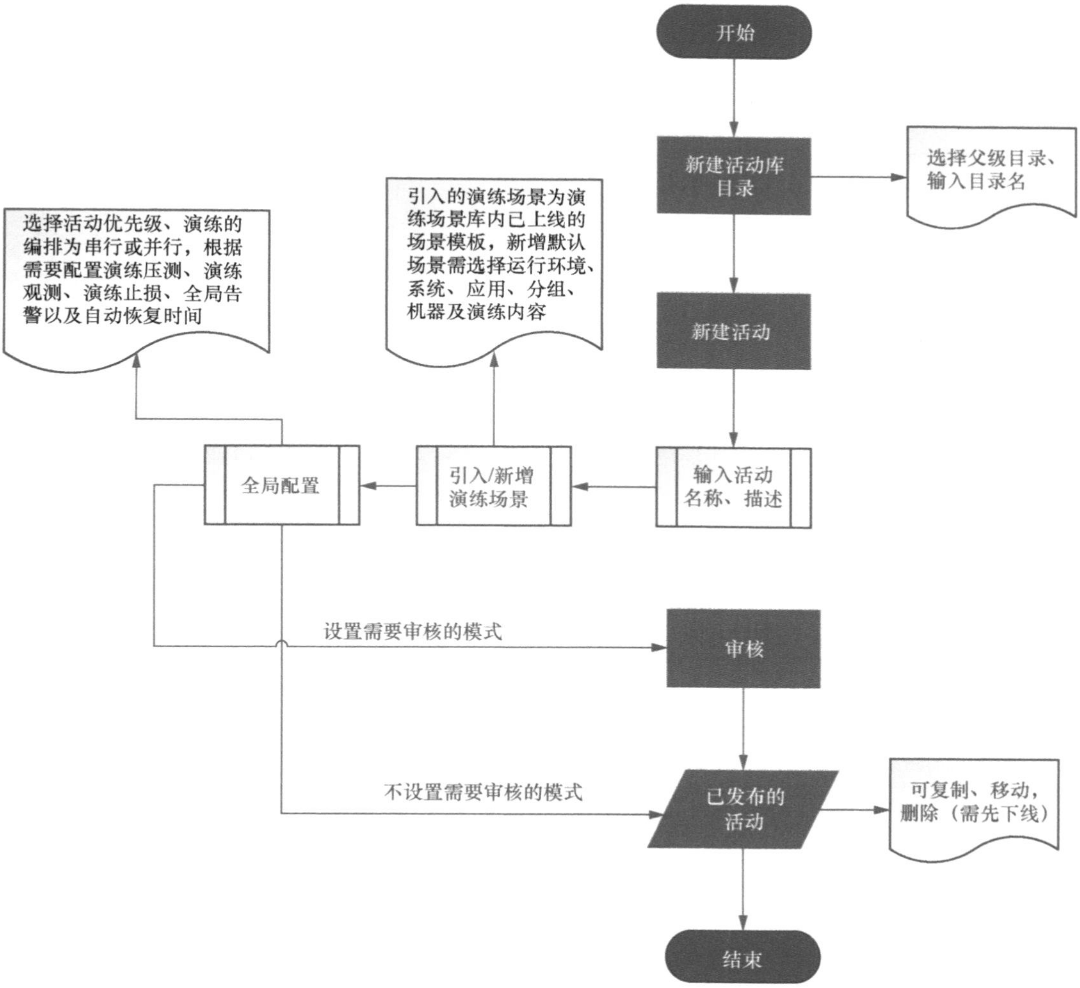
开始
新建活动库目录
选择父级目录、输入目录名
新建活动
引入的演练场景为演练场景库内已上线的场景模板，新增默认场景需选择运行环境、系统、应用、分组、机器及演练内容
选择活动优先级、演练的编排为串行或并行，根据需要配置演练压测、演练观测、演练止损、全局告警以及自动恢复时间
全局配置
引入/新增演练场景
输入活动名称、描述
设置需要审核的模式
审核
不设置需要审核的模式
已发布的活动
可复制、移动，删除（需先下线）
结束

图 7-32　演练活动步骤

① 演练活动库创建

● 新增子活动库：选择 / 新增某一活动库目录，对该目录下包含的若干活动进行管理（见

图 7-33）。

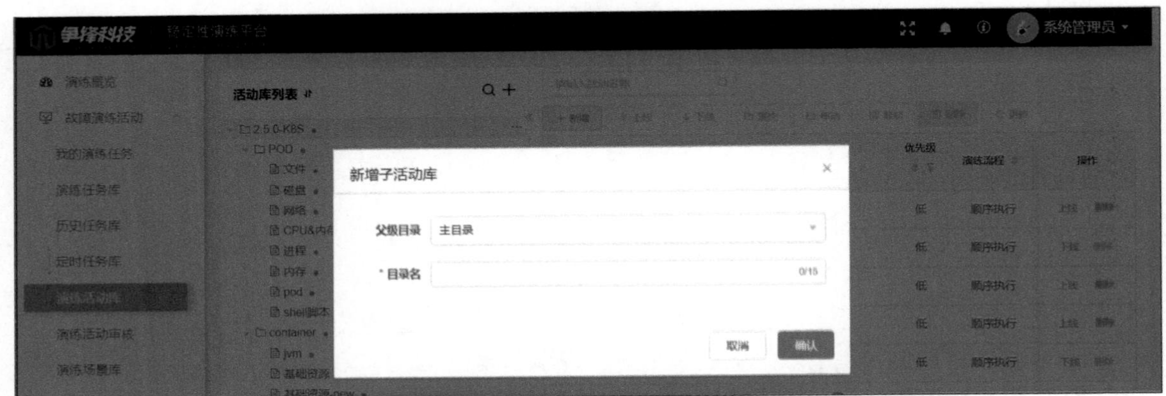

图 7-33　新增子活动库

- 新建活动：创建演练包括配置演练基本信息、演练对象和演练全局参数这 3 个步骤。

（a）配置演练基本信息：在演练配置页面，填写演练名称、演练描述和演练标签，配置项如表 7-2 所示。

表 7-2　配置项

配置项	配置说明
演练名称	填写演练名称
演练描述	为该演练添加描述，包括演练原因、演练场景以及演练可能造成的影响等信息
添加标签	便于演练时查询和统计

（b）配置演练对象：可通过引入场景库 / 新增默认场景两种方式选取演练对象。其中，新增默认场景时需要填写的配置内容主要有运行环境、分组、机器列表、演练内容（见表 7-3）。

表 7-3　配置内容

配置项	配置说明
运行环境	Linux/Windows/Kubernetes
分组	单系统、单应用、多分组
机器列表	演练的机器清单，其中支持随机选取应用下的部署机器进行演练
演练内容	选取若干故障流程，完成原子故障资源的参数配置

（c）配置演练全局参数：对演练活动的编排和高级配置（观测指标、演练止损、监控告警、自动恢复）。其中对演练活动的编排有两个方式——阶段执行和顺序执行。阶段执行即故障并行注入，是按照演练阶段的顺序进行执行的，先同时注入多个故障场景，再逐一恢复故障场景；顺序执行即故障串行注入，按照演练对象的顺序进行执行的，先执行一个演练对象的注入和恢复，再执行另外一个演练对象的注入和恢复。

② 演练活动审批

为了对故障演练活动开展有序化管理，所有演练活动创建后默认无法执行，需要通过审批流程批复同意后才能开展（见图 7-34）。

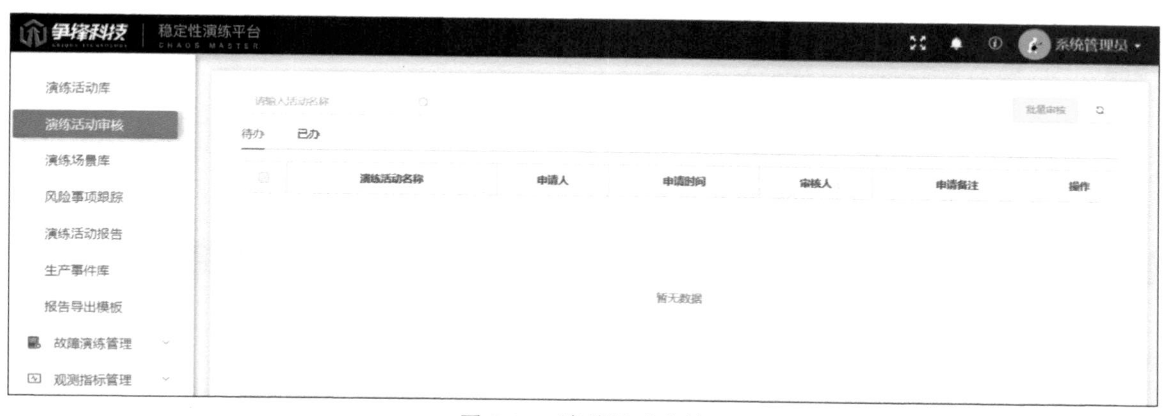

图 7-34　演练活动审核

（4）演练管理

① 执行演练活动

在执行故障演练过程中，用户可以实时查看演练进度、每个演练活动的运行状态及结果，同时也能够随时结束演练，进行恢复阶段的活动，清除故障演练影响。演练执行界面分为如表 7-4 所示几个区域。

表 7–4　演练执行界面

区域	描述
基本信息区域	包括演练任务执行的时间、开始时间等信息
指标展示区域	如果在演练参数设置里配置了全局监控节点，则用户可以看到实时的系统指标数据： • 指标数据将定时更新，可以单击指标展示区域的右上角的刷新图标； • 手动请求数据； • 如果演练尚未结束，时间范围为演练开始到当前时间；如果演练已经结束，时间范围为演练开始到演练结束时间； • 指标采集存在约 1 分钟延迟
保护策略区域	若配置了保护策略，则可以看到正在运行的保护策略列表： • 演练执行后，保护策略开始执行； • 若手动终止演练，那么保护策略也会终止
流程执行区域	展示了当前演练的节点运行情况以及当前节点每台机器的执行情况
节点详情区域	单击任何一个节点，会展示节点的详情，包含以下信息： • 机器信息，可以看到每一台机器的运行情况，如果当前机器执行错误，可以单击机器的 IP 来查看具体的错误信息； • 参数，可以看到演练节点的配置参数； • 日志，可以看到演练运行过程中当前节点的执行日志

② 停止演练活动（安全防护能力）

停止演练后，系统进入恢复阶段，自动清除相应的故障，使故障演练对象恢复演练前的状态（见图 7-35）。

- 在演练的任意一个环节，用户可以随时终止演练，每一个终止操作都会自动恢复注入的场景。
- 可以一键终止所有正在运行中的演练。

- 可以配置演练自动恢复的时间，防止因演练时间过长而忘记恢复演练引发的不必要问题。
- 可以通过全局恢复功能来配置自动恢复的策略，当某个指标符合某个要求时自动恢复演练。
- 停止故障注入之后，业务应用自动恢复正常，不影响业务应用本身。

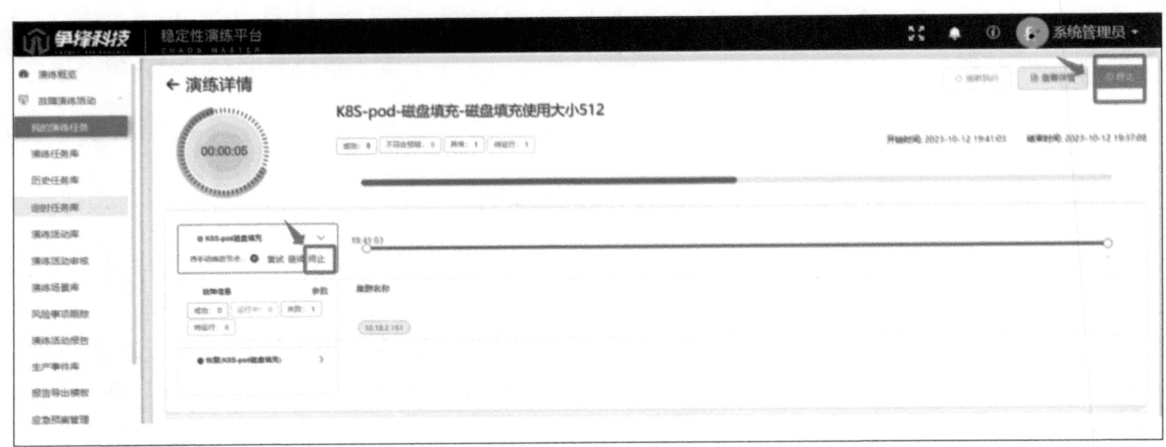

图 7-35　停止演练活动

③ 演练结果反馈

演练结果反馈为用户在故障演练完成后提供详细的信息，以便用户记录经验、问题和改进建议。反馈内容覆盖监控告警、应急处置等 4 部分（见图 7-36）。

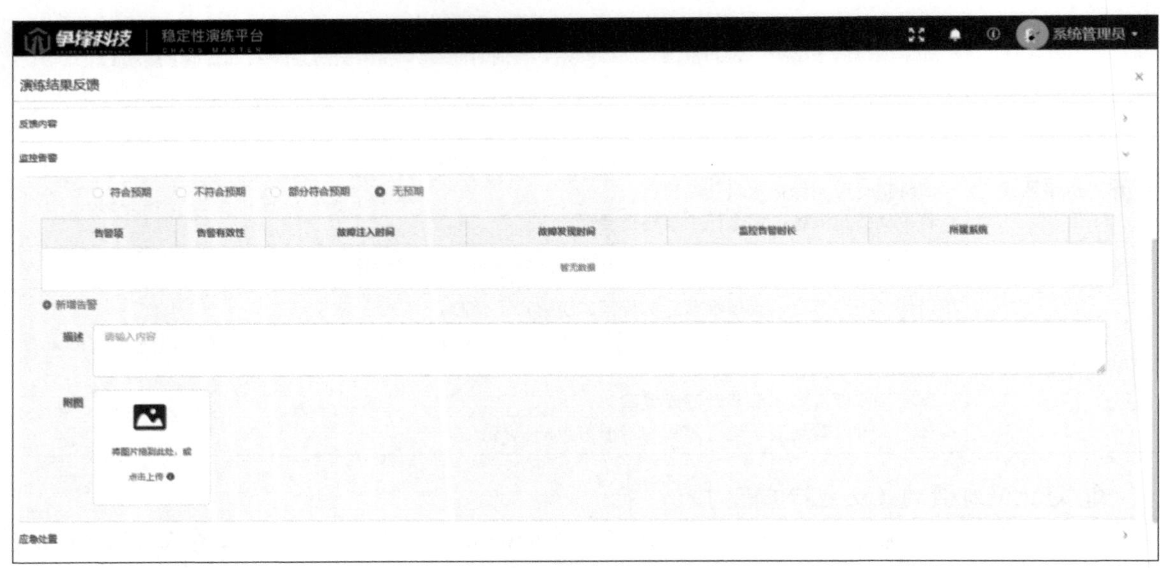

图 7-36　演练结果反馈

（5）演练活动看板

演练活动看板展示演练平台所有系统的演练信息，主要有以下几部分组成：今日与昨日演练对比、当日演练信息、历史演练信息、正在进行演练的信息。

- 今日与昨日演练对比：各时间段演练数量、涉及的演练系统 / 应用 / 场景数量。
- 当日演练信息：今日已演练、演练中、待演练场景数量。
- 历史演练信息：按排名展示各个系统模块的演练次数（近半个月），以及相应的演练场景数。
- 正在进行演练的信息：展示当前正常运行中的演练活动信息（活动名称、分组、场景、系统、应用、演练人、时间）。

（6）探针管理

探针管理包括安装 / 卸载探针。只有探针管理中的机器才能开展故障演练活动，故障演练活动支持增、删、改、查功能（见图 7-37）。

探针管理列表中的主机设备支持“一键化”功能，主要有以下一键化功能：

- 一键化批量安装主机探针功能；
- 一键化批量卸载主机探针功能（卸载时需要将探针全部删除干净）；
- 一键化批量启动探针功能；
- 一键化批量停止探针功能。

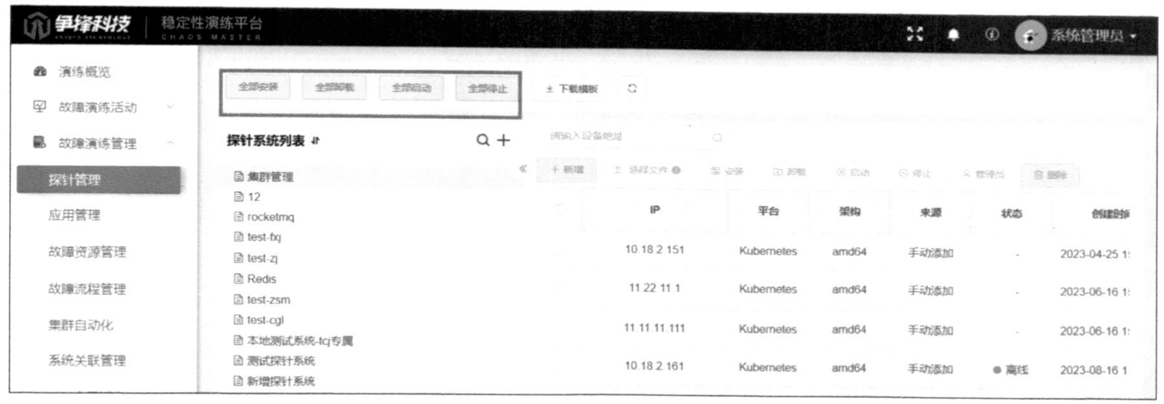

图 7-37　探针管理

（7）指标和告警管理

混沌工程的应用场景包含“验证监控和告警的有效性以及指标是否全面”，即注入故障检查监控数据是否符合预期、告警系统能否及时检测到故障并通知相关人员。

稳态假说往往有 3 个特点，全局性、用户价值型和可证实性。指标构建大多是通过线上事故总结出业务经验或者对系统接口的分析猜测，从而推出合理的稳态假说即稳态指标。

常用的稳态指标包含两类：系统业务指标和系统资源指标。

- 系统业务指标：主要是根据系统业务交易正常与否来判断。
- 系统资源指标：系统服务器 CPU、内存、磁盘 I/O 及网络等。

① 新增观测指标

系统提供了对稳态观测指标的定义和维护功能，允许用户自定义观测指标名称、接入来源、请求体、请求参数等信息，来定义获取指标值的请求方式（见图 7-38）。

图 7-38　新增观测指标

② 观测指标配置

另外，系统提供对稳态指标的配置功能（见图 7-39），允许用户在创建演练活动时，自定义稳态指标阈值参数，以满足不同演练场景的需求。当观测指标符合一定阈值条件后，演练活动自动停止，且演练活动状态为“成功”。观测指标的值主要有布尔值、整型 / 浮点型数值。

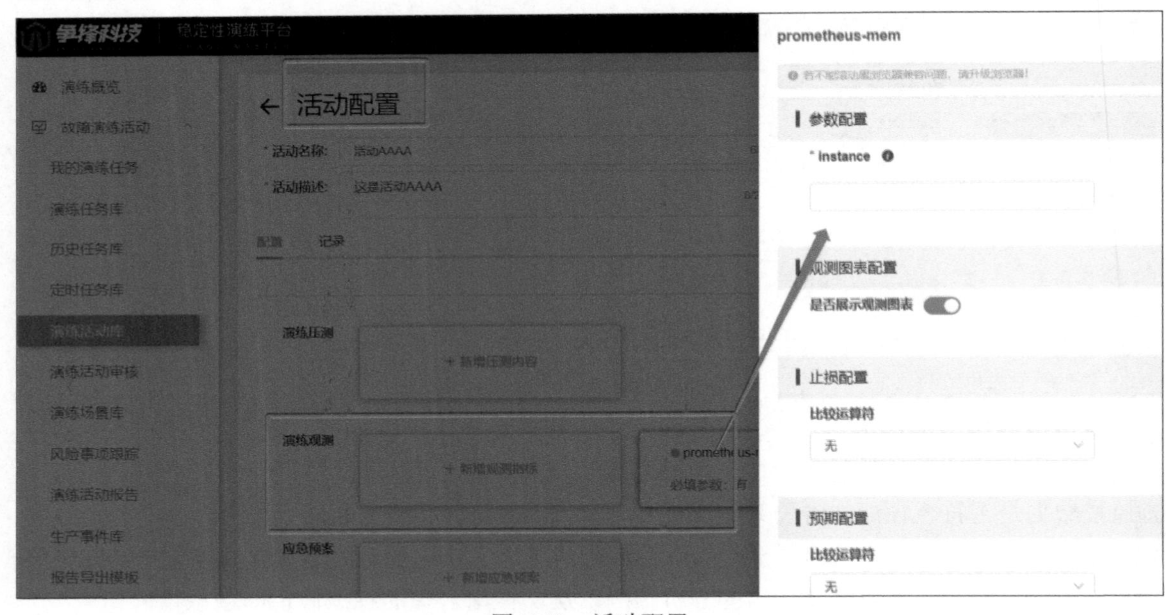

图 7-39　活动配置

③ 监控告警管理

系统提供了对演练过程的监控和告警功能，允许用户自定义监控名称、请求体、请求参数、聚合参数、接入来源等信息，来创建一个监控告警模型。

④ 监控告警配置

另外，系统提供对监控告警的配置功能（见图 7-40），允许用户在创建演练活动时，选择对演练系统、演练系统的关联系统进行监控，并配置告警预期与列项，以满足不同演练场景的需求。从而测试平台可在演练过程中监控系统，并根据用户配置的告警预期进行报警，以便用户及时发现和处理潜在的问题。

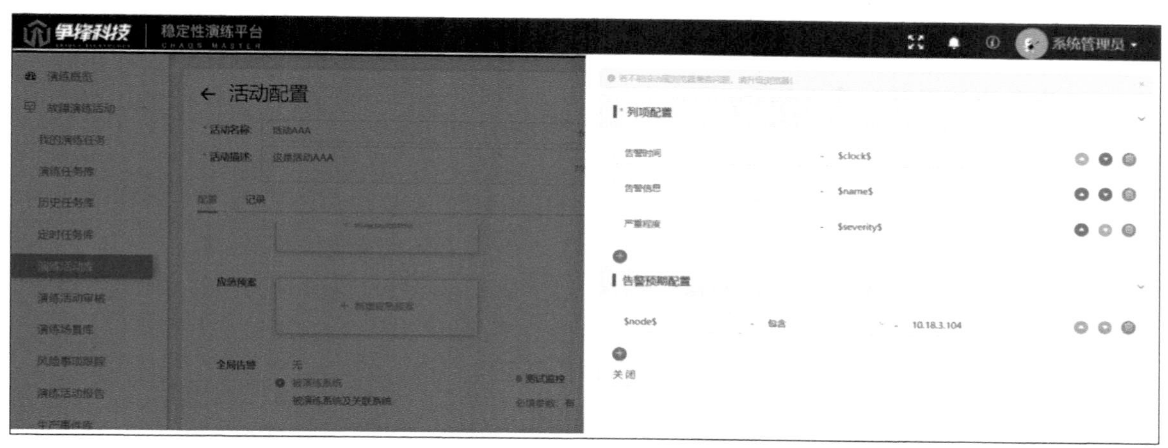

图 7-40　监控告警配置

（8）角色管理

角色管理可以根据不同的人员角色开放不同的功能菜单及使用权限。角色管理主要涉及的功能有角色管理、人员组织管理、功能菜单管理。

- 角色管理主要分为系统运维、故障处置、系统管理这 3 个角色，可以对角色进行增、删、改、查。
- 人员组织管理主要为对人员基本信息进行管理，支持增、删、改、查功能。
- 功能菜单管理主要负责对不同角色赋予不同权限。

7.4.2　测试场景

1. 系统稳态定义

“稳定状态”是指系统正常运行时的状态。具体来说，系统的稳定状态可以通过一些指标来定义，当系统指标在测试完成后，无法快速恢复稳态要求，可以认为这个系统是不稳定的。稳态指标的建设，需要遵循以下原则。

- 真实：业务真实，能够反应真实的业务情况。
- 量化：可度量，有明确的量化区间，作为观测依据。
- 即时：即时反馈，指标数据反馈及时，减少系统长时间处于危险中。
- 灵活：灵活组合，根据演练的场景复杂度，可以灵活地组合指标度量。

混沌工程五大原则中的“建立一个围绕稳定状态行为的假说”是混沌工程的重要原则之一，也是混沌工程实验与普通的故障注入、故障演练的重要区别。其包含两个含义，一个是定义能直接反应业务服务的观测指标（需要注意的是这里的观测指标并不是系统资源指标，如 CPU、内存等，这里的观测指标是能直接衡量系统服务质量的业务观测指标，举一个例子，一个调用延迟故障，请求的 RT 会变长，对上层交易量造成下跌的影响，那么这里交易量就可以作为一个观测指标）；另一个含义是故障触发时，对系统行为作出假设以及观测指标的预期变化。

2. 观测指标设计

观测指标可以分为系统指标和业务指标，可以借助监控体系中的可度量指标来定义观测系统的稳定状态。

（1）常见混沌工程实验的观测指标类型如下。

- 业务指标：以业务的连续性为根本，业务价值最大，探测难度最大。
- 应用“健康”指标：反映应用的“健康”状况。
- 其他系统指标：反映基础设施和系统的运行状况。

（2）设计观测指标时，首先要考虑的是业务指标，有以下原因：

- 业务指标相比系统指标，更能反映系统的“健康”状态及用户的满意度；
- 通过故障注入的手段去模拟风险场景时，例如，将 CPU 满载，直接影响了系统指标的变化，但对业务层面的影响是不确定的，这对于系统稳态的判断是不可靠的。

（3）业务指标具体的设计方法如下：

- 确定业务范围，通过业务接口进行业务轮询，观测业务的连续性，涉及的指标包括业务状态、业务耗时等；
- 确定核心业务，引入核心业务的压力流量，观测核心业务的性能指标变化，涉及的指标包括下单数量、每单平均耗时等。

3. 场景设计策略

混沌测试场景主要分为常规场景和非常规场景。其中常规场景设计从组件架构特性、故障模式、故障损坏程度这 3 个维度考量。业务专项场景设计（非常规场景）需结合具体项目的业务特征，以及多节点的不同类型或相同类型的混合故障场景。

（1）常规场景设计策略

① 组件架构特性：该维度主要从组件功能、架构特性、部署环境出发。组件功能即应用服务、中间件、数据库，例如，该组件若为 Java 应用服务，设计场景则需考量其 JVM 异常、Java 方法延迟、Java 返回异常等场景；若为 MySQL 数据库则需考量其数据库锁表、慢 SQL、连接池满等场景；架构特性即该组件采用哪种集群架构，常见模式有主备、主从、对等、负载均衡等，要针对不同集群架构设计不同的风险场景，例如，主备架构需设计主备切换场景，负载均衡架构则需考虑负载不均场景、单节点故障等场景；部署环境即该组件部署的系统类型，如 Windows 或 Linux、物理机还是容器云、全栈云。

② 故障模式：该维度主要考量测试过程中尽量覆盖不同类型的故障，场景设计过程中应覆盖系统资源、网络、服务等几大类故障以确保系统在各种故障情况下的可用性和故障恢复能力。

备注：系统资源类的常见故障有 CPU“打满”、磁盘填充、内存资源占用；网络类的常见故障有网络延迟、丢包等；服务进程类的常见故障有服务挂起、停止等。

③ 故障损坏程度：主要从集群单节点、集群 30% 节点、集群 70% 节点损坏进行场景设计。

（2）业务专项场景设计策略

① 结合业务特性：业务专项场景设计需结合实际业务特性进行针对性的场景设计。

② 复杂场景（混合故障场景）：选择系统在复杂场景下的情况，不局限于单一节点和单一故障，例如，应用节点中部分节点 CPU 冲高的同时 DB 部分节点发生网络阻塞、GOLDEN DB 某一数据主节点不可用触发主备切换同时 OOM 节点触发主备切换等，通过这些复杂场景的混

沌实验探索可以进一步提高被测试系统的稳定性。

4. 测试执行策略

混沌测试执行采取逐步执行测试、高优先级优先执行、先通用再专项，采取测试用例覆盖被测系统所有节点以及每个节点中各种类型故障。

（1）逐步执行：先从故障破坏小、节点损坏程度少的开始执行，该策略从控制“爆炸”范围出发。

（2）高优先级优先执行：每个风险场景的设计以及场景对应的测试用例的设计都会根据其相应特性及其对应的业务特点给出优先级，测试过程中采用高优先级优先执行策略。

（3）先通用再专项：先执行通用场景的测试用例，再执行专用场景的测试用例，因为通用场景测试用例是专项场景测试用例的基石，采用此种策略为执行专项测试提供了有效保障。

5. 实践场景

（1）计算资源测试场景

计算资源测试场景分类如表 7-5 所示。

表 7-5　计算资源测试场景分类及描述

场景分类	场景描述
Linux 主机故障	Linux 主机内 CPU 满载
	Linux 主机内磁盘填充
	Linux 主机内磁盘负载提升
	Linux 主机的内存占用
	Linux 主机内网络丢弃
	Linux 主机内网络延迟
	Linux 主机内网络 DNS 异常
	Linux 主机内网络丢包
	Linux 主机内网络重排序
	Linux 主机内网络包损坏
	Linux 主机内网络包重复
	Linux 主机内网络本地端口占用
	Linux 主机内网络流量打满
	Linux 主机内网络限速
	Linux 主机内进程杀死
	Linux 主机内进程停止
	Linux 主机内添加文件或路径
	Linux 主机内添加文件内容
	Linux 主机内文件权限修改
	Linux 主机内文件删除
	Linux 主机内文件移动
	Linux 系统时间偏移
	Linux 虚拟机停止

（2）数据库稳定性验证

设计测试案例对被测系统使用的数据库进行稳定性验证，确认被测系统数据库参数配置是否符合稳定性指标要求（见表 7-6）。

表 7-6　数据库场景分类与描述

数据库场景分类	数据库场景描述
MySQL	MySQL 客户端请求延迟
	MySQL 客户端请求异常
	MySQL 连接池满
	MySQL 数据库锁表
	MySQL 数据库索引失效
Oracle	Oracle 客户端请求延迟
	Oracle 客户端请求异常
	Oracle 连接池满
	Oracle 数据库锁表
	Oracle 数据库索引失效
DB2	主数据库连接异常，重路由
	主、备库同步通信延迟
	主、备库同步通信阻塞
	主、备库同步数据包丢失
	主库宕机，切换备机
	主 / 备库存储空间满
	活动会话连接满载
	活动会话激增，数据库堵塞
	SQL 慢查询，数据库堵塞
	热点表查询，数据库堵塞
	主库 Log 读、写异常

（3）中间件稳定性验证

设计测试案例对被测系统使用的中间件进行稳定性验证，确认被测系统中间件参数配置是否符合稳定性指标要求，当中间件出现故障时，被测系统整体稳定性表现是否符合预期（见表 7-7）。

表 7-7　中间件场景分类与描述

中间件场景分类	中间件场景描述
Redis	主从读写分离模式的可靠性风险，主从数据复制产生延迟
	全量复制节点 RunID 不匹配
	缓冲区不足

续表

中间件场景分类	中间件场景描述
Redis	Redis 缓存雪崩
	Redis 缓存击穿
	Redis 缓存穿透
	Redis 存在慢日志
	Redis 内存碎片率过高
	Redis 可用连接数不足
	Redis 持久化，创建 rdb 文件超时
	Redis 持久化，创建 rdb 文件失败
	Redis 持久化，重写 aof 文件失败
Zookeeper	Zookeeper 数据丢失
	Zookeeper 客户端连接数过多
	Zookeeper 节点数据太大超过客户端配置的值
	Zookeeper GC 严重
	Zookeeper 延迟过高
	Zookeeper 集群中超过半数节点不可用
	Zookeeper 集群主节点宕机风险
	Zookeeper 集群从节点宕机风险
RabbitMQ	服务异常崩溃
	生产者连接时网络丢包
	消费者连接时网络丢包
	大量客户端连接
	主从模式，主节点异常
	主从模式，从节点异常
	主从模式，主节点连接数大量增加
	主从模式，主从复制失败
	队列积压
Kafka	服务端数据丢失
	消息丢失
	消息重复
	消息积压
	Kafka 主从同步中断风险
	Kafka 主节点宕机风险
	Kafka 从节点宕机风险
	Kafka 主题数量增加

续表

中间件场景分类	中间件场景描述
RocketMQ	RocketMQ 消费者重复消费
	RocketMQ 消费者消息丢失
	RocketMQ 主题数量增加
	RocketMQ 连接池满
	RocketMQ 客户端请求延迟
	RocketMQ 客户端请求异常
Naocs	微服务与 Nacos 间断连
	微服务“健康”实例数 / 总实例数 < 保护阈值，15s 后触发阈值保护，30s 后服务下线的风险
	Nacos 客户端注册失败
	Nacos 客户端下线失败
	Nacos“心跳”失效，服务下线
	Nacos 内存溢出
	Nacos 掉线后无法注册
	集群模式下，Nacos 主从同步延迟
	集群模式下，Nacos 主从同步中断
	集群模式下，主节点宕机
	集群模式下，从节点宕机
	集群模式下，MySQL 宕机，持久化失败

7.4.3 测试流程

银行技术团队基于混沌工程制订了完整的测试计划，混沌测试实施以实验为核心方法，围绕系统架构高可用、业务高可用设计稳态指标，通过实验设计测试场景库，依托混沌工程实验平台开展实验场景编排、故障注入和场景执行，通过监控发现问题和风险，形成专项测试方案，推动问题的解决。

图 7-41 所示基于该银行混沌工程测试的整体流程。

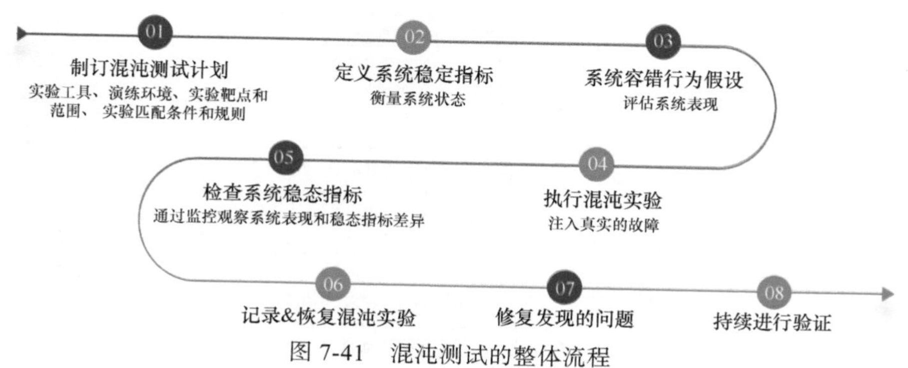

图 7-41　混沌测试的整体流程

混沌测试整个计划中最核心的环境主要包含以下几个方面。

1. 实验场景选择

高价值实验场景的选择是混沌测试开展的核心（见图 7-42），也是混沌测试开展的基础，技术团队通过 FMECA（Failure Mode, Effects and Criticality Analysis) 分析提炼故障场景。该模式是以故障模式为基础，以故障影响或后果为目标通过逐一分析各组成部分的不同故障对系统工作的影响，全面识别系统的薄弱环节，为故障场景设计提供了科学依据。

对银行的业务系统来说，系统架构复杂，节点众多，排列组合会产生很多的场景条目，经过技术团队的研讨，结合 FMECA，最终将实验场景定在重点业务中频繁发生且影响较大的事件上。再结合目标业务的技术架构分析，确定将实验重点针对业务运行的分布式集群和全栈云上，开展基础资源、网络、数据库、中间件、JVM、微服务的故障场景注入和实验，验证系统架构韧性、业务稳定性。

核心业务
渠道
账户
存款
贷款
支付
结算
风控
用户
……

＋

技术架构
信创基础设施
GoldenDB
DB2
MySQL
RabbitMQ
Redis
Kafka
Storm
Service Mesh
分布式

＋

故障场景			
基础资源	CPU高负载	内存高占用	磁盘异常
网络	网络延迟	网络丢包	DNS解析异常
数据库	数据库连接超时	数据库访问延迟	数据库高负载
中间件	集群部分节点宕机	连接缓存服务异常	缓存服务缓存数据失效
中间件	连接消息集群异常	消息集群队列同步异常	消息集群队列镜像不全
JVM	进程实例OOM	接口返回值修改	抛出自定义异常
微服务	服务间调用超时	服务触发熔断	服务单点故障
微服务	注册中心集群异常	网关异常	

图 7-42 实验场景选择

2. 实验操作流程制定

混沌工程的测试是一个工程性的测试方式，需要结合混沌工程平台开展实验场景的执行，操作流程主要包括安装探针、创建实验、执行演练、演练报告这 4 个阶段，如图 7-43 所示。

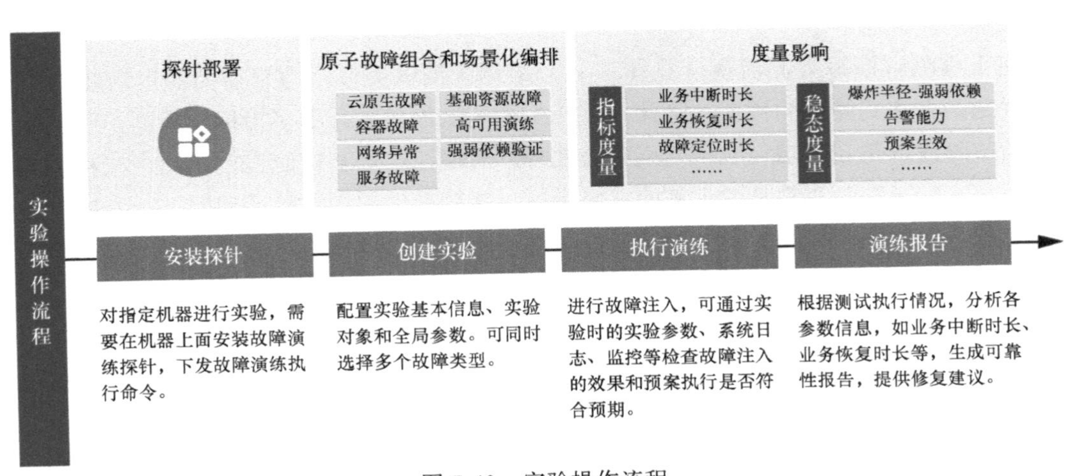

图 7-43 实验操作流程

基于方案和场景的具体实验操作是整个测试过程的关键环节，目标是基于不同业务的各个场景发现并分析可能存在的风险，为业务系统稳定性提升提供依据。

3. 实验过程防护

混沌工程的测试方式是通过故障注入驱动的，对被测系统来说，稳态的破坏意味着系统"真"是出现了问题或故障，所以平台在注入故障的同时需要严格限制实验"爆炸"半径，根据实验的稳态指标对实验活动执行过程造成的影响进行控制。

实验过程防护手段主要分为以下 4 种（见图 7-44）。

- 超时终止：通过控制实验时长的方式，在实验时间超时时终止实验。
- 阈值终止：通过指标阈值进行实验控制，当触发阈值条件后终止演练实验。
- 智能终止：基于稳态指标假设，观测实验执行后造成的"爆炸"半径，判断"超损"后终止演练实验。
- 手动终止：人工方式手动终止演练实验。

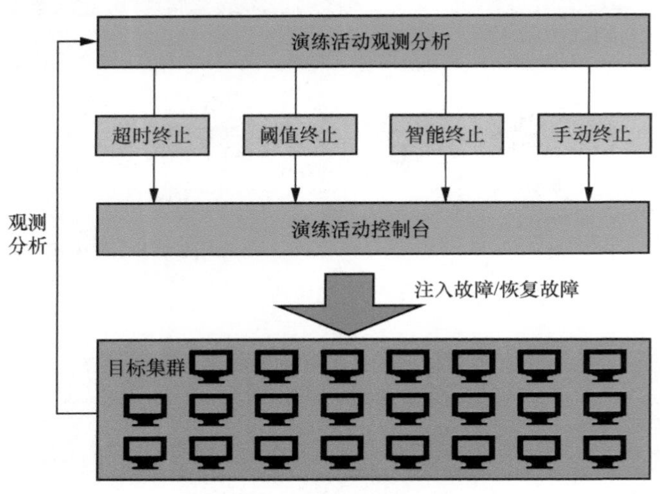

图 7-44　实验过程防护

4. 演练观测流程

混沌工程测试演练观测流程（见图 7-45）跟传统测试类似，用户需要通过对实际结果的观测，确定是否达到测试的预期，除此，混沌工程测试需要进行更多指标的观测，通过指标监控来判断故障注入是否成功、应急效果有效性等。对混沌工程测试而言，观测指标和观测能力至关重要，它们是判断实验是否正常的主要指标，能精准地指导实验活动的进行。该银行技术团队结合业务指标和监控能力，明确了实验活动观测的核心步骤如下。

首先，基于选择的业务和实验场景，定义好观测指标，以及各指标数值范围，帮助确定系统是否稳态或是否稳态已被破坏等场景。

其次，接入监控，实时监控需要观测的指标数据，该银行技术团队除了有完整的监控系统可以直接对接混沌平台外，平台自身也具备指标监控能力。

第三，完成演练活动观测配置，演练活动中将需要观测的指标加入到演练活动配置中，用于观测演练活动执行。

第四，观测数据聚合和分析，演练活动开始后，根据演练观测指标的条件从监控数据库中收集监控数据，进行必要的聚合分析，形成有效的度量指标。

最后，演练观测实时可视化，通过数据展示，直观地观测演练活动过程中的监控指标、数据趋势、故障注入状态等信息。并对超出阈值或触发其他规则的指标进行必要的告警显示。

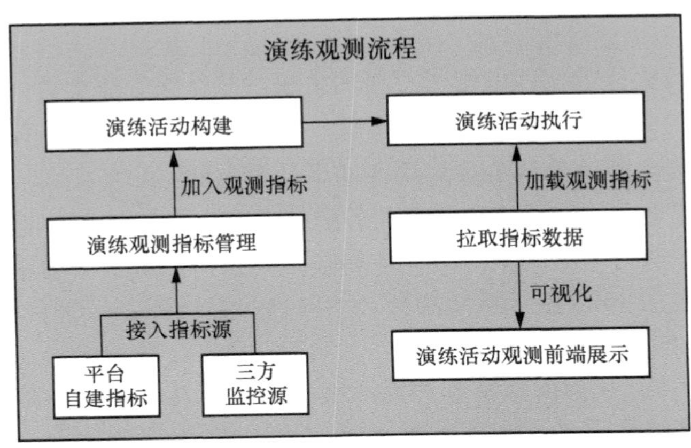

图 7-45　演练观测流程

5. 演练分析流程

基于混沌工程进行的测试活动最终也需要对实验执行过程中发现的系统的风险隐患进行反馈，形成被测系统的稳定性演练专项报告。相比于传统的测试结果分析，混沌工程的演练分析流程（见图 7-46）主要包含以下几方面。

- 演练结果反馈，验证实验活动的结果与实际结果的差异，反馈实验活动中的关键信息，如实验结果的一致性、预警有效性、应急成熟度、影响范围等。
- 实验数据留痕，对实验活动过程中产生的所有数据进行持久化保存，包括执行过程的数据记录和反馈的结果数据。
- 演练报告生成，根据实验任务将所有实验活动的结果数据进行统计分析，对任务进行整体反馈。
- 演练结果分析，根据实验得出的风险，提出改进方案和措施。

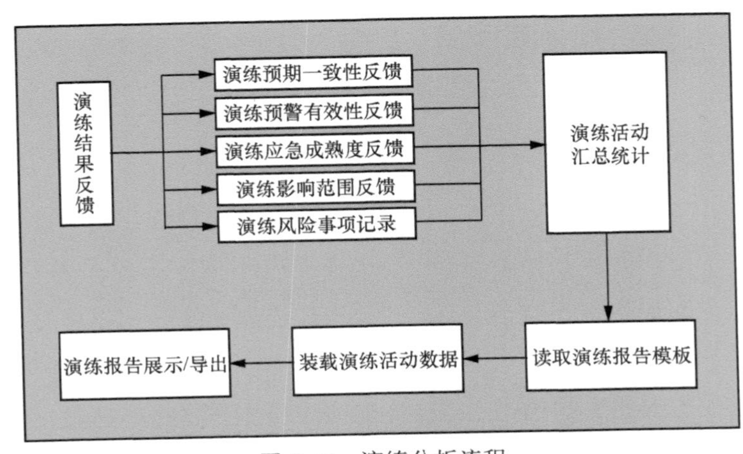

图 7-46　演练分析流程

在分析结论中，直观的度量结果是推动风险改进和稳定性保障能力提升的关键，该银行技术团队在实践过程中也总结了一整套度量指标，例如，针对测试过程中可能发生的问题制定负面清单，最终对业务系统的韧性进行量化打分。

7.4.4 落地效果

混沌工程测试在该银行的实践取得了不错的效果，从结果数据上看，该银行技术团队完成了 50 多个核心业务，1500 多个风险场景的实验，发现了 200 多个技术风险点，有效地提高了业务平台的抗风险能力，整体价值主要体现在如下几个方面：

- 基于混沌工程平台构建了符合银行业务和技术特点的产品研发能力；
- 基于原子故障能力，结合银行的业务和技术特点，形成了一套根据系统特征建设的风险场景库，包括 1500 多个系统集群、中间件、数据库、云平台、微服务、信创环境、Service Mesh 的风险场景。
- 完成云架构下的 50 套核心系统的混沌测试工作，发现技术风险 200 多个，验证了系统运行的可靠性和应对风险的韧性。
- 沉淀出混沌工程实践方法论，形成混沌实验场景设计、混沌故障实验操作、混沌测试实施准入 / 准出规范。

7.4.5 未来展望

混沌工程发展至今，在稳定性保障方面越来越具有价值，逐步融入到原有的系统质量保障工具链中。基于混沌工程的可靠性测试在帮助完善传统测试方法的同时，也通过和其他测试方法、测试工具的协同产生了不一样的效果。从技术发展看，混沌工程和 AI 的融合可以进行智能化场景设计、告警策略智能优化，实现智能推荐解决方案和应急方案。技术的价值在于赋能更多的业务，混沌工程只有更深入地结合行业特点，基于不同的技术架构，实现异构环境下场景自适应，才可以在系统质量保障方面发挥更大的价值。